高等职业教育土建类『十四五』系列教材

建筑

草图大师SketchUp建筑与装饰效果图设计与制作

CAOTU DASHI SketchUp JIANZHU YU ZHUANGSHI XIAOGUOTU SHEJI YU ZHIZUO

主　编　宋秀英　李小梅
副主编　陶　颖　陈彦霖

華中科技大學出版社
http://press.hust.edu.cn
中国 · 武汉

内容简介

本书是专为高职院校建筑与装饰设计相关专业学生编写的实用教材。本书系统介绍了 SketchUp 软件的基本操作与高级应用,内容涵盖软件认识、图形绘制、辅助工具使用、编辑技巧、图层管理、材质与贴图处理、场景页面与动画制作,以及 Enscape 插件的灯光渲染等关键知识点。同时,书中还详细讲解了室内、外场景创建的实战技巧,旨在帮助学生快速掌握效果图制作的全流程,为未来的职业生涯奠定坚实基础。

为了方便教学,本书还配有电子课件等资料,任课教师可以发邮件至 husttujian@163.com 索取。

图书在版编目(CIP)数据

草图大师 SketchUp 建筑与装饰效果图设计与制作 / 宋秀英, 李小梅主编. -- 武汉 : 华中科技大学出版社, 2024. 7. -- ISBN 978-7-5772-1010-0

Ⅰ. TU201.4

中国国家版本馆 CIP 数据核字第 20246MJ432 号

草图大师 SketchUp 建筑与装饰效果图设计与制作　　宋秀英　李小梅　主编

Caotu Dashi SketchUp Jianzhu yu Zhuangshi Xiaoguotu Sheji yu Zhizuo

策划编辑:康　序
责任编辑:李　露
封面设计:孢　子
责任校对:林宇婕
责任监印:周治超

出版发行:华中科技大学出版社(中国·武汉)　　电话:(027)81321913
　　　　　武汉市东湖新技术开发区华工科技园　　邮编:430223

录　排:武汉创易图文工作室
印　刷:武汉市洪林印务有限公司
开　本:889 mm × 1194 mm　1/16
印　张:10.5
字　数:308 千字
版　次:2024 年 7 月第 1 版第 1 次印刷
定　价:58.00 元

华中出版

本书若有印装质量问题,请向出版社营销中心调换
全国免费服务热线:400-6679-118　竭诚为您服务

编委会

Panels

主　编	宋秀英	黄冈职业技术学院
	李小梅	黄冈职业技术学院
副主编	陶　颖	黄冈职业技术学院
	陈彦霖	黄冈职业技术学院
编　委	万宇鸿	湖北城市建设职业技术学院
	许志平	WUMU 室内设计 & 午木联合艺术
	尹　明	华尚装饰有限责任公司
	江中良	湖北欧凯莱装饰工程设计有限公司
	樊　祥	湖北迈腾建筑工程有限公司
	冯兴国	黄冈职业技术学院
	张　爽	黄冈职业技术学院
	李顺华	黄冈职业技术学院
	孙卉林	黄冈职业技术学院
	祁　翼	黄冈职业技术学院
	宋士忠	黄冈职业技术学院

前言
Preface

随着我国经济的发展，很多行业都需要用数字化的方式进行交流，设计行业更是如此，那么很多软件就成了必不可少的。学生应通过对软件操作技能的学习，熟练操作与使用各项软件基本功能，在规定的时间中完成目标图形的绘制与展现，进而能更好地为项目设计提供服务。

软件的更新与改进，市场的需求及与客户沟通的便捷性要求，促使建筑装饰效果图制作课程内容要与时俱进，在教学中要不断加入新的软件，对于重点内容，以课堂讲授、实操为主。对于一般内容，则以学生自学为主，并在实际操作中加以深化和巩固。在教学过程中，宜采用多媒体教学或其他信息化教学手段提高教学效果。

学习本课程后，要求学生能熟练使用 SketchUp 基本设计软件。还要求学生能具有一定的设计美观意识，能借助模型、灯光、材质等要素综合呈现出较为优秀的设计效果，最终能通过软件为建筑设计提供必要的辅助。

本书采用案例教学编写形式，内容丰富，技术实用，讲解清晰，案例思政元素使用恰当，可以作为刚接触效果图制作软件的学生进行学习的工具，也可以作为自学爱好者进行实际操作的引导教材。

本书由宋秀英、李小梅任主编，陶颖和陈彦霖任副主编。在此也感谢 WUMU 室内设计 & 午木联合艺术、华尚装饰有限责任公司、湖北欧凯莱装饰工程设计有限公司、湖北迈腾建筑工程有限公司给予的大力支持与帮助，黄冈职业技术学院建筑装饰工程技术专业的陈苏悦、李珂、张晓璐、郭灿、叶欣、郑智冲、刘婵，以及室内设计专业的方欣雨、毛林丰、牛佳月、刘彬彬等同学的协助。

为了方便教学，本书还配有电子课件等资料，任课教师可以发邮件至 husttujian@163.com 索取。

由于编写时间仓促及编者水平有限，书中难免有疏漏及不妥之处，欢迎广大读者和同行批评指正。

课程描述表

建筑装饰效果图制作——SketchUp　第3学期　基本学时：110学时（其中，理论80学时、校内实训30学时）

教学项目	课程内容	育人成效	学习目标
学习领域一 认识SketchUp软件	1.1 了解软件	科技改变生活方式和沟通方式	了解软件，掌握界面设置及模型创建方法，遵行制图规范
	1.2 准备工作		
学习领域二 绘图工具	2.1 矩形	内化社会主义核心价值观，增强民族自豪感及尊重自然的科学观	掌握科学的问题解决方法，选择恰当的图形绘制工具进行效果图的表达
	2.2 圆		
	2.3 圆弧和扇形		
	2.4 多边形		
	2.5 手绘线		
	2.6 直线		
学习领域三 辅助工具	3.1 卷尺	融入生态文明建设，创建绿色环保模型	以国家制图规范为准则，培养良好的制图习惯及优秀的职业素养
	3.2 量角器		
	3.3 尺寸标注		
	3.4 擦除		
	3.5 平移		
	3.6 移动		
学习领域四 编辑工具	4.1 选择	表现室内空间中式风格，坚定文化自信	建立中国传统文化自信
	4.2 推拉		
	4.3 偏移复制		
	4.4 旋转		
	4.5 缩放		
	4.6 路径跟随		
学习领域五 组件与群组	5.1 组件	增强团队意识与全局观	增强责任感和团队大局观意识，增强集体荣誉感
	5.2 群组		
学习领域六 材质与贴图	材质与贴图	回归自然	学好技术，感悟大自然的神奇，还原本色，在创建效果图的过程中提高专业技能
学习领域七 场景、阴影与动画	7.1 场景	动态表达，融入科技创新元素	激发自主学习的热情，培养专业兴趣和认同感
	7.2 阴影		
	7.3 动画		
学习领域八 Enscape的灯光设置及渲染操作	Enscape的灯光设置及渲染操作	提高效率	塑造优良品格
学习领域九 室内、外场景的创建	9.1 相机和观察工具	培养精益求精的工匠精神	增强学好技术的担当意识，提升专业创新能力
	9.2 建筑室内空间环境创建		
	9.3 建筑室外景观环境创建		

目录
Contents

学习领域一

认识 SketchUp 软件

学习领域概述

SketchUp 软件简称 SU，翻译成中文为“草图大师”，其是一款易上手、界面简洁的三维绘图软件。在此学习领域中，首先让大家了解该软件的优缺点及软件的发展与应用情况，同时学会安装软件，掌握界面设置方法及使用前的准备工作。

学习情境 1.1　了解软件

学习目标

<table>
<tr><th>知识要点</th><th>知识目标</th><th>能力目标</th></tr>
<tr><td>软件的发展及课程的形成过程</td><td>明确软件发展的历程并把握其应用，了解课程的形成过程</td><td rowspan="3">能独立安装软件、了解该软件的特点及应用领域</td></tr>
<tr><td>软件的安装</td><td>熟悉软件的安装方法</td></tr>
<tr><td>软件的特点及使用范围</td><td>全面了解软件，认识其操作特点及具体的使用范围</td></tr>
</table>

学习任务

⑴ 了解软件的发展及课程的形成过程。

⑵ 能正确、快速安装软件。

⑶ 了解软件的特点。

学习方法

对于重点内容，以课堂讲授、实操为主。对于一般内容，则以学生自学为主，并在实际操作中加以深化和巩固。在教学过程中，宜采用多媒体教学或其他信息化教学手段提高教学效果。

内容分析

一、软件的发展及课程的形成过程

1. 软件的发展

SketchUp 软件在 1999 年诞生，2006 年被 Google 公司收购，并陆续发布了多个版本。该软件并不是单一运行的，为能高效、快捷地搭建模型，需要考虑兼容一些插件和渲染器，最新版本软件的兼容性不是很完美，所以建议使用 SketchUp 2018 版。当然，很多学生更喜欢较新的版本，本书以 2020 版本为例进行讲解。

2. 课程的形成过程

市场调研→课程诊断与改进→明确建筑装饰工程技术专业的工作任务及就业岗位→确定职业能力→制定建筑装饰工程技术专业的人才培养目标→开发建筑装饰工程技术专业的课程体系→开发“建筑装饰效果图制作”课程。

软件的更新与改进，市场的需求及与客户沟通的便捷性要求，促使建筑装饰效果图制作课程内容与时俱进，不断丰富。

二、软件的安装

可在 SketchUp 官方网站下载软件。安装时注意按照软件提示操作即可，如图 1.1～图 1.3 所示。

图 1.1　SketchUp 官方网站首页

图 1.2　SketchUp 官方网站提供的版本

图 1.3　SketchUp 官方网站提供的安装服务

三、软件的特点及使用范围

该软件可以通过 CAD 施工图模拟出建筑物于不同角度的效果图。

1. 界面简洁、操作便捷、易学易用

相比于常用的效果图 3DMAX 软件，SketchUp 软件的安装程序较小、运用环境要求不高，且该软件仅有一个视口，减轻了电脑显示系统的负担，且界面简洁，分区合理，菜单功能与图标工具基本一致，清晰且完善，使用者可以快速、方便地找到相应的命令，还可以对所有命令定义快捷键，有利于效果图的制作及与客户高效交流。SketchUp 软件选择模板页如图 1.4 所示。

图 1.4　SketchUp 软件选择模板页

2. 服务的专业多、面向的行业广

SketchUp 可以被应用于室内设计、园林规划、环境艺术模拟、工业设计等领域，可以被用于学校教学、校外培训、BIM 咨询服务、工程模拟与汇报交流行业。

3. 建模原理简单、显示效果佳、剖切快捷

SketchUp 主要通过推拉功能进行三维操作实现，主要通过封闭线实现，或是在面上画线形成新面后，对面进行上下、左右或前后推拉，简单且方便。

对于建筑装饰而言，室内构造及家具构造是设计者及业主都需要了解的部分，SketchUp 的三维剖视图实现方便，可快速生成剖面，而且可随意进行任何位置的虚拟剖切。

4. 软件间的共享性、互通性强

SketchUp 可以与 CAD、3dmax、Lumion、PS 及插件 VRay、Enscape 等多种软件实现便利的转换与互用，可以为不同的设计领域需要服务。

5. 阴影效果佳、网络共享资源丰富

SketchUp 可以进行光影分析，通过设置阴影，调整经纬度，可为所有场景指定具体的阴影生成阴影动画。

二十多年的发展过程中，全球大量的学者及爱好者开发与上传了各种组件，使模型创建更高效。

6. 显示风格多种多样

很多软件只能实现一个黑白模型，必须借助其他插件进行渲染，但 SketchUp 软件有丰富的展示方式。

SketchUp 软件的显示风格较多，如有材质贴图显示风格、消隐显示风格、线框显示风格、单色显示风格等，可以为不同专业或是不同客户提供差异性显示。能展现的最终效果的选择余地很大，可以较轻松地实现“所见即所得”。

— 本阶段学习的主要提示 —

(1) 建议在官网下载软件，安装程序(.exe 文件)时右击，选择以管理员身份运行。

(2) 尽量不要修改安装目标路径或是对目标安装包进行中文名字备注。

(3) 应了解该软件的优缺点。

学习情境 1.2 准备工作

学习目标

知识要点	知识目标	能力目标
界面的特点及认识	了解 SketchUp 界面的基本组成和特点，熟悉各个工具栏的功能	了解该软件的特点及界面情况，明确绘图的要求和措施，掌握快捷键的设置
绘图模板的创建	学会如何根据自己的需求创建适合的绘图模板，提高工作效率	
界面的具体设置	熟悉并掌握 SketchUp 中的各种设置选项，如视图控制、图层管理等，以便更好地进行绘图工作	

学习任务

(1) 界面的特点及认识。

(2) 绘图模板的创建。

(3) 界面的具体设置。

学习方法

对于重点内容，以课堂讲授、实操为主。对于一般内容，则以学生自学为主，并在实际操作中加以深化和巩固。在教学过程中，宜采用多媒体教学或其他信息化教学手段提高教学效果。

内容分析

一、界面的特点及认识

成功安装软件后，双击桌面图标，或是右击桌面图标后点打开，或是点桌面左下角处的开始键并找到该软件的运行程序，即可运行软件。

之后进入如图 1.5 所示的界面。

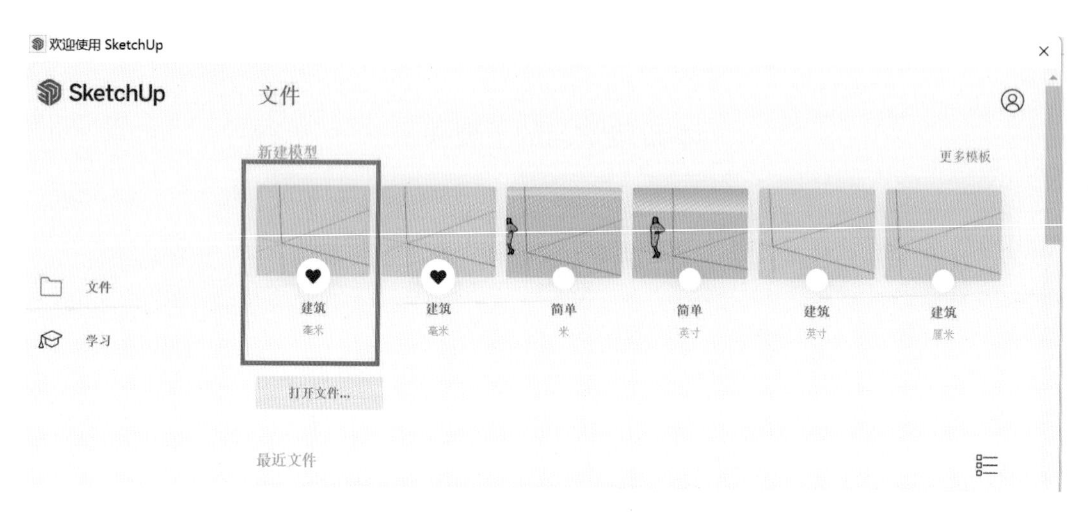

图 1.5 SketchUp 软件选择模板页

二、绘图模板的创建

建筑装饰室内效果图的制作常用毫米制模板。初次进入 SU 界面只显示标题栏、菜单栏、辅助面板、状态栏等。但是，为了更方便地进行模型创建，我们需要对 SU 的界面进行常规设置，以达到图 1.6 所示的状态。

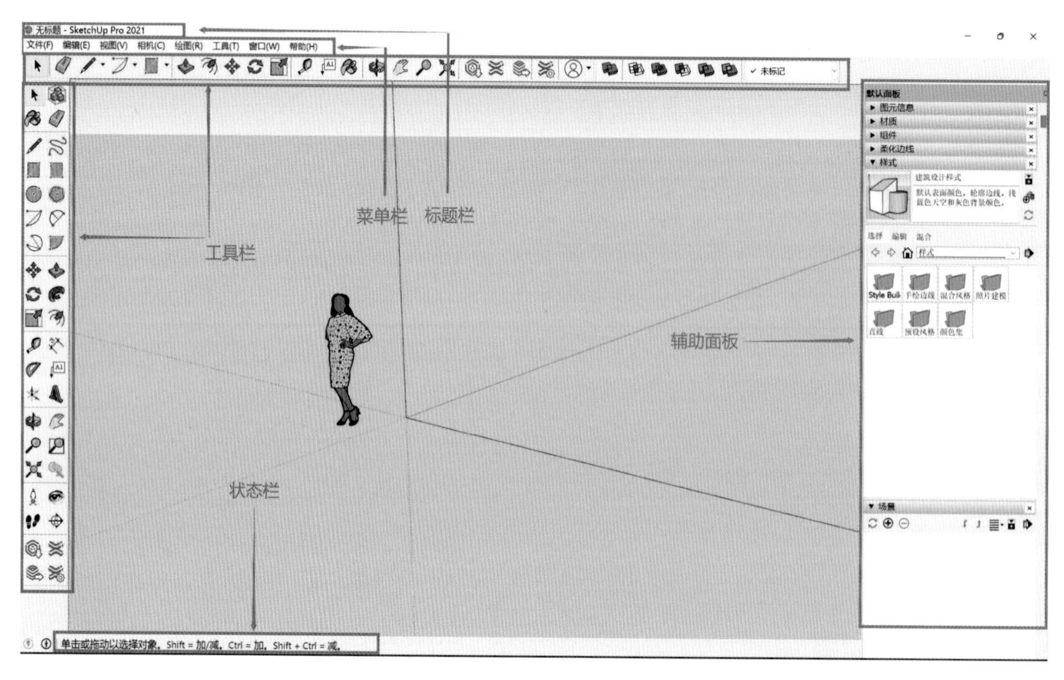

图 1.6 SketchUp 常规界面设置

三、界面的具体设置

主要关注工具栏、辅助面板、状态栏的设置。

常用的工具栏设置方法有两种。

方法 1：左击菜单栏中的“视图”，在下拉列表（菜单）中选“工具栏”，在之后的对话框中主要勾选“大工具集”“截面”“沙箱”“实体工具”“视图”“样式”“阴影”等，如图 1.7 所示。

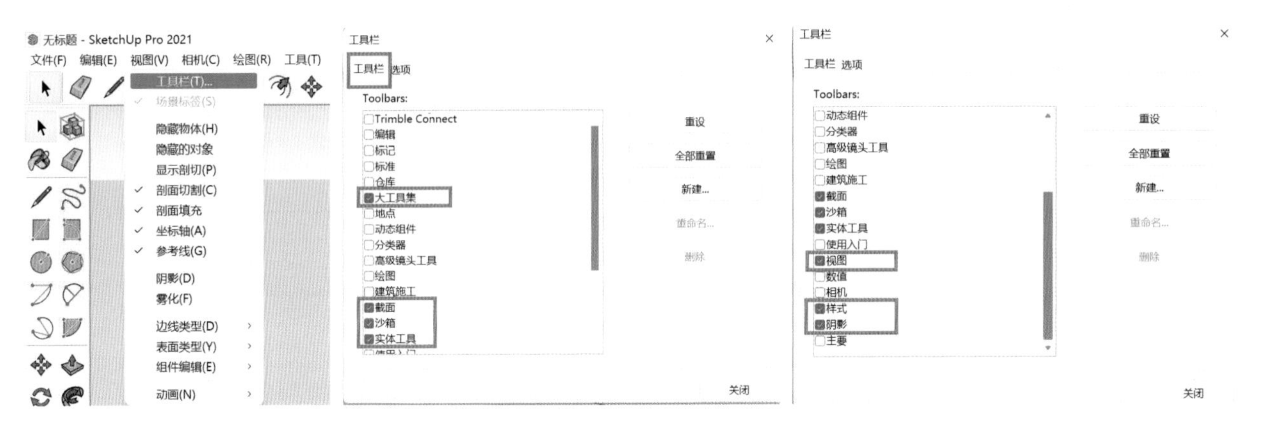

图 1.7　SketchUp 常规界面设置步骤（方法一）

方法 2：右击工具栏任意位置，在下拉菜单中进行勾选即可，如图 1.8 所示。

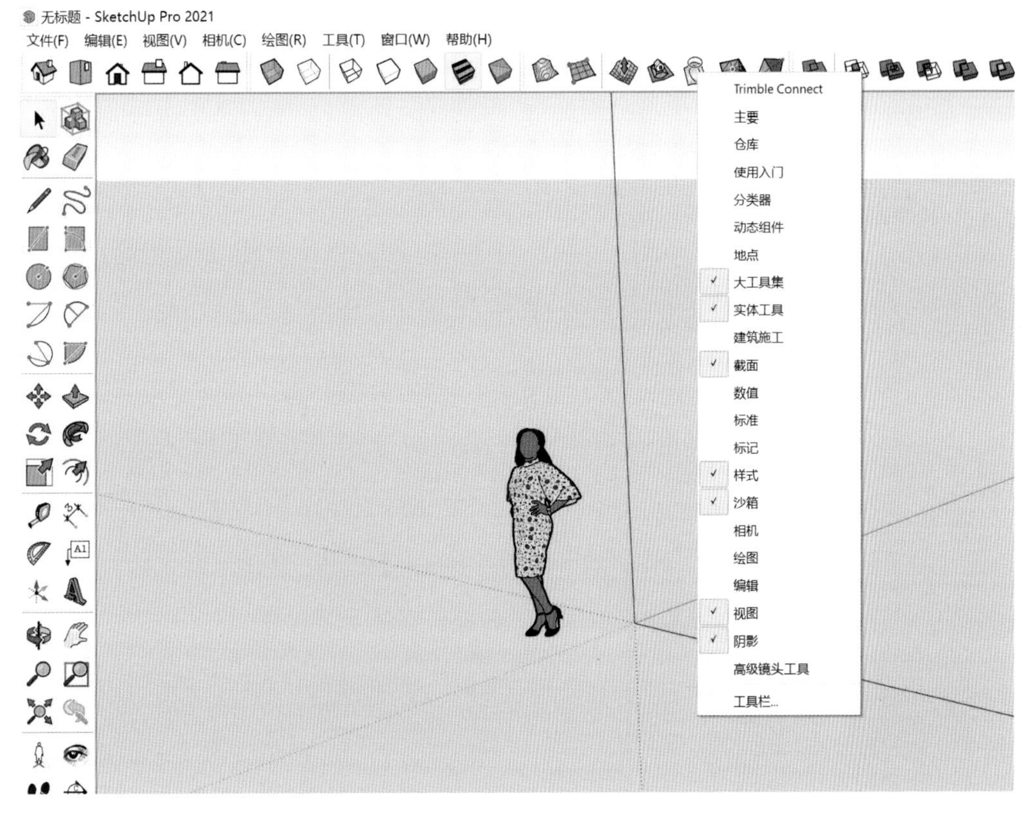

图 1.8　SketchUp 常规界面设置步骤（方法二）

另外，尽可能不要勾选“大图标”，以便为绘图区留有足够大的空间位置，如图 1.9 所示。

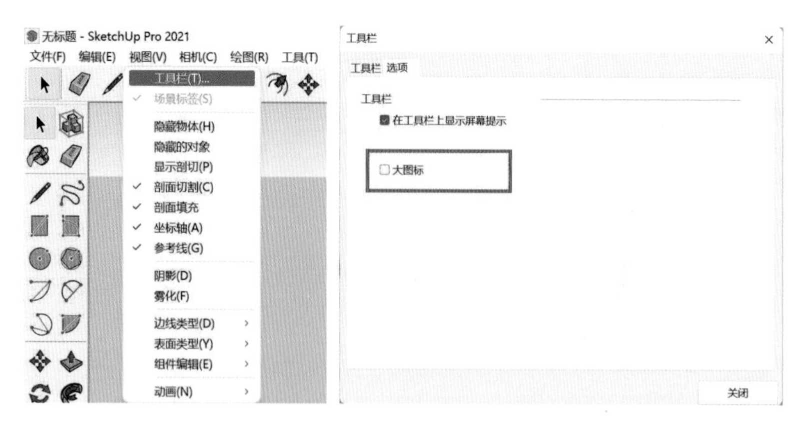

图 1.9 SketchUp 常规界面设置注意细节

需要对单位进行设置，如图 1.10 所示，在菜单栏中选择窗口，点击下拉菜单中的“模型信息”进行设置。

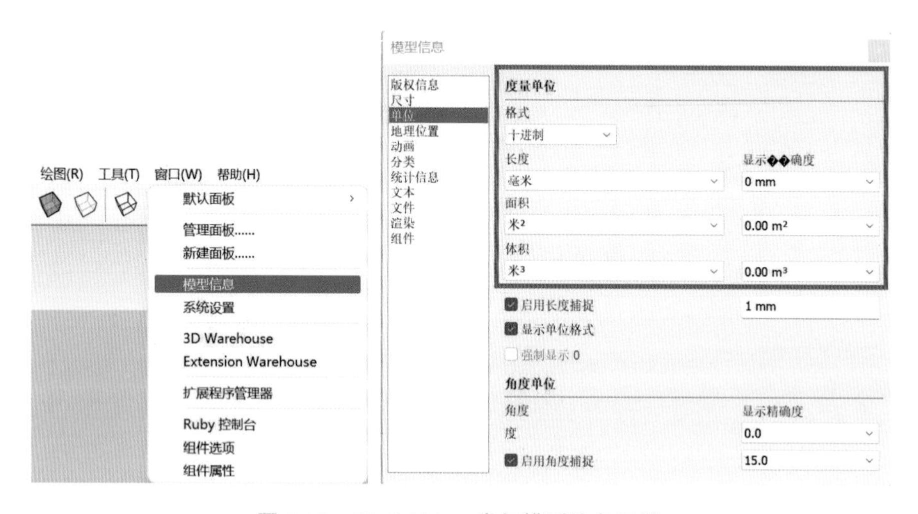

图 1.10 SketchUp 常规模型信息设置

进行自动备份设置。在菜单栏中选择“窗口”，点击下拉菜单中的“系统设置”进行设置。“常规”中勾选“创建备份”和“自动保存”，设置好保存时间后点击好进行确定，如图 1.11 所示。

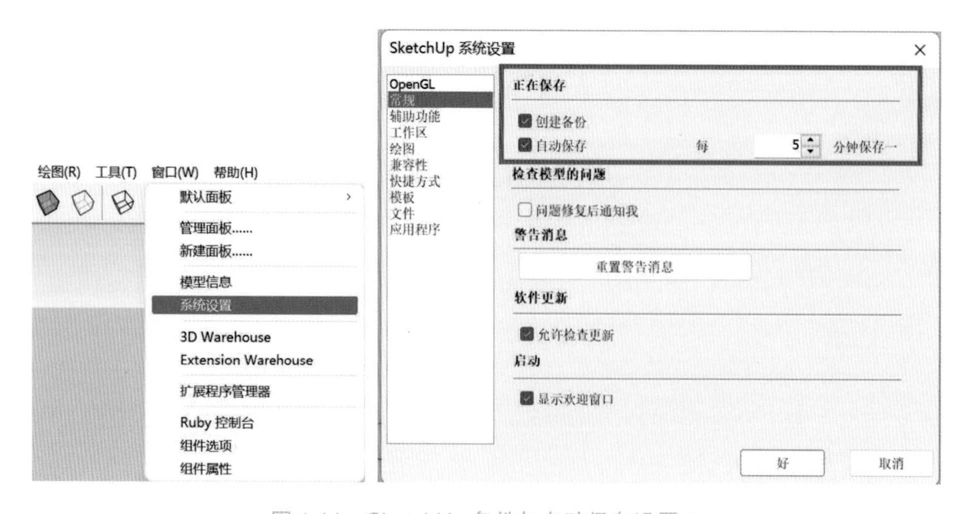

图 1.11 SketchUp 备份与自动保存设置 1

进行快捷键设置。在菜单栏中选择窗口，点击下拉菜单中的“系统设置”进行设置。在“快捷方式”的“功能”中进行添加与指定。如果已有快捷键，可以选择右边的“－”删除后再进行添加，设置好后也可以通过导入导出快捷键为使用提供便利，如图 1.12 所示。

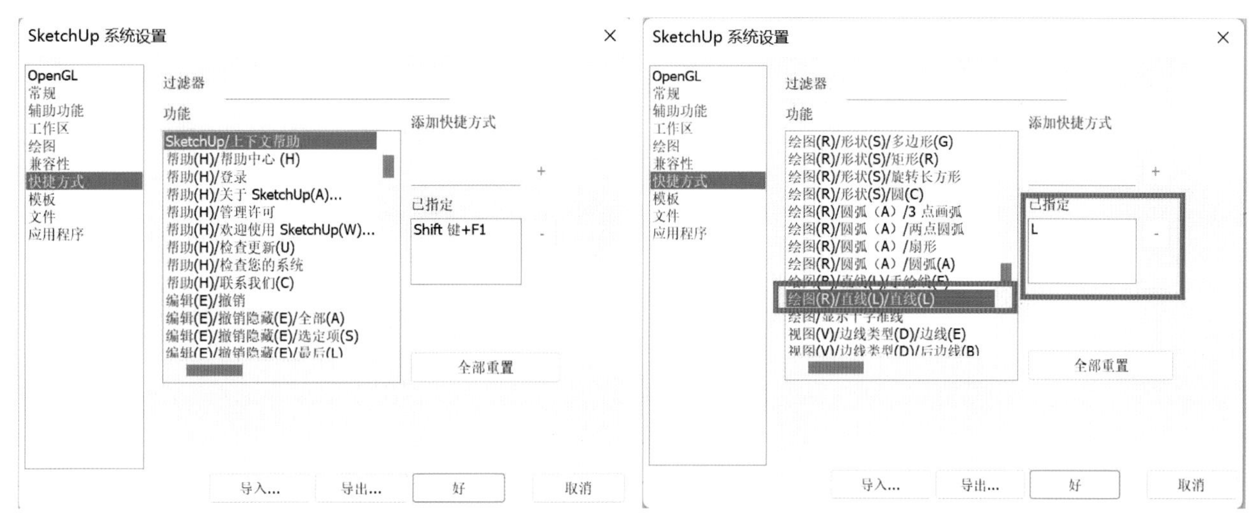

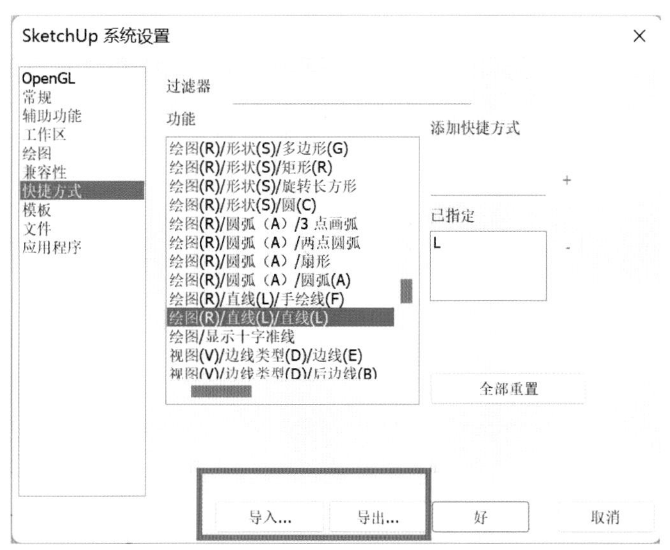

图 1.12　SketchUp 备份与自动保存设置 2

— 本阶段学习的主要提示 —

(1) 学生间可相互讨论与学习，但每位同学应能独立思考问题并动手解决界面设置问题。

(2) 在电脑上安装有 SU 软件的前提下，熟悉并设置适合自己绘图习惯的常用界面。

学习领域二

绘图工具

学习领域概述

本部分将介绍几种绘图工具栏包含矩形工具、圆工具、圆弧和扇形工具、多边形工具、手绘线工具和直线工具等。应学会分析给出的案例图应采用哪些绘图工具。

学习情境 2.1　矩形

学习目标

知识要点	知识目标	能力目标
常规矩形的绘制	熟练掌握使用 SketchUp 的矩形工具绘制常见矩形的方法和技巧	在理解并掌握矩形工具的各种用法的基础上，能够独立地完成各类 SketchUp 效果图的绘制任务，并且能够灵活运用矩形工具解决工作中遇到的相关问题
特殊矩形及物体上的矩形绘制	学习如何在特定环境下或者在已有的物体上绘制特殊的矩形	
专业技能基本练习	通过一系列的实践操作，提升使用矩形工具的专业技能水平	
专业技能案例实践	通过实际的案例演练，进一步巩固和提升使用矩形工具的技能，并能将技能灵活应用于实际的工作场景中	

学习任务

⑴ 矩形工具基本操作常识。

⑵ 矩形的基本创建步骤。

⑶ 专业技能基本练习。

⑷ 专业技能案例实践。

学习方法

对于重点内容，以课堂讲授、实操为主。对于一般内容，则以学生自学为主，并在实际操作中加以深化和巩固。在教学过程中，宜采用多媒体教学或其他信息化教学手段提高教学效果。

内容分析

一、矩形工具基本操作常识

运行 SketchUp 软件后，可执行 “绘图 / 矩形” 菜单命令或者单击 “绘图” 工具栏上的 “矩形” 图标按钮。移动光标至绘图区，鼠标显示图标时表示该操作已启动。

【温馨提示】

⑴ 按 Ctrl 键可以进行矩形的创建方式的切换，创建方式有两种：选择第一个角点和选择中心点。

⑵ 在数值控制框（简称数值框）中输入矩形的长和宽时，需要用 “,” 隔开，数值的正负号不同表示方向相反。另，输入尺寸前要将输入法切换为英文输入法，才可以正常输入尺寸。

⑶ 锁定轴向创建矩形，选择矩形命令后，按键盘上的左键、上键、右键就可以分别锁定对应的 Y 轴（绿轴）、Z

轴(蓝轴)和 X 轴(红轴),如图 2.1 所示。

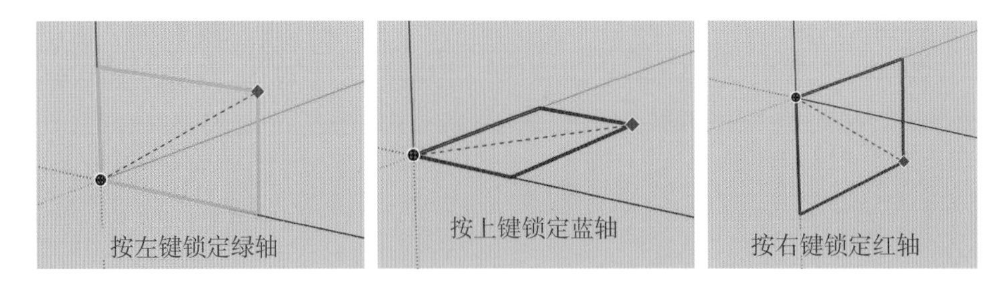

图 2.1　锁定轴向创建矩形

二、矩形的基本创建步骤

1. 鼠标拖拽方法

矩形命令开始执行,光标在绘图区移动显示图标时,单击鼠标确定矩形的第一个角点(或中心点),然后拖动鼠标确定矩形的对角点(或一角点),即可创建一个矩形表面,如图 2.2 所示。确定第一个角点后按一下 Ctrl 键,所指定的第一个角点就变成了矩形的中心点,中心点的创建方式就是以中心为基准点向四周扩散的方式,再次按下 Ctrl 键则切换回以角点为基准点创建矩形的方式。

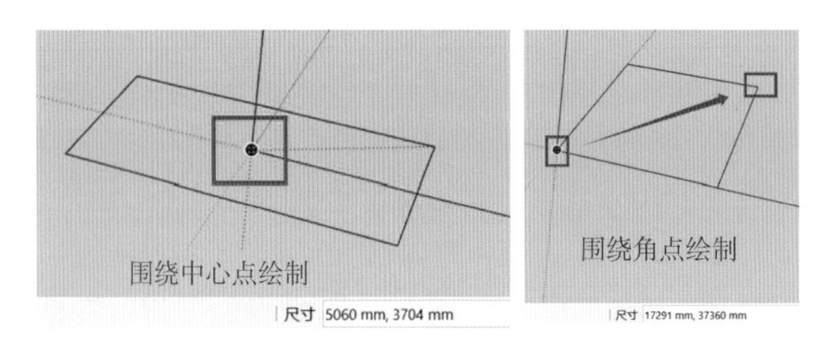

图 2.2　鼠标拖拽方法

2. 根据提示进行创建

在确定一个角点后,向要绘制矩形的方向拖动鼠标随意确定对角点,然后在数值控制框中输入矩形的长和宽,构成闭合平面,若要绘制特殊比例的矩形(正方形、黄金分割),确定好第一角点之后,在拖动鼠标的过程中,会出现特殊比例矩形的对角线,并在旁边提示矩形的类型,如图 2.3 所示。

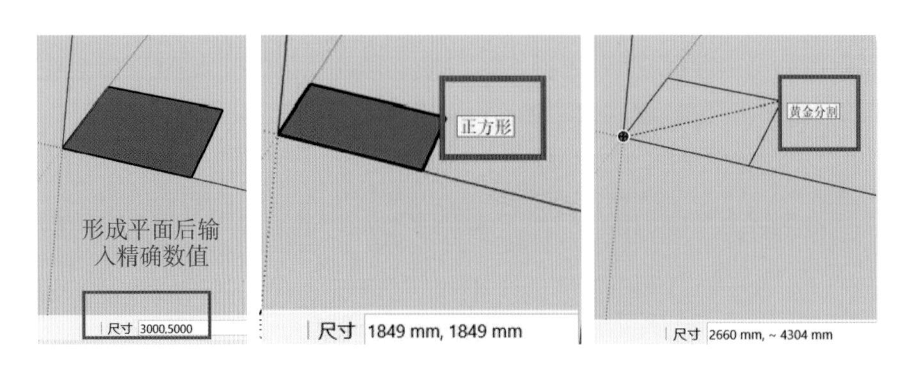

图 2.3　根据提示进行创建

3. 精确输入尺寸进行创建

在绘图区确定好第一个角点或是刚绘制完矩形后没有进行其他操作时，可通过键盘输入精确的长宽尺寸创建图形。另，此时还可以输入英制单位，如 10'、60"，或是输入单位 mm、m，如图 2.4 所示。输入的数值为负则表示方向相反。

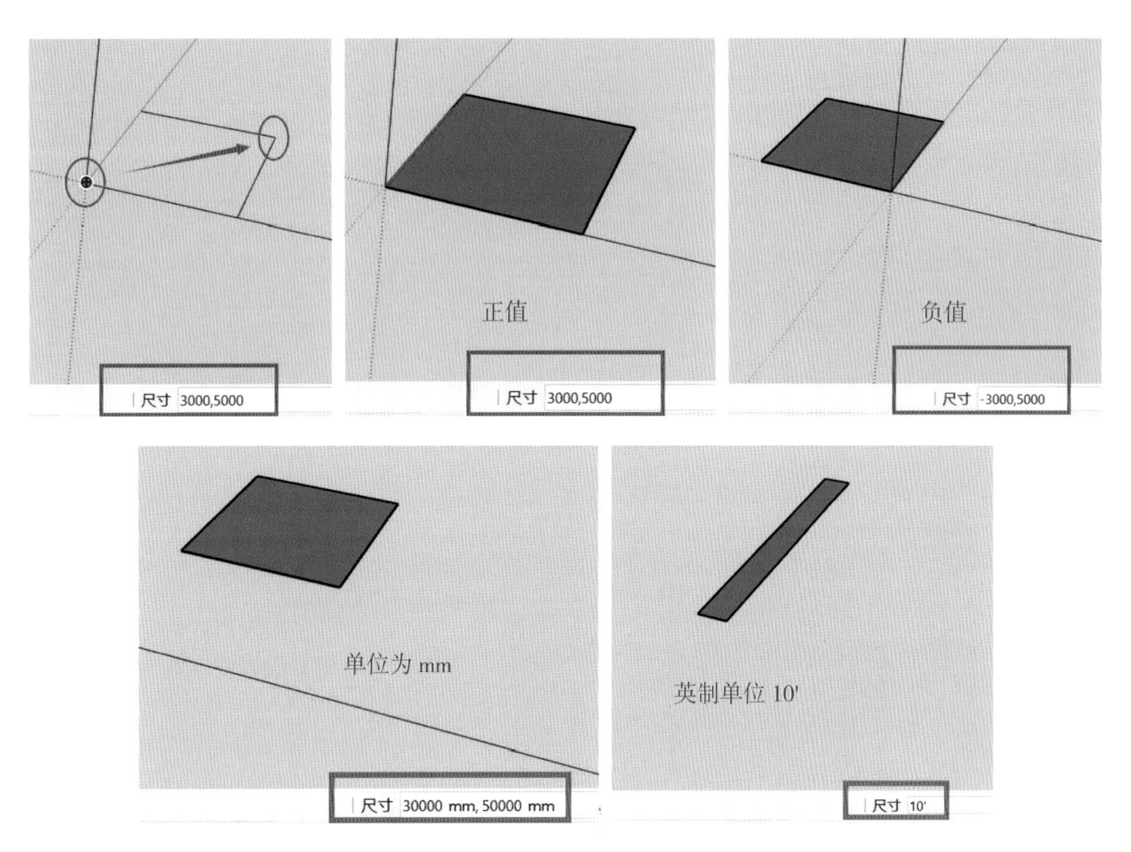

图 2.4　精确输入尺寸进行创建

三、专业技能基本练习

输入精确的尺寸，具体过程如图 2.5 所示。

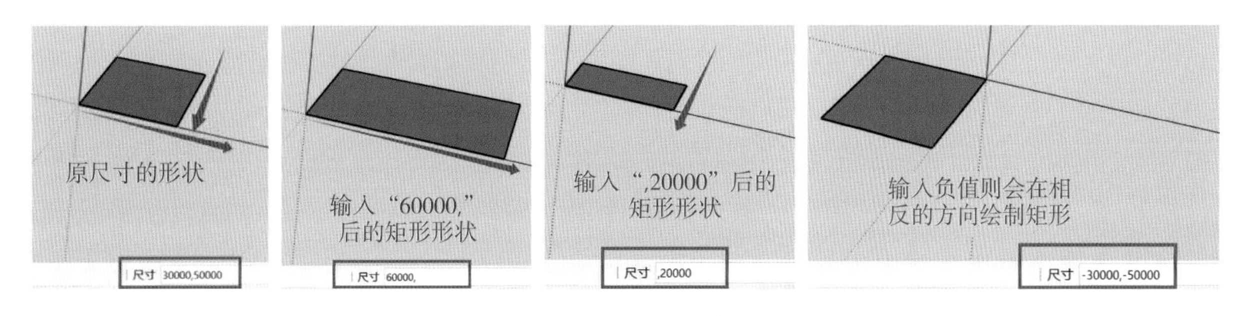

图 2.5　绘制矩形的步骤

可以在确定第一个角点后，或者刚画好矩形之后，确保没有进行其他操作的情况下，通过键盘输入精确的尺寸。可以只输入一个尺寸，例如输入一个数值和一个逗号(60000,)表示改变第一个尺寸，第二个尺寸不变。同样，如果输入一个逗号和一个数值(,20000)就表示只改变第二个尺寸。另，如果输入负值(-30000,-50000)，

SketchUp 会在相应的反方向上绘制矩形。

四、专业技能案例实践

通过矩形工具进行长方形盒子的创建，具体过程如图 2.6 所示。

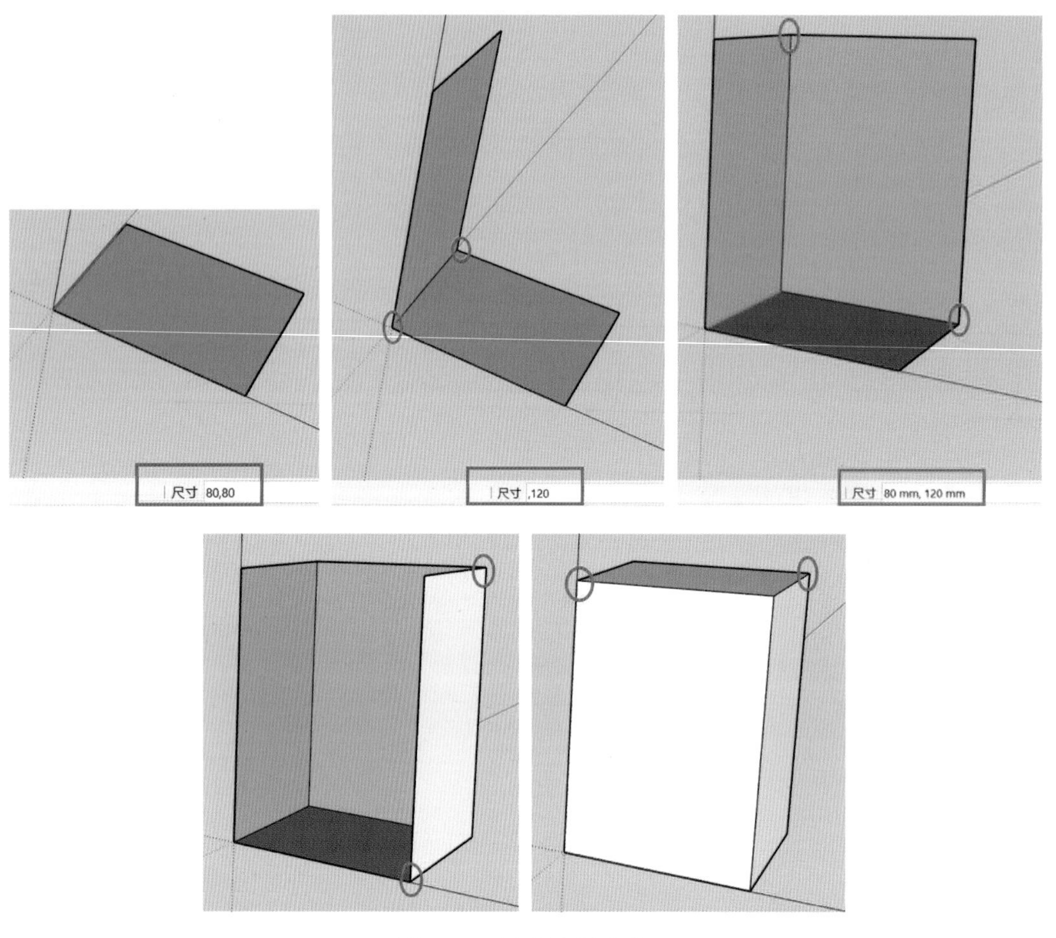

图 2.6　创建长方形盒子

⑴ 激活矩形工具后，按键盘上的上键锁定蓝轴，确定矩形的一个角点后，在数值框中输入长宽数值“(80,80)”则绘制出盒子的底部。

⑵ 按键盘上的右键锁定红轴，确定矩形的两个对角点后，在数值框中输入“,120”则绘制出盒子的侧边形状。

⑶ 按键盘上的左键锁定绿轴，确定矩形的两个对角点后，会直接绘制出一个长宽为“(80,120)”的矩形。

⑷ 继续确定矩形的两个对角点后，绘制出盒子另一侧的矩形。

⑸ 最后，通过两组对角点可直接绘制出盒子上面和前面的两个矩形，从而使所有的矩形连接形成一个闭合的状态。

— 本阶段学习的主要思考 —

(1) 创建矩形的常用方法及步骤。

(2) 如何锁定不同轴进行矩形的创建。

学习情境 2.2　圆

学习目标

知识要点	知识目标	能力目标
常规圆的绘制	熟练掌握使用 SketchUp 的圆工具绘制常见圆的方法和技巧	在理解并掌握圆工具的各种用法的基础上，能够独立地完成各类 SketchUp 效果图的绘制任务，并且能够灵活运用圆工具解决工作中遇到的相关问题
特殊圆及物体上的圆绘制	学习如何在特定环境下或者在已有的物体上绘制特殊的圆形	
专业技能基本练习	通过一系列的实践操作，提升使用圆工具的专业技能水平	
专业技能案例实践	通过实际的案例演练，进一步巩固和提升使用圆工具的技能，并能将技能灵活应用于实际的工作场景中	

学习任务

(1) 圆工具基本操作常识。

(2) 圆的基本创建步骤。

(3) 专业技能基本练习。

(4) 专业技能案例实践。

学习方法

对于重点内容，以课堂讲授、实操为主。对于一般内容，则以学生自学为主，并在实际操作中加以深化和巩固。在教学过程中，宜采用多媒体教学或其他信息化教学手段提高教学效果。

内容分析

一、圆工具基本操作常识

运行 SketchUp 软件后，可执行“绘图 / 形状 / 圆”菜单命令或者单击“绘图”工具栏上的“圆”图标按钮。

移动光标至绘图区，鼠标显示图标时表示该操作已启动。

【温馨提示】

(1) 直接输入长度数值(圆的半径)并按回车键即可创建圆。

在数值框中输入“数值(圆的段数)+S”按回车键可以将圆转化为其内接正多边形。

(2) 使用“Ctrl+”或“Ctrl−”可以更改段数。

⑶ 锁定轴向创建圆，选择圆命令后，按键盘上的左键、上键、右键就可以分别锁定对应的 Y 轴(绿轴)、Z 轴(蓝轴)和 X 轴(红轴)，如图 2.7 所示。

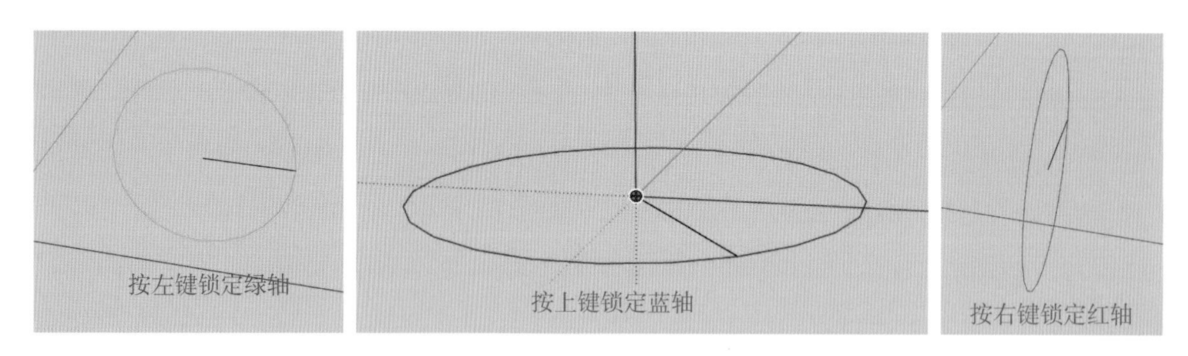

图 2.7　锁定轴向创建圆

⑷ 修改圆的属性。

当圆创建完成后，在其表面单击右键，在弹出的快捷菜单中执行“模型信息”命令，打开“图元信息”面板，在该窗口中可以修改圆的属性，如图 2.8 所示。也可以通过此方式修改其他图形的参数。

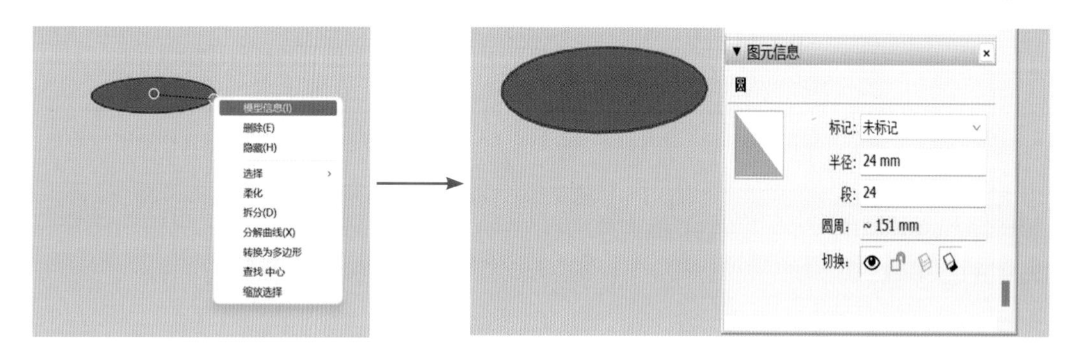

图 2.8　修改圆的属性

二、圆的基本创建步骤

1. 鼠标拖拽方法

点击设置中心点，从中心点向外移动光标确定圆的半径，点击鼠标左键即可完成圆的绘制，如图 2.9 所示。

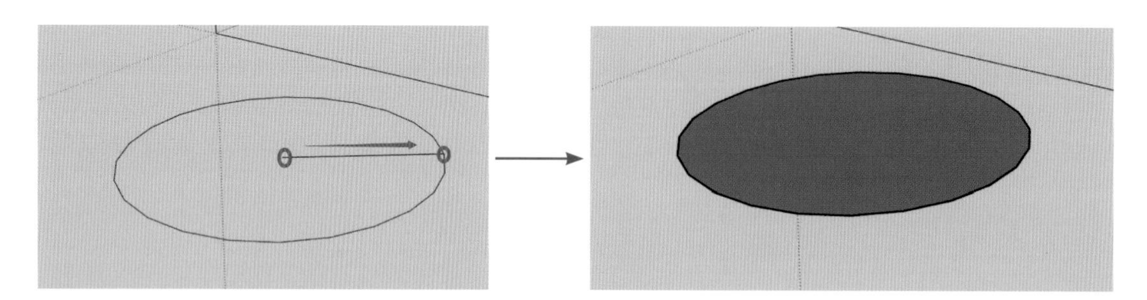

图 2.9　鼠标拖拽方法

2. 精确输入尺寸进行创建

⑴ 指定半径值：确定圆的中心点后，输入指定的圆的半径值，按回车键，即可创建出一个指定大小的圆。或者在刚绘制完成后，不要有其他的操作，直接输入指定半径值。输入时可以使用不同的单位(系统默认使用公制

单位，当输入英制单位尺寸(如 4'、7")时，SktechUp 会自动进行换算。如图 2.10 所示。

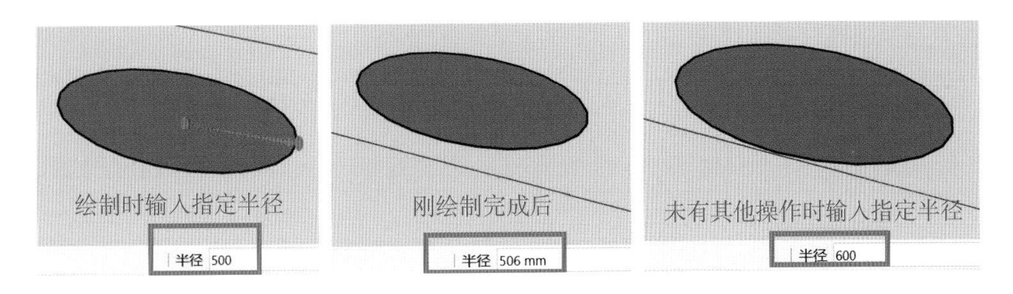

图 2.10 精确输入尺寸进行创建

② 指定段数：刚激活圆工具时，数值控制框显示的是“边”，默认段数为 24，这时可以直接输入一个段数。但是当我们确定了圆心之后，数值控制框中显示的是“半径”，这时直接输入的数就是半径值。如果要重新指定圆的段数，应在输入的数值后加上字母“s”（例如：6s 代表 6 段圆，S 或 s 均可，后文同）。使用“Ctrl+”或“Ctrl–”可以更改段数，段数必须介于 3 到 999 之间。如图 2.11 所示。

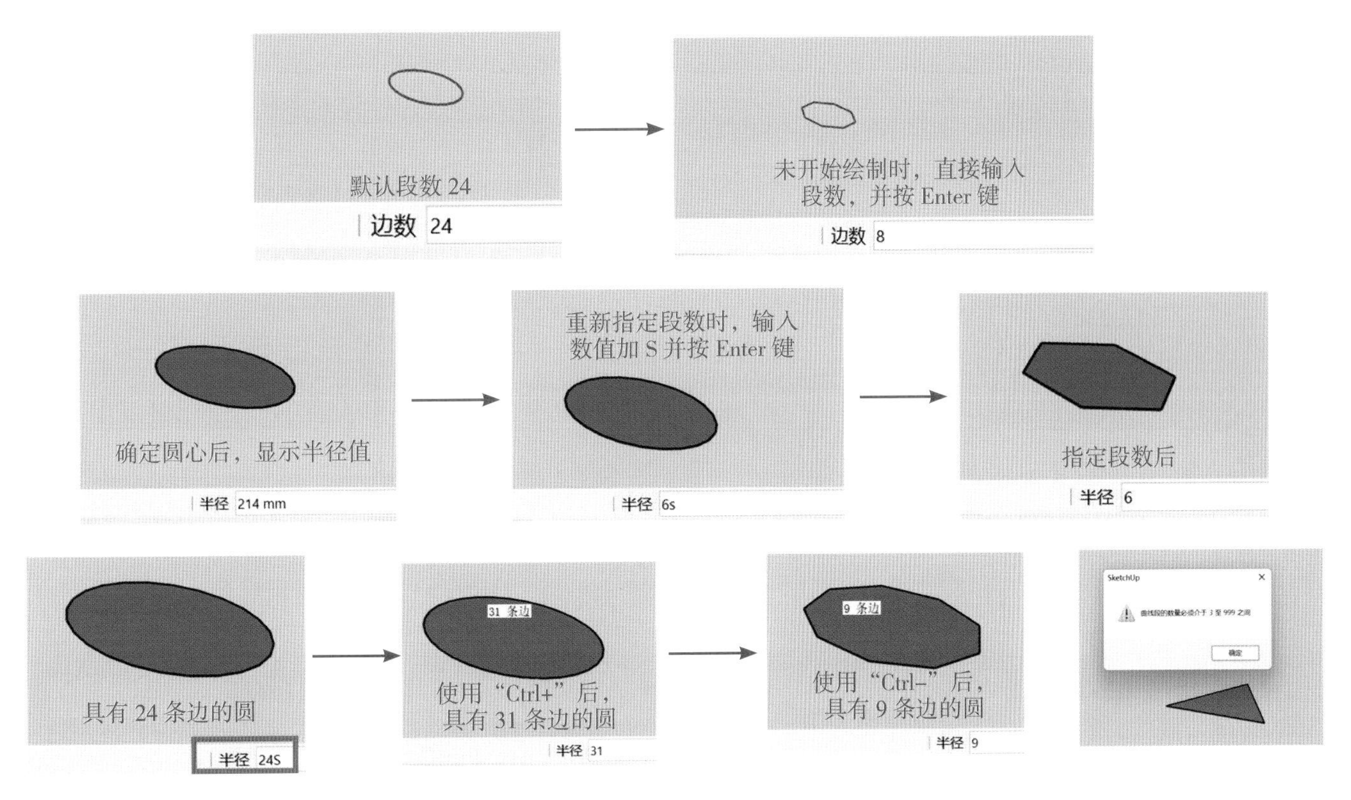

图 2.11 指定段数的具体设置

三、专业技能基本练习

输入精确的尺寸，具体过程如图 2.12 所示。

在绘制圆的过程中或者绘制完一个圆后，不要有其他的操作，在数值框中输入 *S 按回车键(* 为对应的边数，例如：6S 即为六边形)，可以将圆转化为其内接正多边形，然后输入半径值 1000，按 Enter 键，即可精确创建一个半径值为 1000 的正六边形。

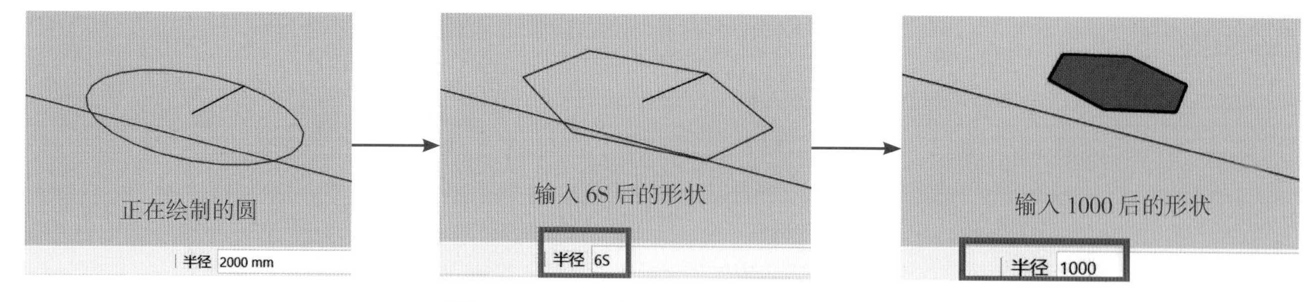

图 2.12 圆工具专业技能基本练习的步骤

四、专业技能案例实践

通过圆工具进行圆形桌子的创建，具体过程如图 2.13 所示。

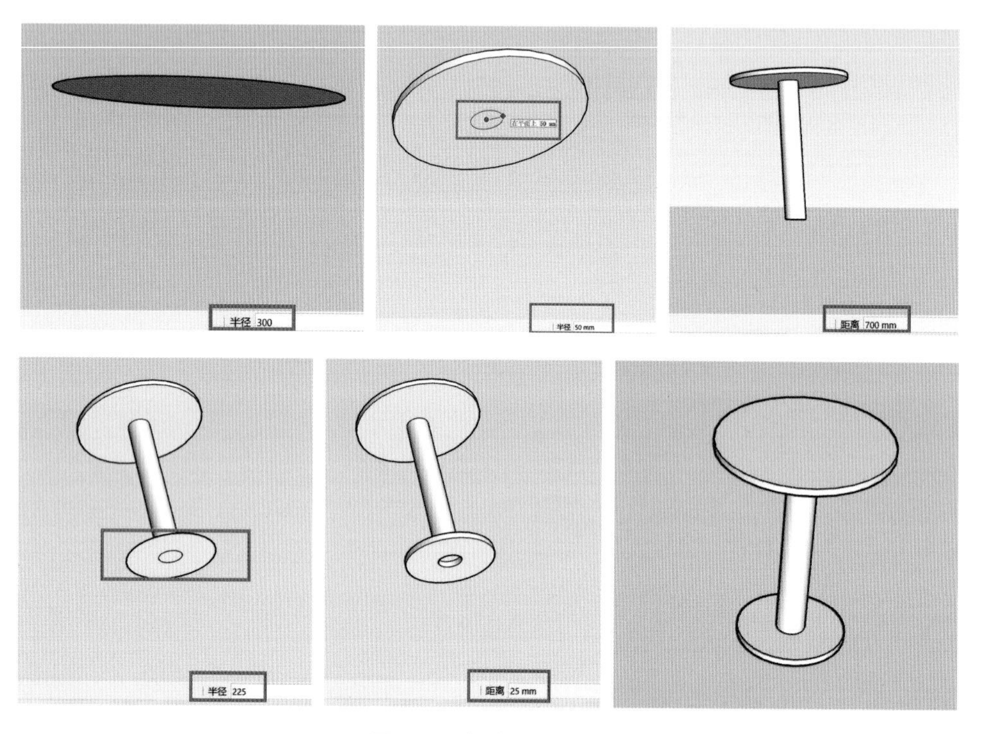

图 2.13 创建圆形桌子

(1) 激活圆工具后，按键盘上的上键锁定蓝轴，确定圆的中心点后，向外拖动鼠标在数值框中输入半径值 300，按回车键后，使用推拉工具将桌面向上推拉 25 mm，则创建出圆桌的桌面。

(2) 继续使用圆工具，在推拉后的桌面下面，找到圆的中心点，点击鼠标左键，向外拖动鼠标在数值框中输入半径值 50，按回车键后，使用推拉工具将其向下推拉 700 mm，则创建出圆桌的支柱。

(3) 继续使用圆工具，在推拉后的圆桌支柱下面，找到圆的中心点，按鼠标左键，在数值框中输入半径值 225，按回车键，使用推拉工具将其向下推拉 25 mm，则圆桌创建完毕。

— 本阶段学习的主要思考 —

(1) 创建圆的常用方法及步骤。

(2) 如何锁定不同轴进行圆的创建。

学习情境 2.3　圆弧和扇形

学习目标

知识要点	知识目标	能力目标
圆弧、扇形工具基本操作常识	熟练掌握使用 SketchUp 的圆弧和扇形工具进行基本的操作	在理解并掌握圆弧和扇形工具的各种用法的基础上，能够独立地完成各类 SketchUp 效果图的绘制任务，并且能够灵活运用圆弧和扇形工具解决工作中遇到的相关问题
绘制步骤	学习如何正确地按照步骤使用圆弧和扇形工具绘制所需要的图形	
专业技能基本练习	通过一系列的实践操作，提升使用圆弧和扇形工具的专业技能水平	
专业技能案例实践	通过实际的案例演练，进一步巩固和提升使用圆弧和扇形工具的技能，并能将技能灵活应用于实际的工作场景中	

学习任务

(1) 圆弧、扇形工具基本操作常识。

(2) 圆弧、扇形的基本创建步骤。

(3) 专业技能基本练习。

(4) 专业技能案例实践。

学习方法

对于重点内容，以课堂讲授、实操为主。对于一般内容，则以学生自学为主，并在实际操作中加以深化和巩固。在教学过程中，宜采用多媒体教学或其他信息化教学手段提高教学效果。

内容分析

一、圆弧、扇形工具基本操作常识

运行 SketchUp 软件后，可执行“绘图 / 圆弧”菜单命令或者单击“绘图”工具栏上的“圆弧”图标按钮、“两点圆弧”图标按钮、“3 点画弧”图标按钮、“扇形”图标按钮。

移动光标至绘图区，鼠标显示图标、、、时表示该操作已启动。

【温馨提示】

(1) 可直接输入数值并按 Enter 键，此值为圆弧的凸距。可以指定半径来代替凸距，需要在输入的半径值后面加字母“r”，然后按 Enter 键。

(2) 在数值框中输入数值后再加字母“s”表示输入为圆弧 / 扇形的边数，边数越多，圆弧 / 扇形越圆滑。

⑶ 使用"Ctrl+"或"Ctrl-"可以更改段数。

⑷ 按住 Shift 键不放可以锁定圆弧半径的方向。

⑸ 几个典型的角度捕捉绘制：90° 对应四分之一圆，180° 对应半圆，270° 对应四分之三圆，360° 则对应完整的圆，如图 2.14 所示。

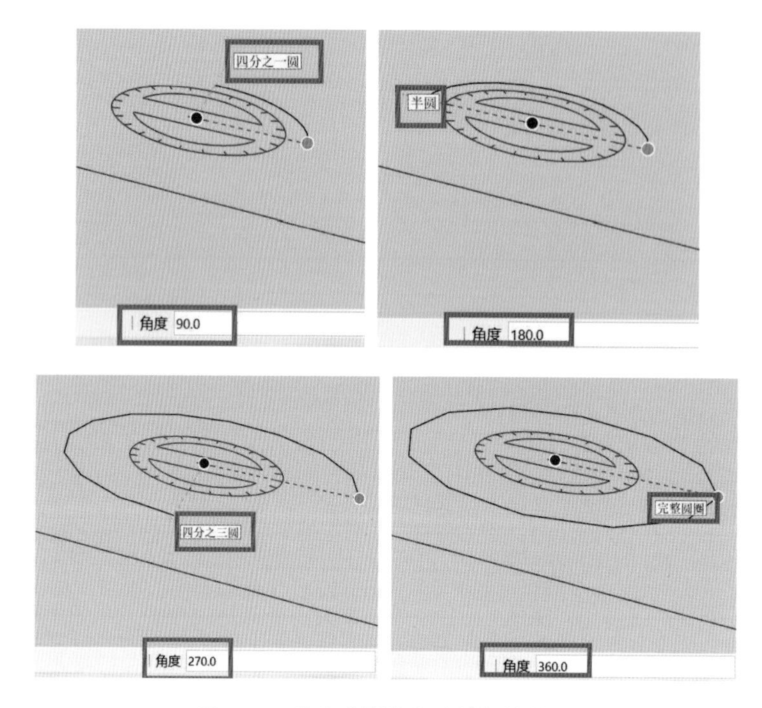

图 2.14　几个典型的角度捕捉绘制图

⑹ 切线捕捉。

当起点在其他线段上时，如果拖出的弧线是青色的，表示与圆弧线相切。如果拖出的弧线是洋红色的，表示与两边线相切，这时如果双击鼠标左键，就会创建出一条与两个边线同时相切的圆角。如图 2.15 所示。

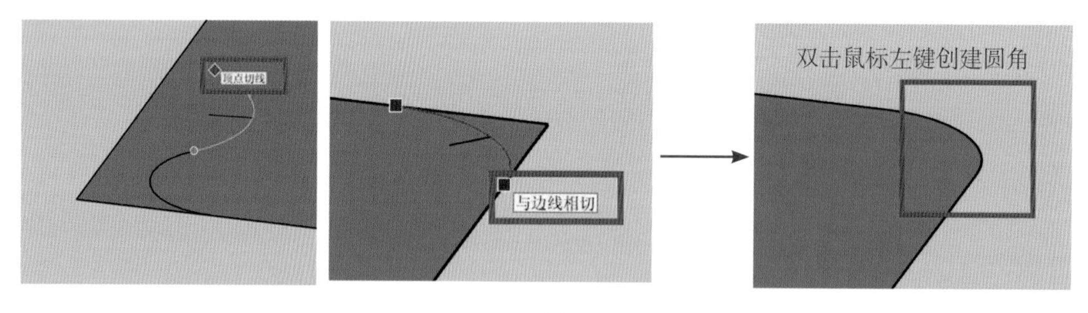

图 2.15　切线捕捉的设置

二、圆弧、扇形的基本创建步骤

(一) 圆弧的基本创建步骤

1. 从中心和两点绘制圆弧

先单击确定圆弧的中心点，然后选择第一个圆弧点或者输入半径值，再选择第二个圆弧点或者输入角度，即可创建出一个圆弧。使用“Ctrl+”或“Ctrl-”可以更改段数。在数值框中输入 *S 按回车键(* 为对应的边数,例如:6S 即为六条边)可以调整弧线的圆滑段数。如图 2.16 所示。

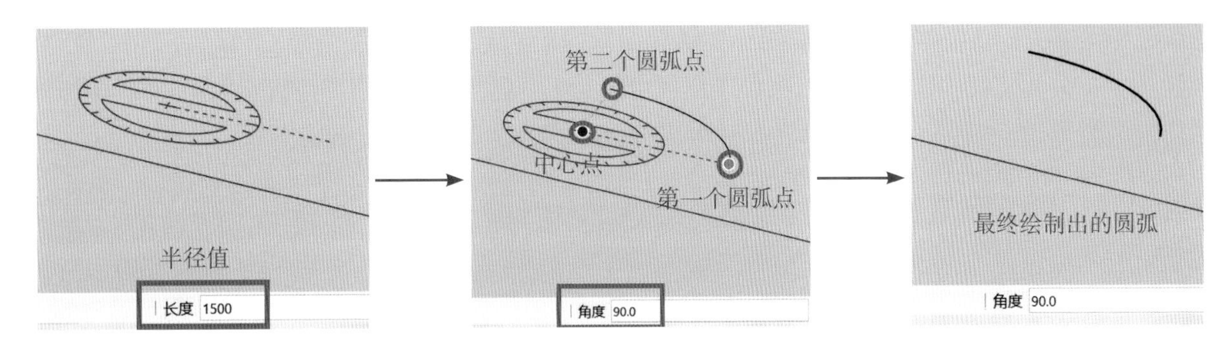

图 2.16 绘制圆弧的基本步骤

2. 绘制 2 点圆弧

根据起点、终点和凸起部分绘制圆弧,快捷键默认为 A。

先确定一个起点,再选择一个终点或者输入弦长的值,最后选择弧高或者输入准确的弧高值,即可创建出一个 2 点圆弧。使用“Ctrl+”或“Ctrl-”可以更改段数。在数值框中输入 *S 按回车键(* 为对应的边数,例如:6S 即为六条边)可以调整弧线的圆滑段数。如图 2.17 所示。

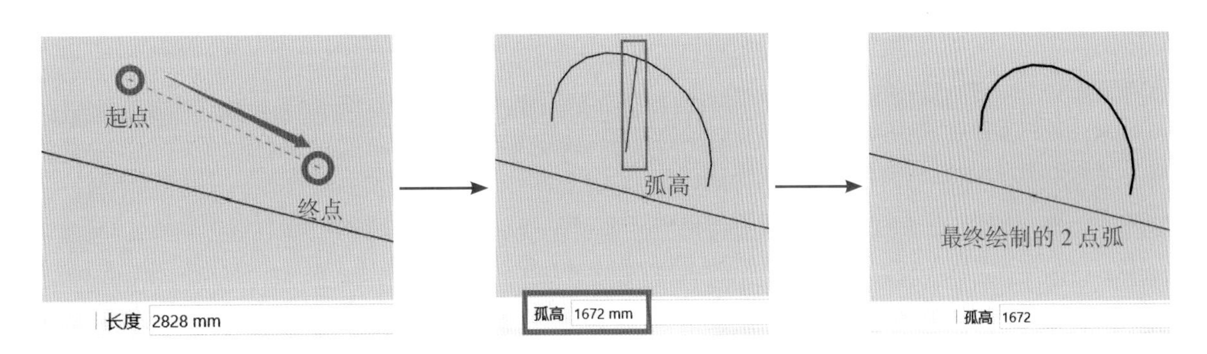

图 2.17 绘制 2 点圆弧的基本步骤

3. 绘制 3 点圆弧

通过圆周上的三点画出圆弧。

先确定一个起点,再选择第二个圆弧点或输入长度,最后选择圆弧端点或输入角度,即可创建出一个 3 点圆弧。使用“Ctrl+”或“Ctrl-”可以更改段数。在数值框中输入 *S 按回车键(* 为对应的边数,例如:6S 即为六条边)可以调整弧线的圆滑段数。如图 2.18 所示。

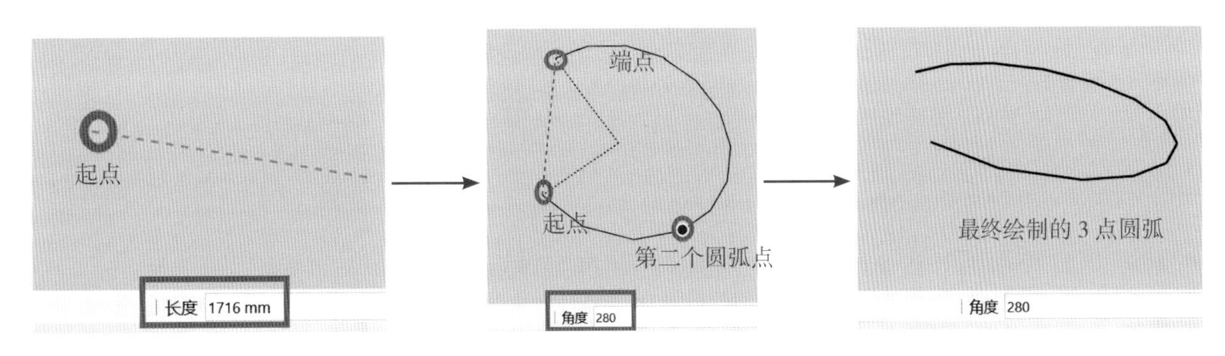

图 2.18 绘制 3 点圆弧的基本步骤

(二)扇形的基本创建步骤

从中心和两点绘制关闭圆弧。

先单击确定圆弧的中心点,然后选择第一个圆弧点或者输入半径值,再选择第二个圆弧点或者输入角度,即可创建出一个关闭圆弧也就是扇形。使用“Ctrl+”或“Ctrl-”可以更改段数。在数值框中输入 *S 按回车键(* 为对应的边数,例如:6S 即为六条边)可以调整扇形的圆滑段数。如图 2.19 所示。

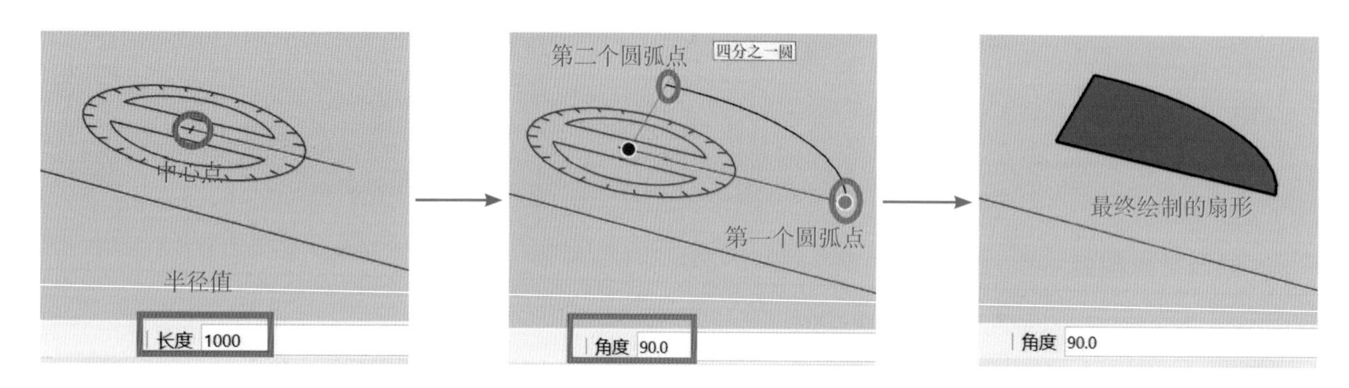

图 2.19 从中心和两点绘制关闭圆弧的步骤

三、专业技能基本练习

扇形绘图的基本步骤如图 2.20 所示。

指定弦长:确定圆弧起点后,输入一个数值确定圆弧的弦长,可以输入负值,表示要绘制的圆弧在当前方向的反向位置。注意要在单击确定弦长之前指定弦长。

指定凸出距离:确定弦长后所输入的数值代表凸距值,输入负的凸距表示圆弧反向凸出。

指定半径:可指定半径代替凸距,指定半径时要在输入的半径数值后加上字母“R”,然后按 Enter 键。

指定段数(边数):在绘制圆弧的过程中或画好圆弧后,输入数值并在后面加字母“S”,然后按 Enter 键。

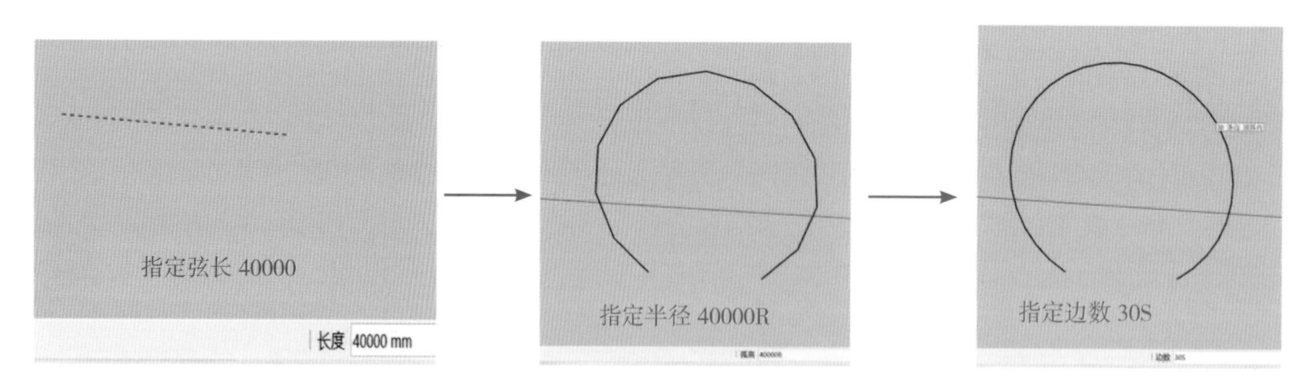

图 2.20 扇形绘图的基本步骤

四、专业技能案例实践

通过圆弧工具等进行转角柜的创建,具体过程如图 2.21 所示。

(1) 激活矩形工具后,按键盘上的右键锁定红轴,确定矩形的一个角点后,在数值框中输入长和宽的数值(400,1200),则可绘制出转角柜的侧板。

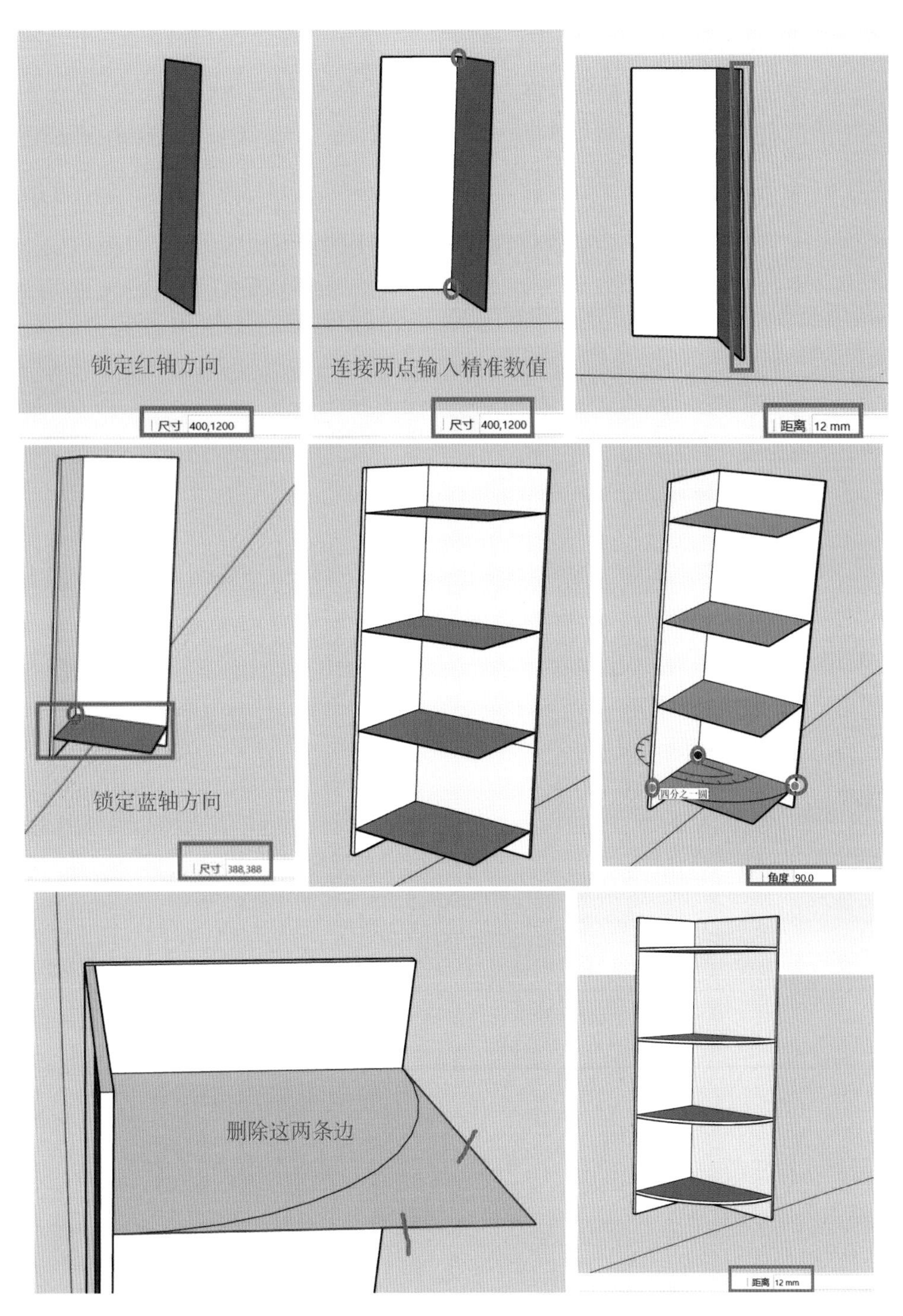

图 2.21　创建圆弧转角柜

⑵ 继续使用矩形工具，连接第一个矩形一侧的两个点，确定矩形的两个端点后，在数值框中输入(400,1200)，则可绘制出转角柜另一侧的形状，使用推拉工具，将两个侧板向内推拉 12 mm。

⑶ 继续使用矩形工具，按键盘上的上键锁定蓝轴，确定矩形的一个角点后，在数值框中输入长和宽的数值(388,388) 并按回车键，则绘制出转角柜的一个隔板。

⑷ 按照同样的方法确定各隔板间的距离，再依次向上绘制三个隔板。

⑸ 激活圆弧工具，按上键锁定蓝轴方向，在第一个隔板上确定圆弧的中心点后，选择圆弧的第一个圆弧点，再选择第二个圆弧点，按鼠标左键即可绘制出一个角度为 90° 的圆弧。

⑹ 使用上述同样的方法，依次绘制出其他隔板上的圆弧。

⑺ 激活选择工具，按住 Ctrl 键，选择圆弧外围的两条边，按 Delete 键将其删除。

⑻ 按上述方法依次删除其他圆弧外围的两条边，激活推拉工具，依次将圆弧所形成的平面向上推拉 12 mm，即创建完毕。

— 本阶段学习的主要思考 —

(1) 创建圆弧与扇形的常用方法及步骤。

(2) 如何锁定不同轴进行圆弧、扇形的创建。

学习情境 2.4　多边形

学习目标

知识要点	知识目标	能力目标
多边形工具基本操作常识	熟练掌握使用 SketchUp 的多边形工具进行基本的操作	在理解并掌握多边形工具的各种用法的基础上，能够独立地完成各类 SketchUp 效果图的绘制任务，并且能够灵活运用多边形工具解决工作中遇到的相关问题
绘制步骤	学习如何正确地按照步骤使用多边形工具绘制所需要的图形	
专业技能基本练习	通过一系列的实践操作，提升使用多边形工具的专业技能水平	
专业技能案例实践	通过实际的案例演练，进一步巩固和提升使用多边形工具的技能，并能将技能灵活应用于实际的工作场景中	

学习任务

⑴ 多边形工具基本操作常识。

⑵ 多边形的基本创建步骤。

⑶ 专业技能基本练习。

⑷ 专业技能案例实践。

学习方法

对于重点内容，以课堂讲授、实操为主。对于一般内容，则以学生自学为主，并在实际操作中加以深化和巩固。在教学过程中，宜采用多媒体教学或其他信息化教学手段提高教学效果。

内容分析

一、多边形工具基本操作常识

运行 SketchUp 软件后，可执行“绘图 / 形状 / 多边形”菜单命令或者单击“绘图”工具栏上的“多边形”图标按钮。

移动光标至绘图区，鼠标显示图标时表示该操作已启动。

【温馨提示】

⑴ 多边形工具可以绘制 3～999 条边的外接圆的正多边形实体，若多边形边数设置较多，则变成圆形。

⑵ 多边形工具与圆工具使用“推拉”工具后的效果不一样，用多边形推拉圆柱会产生边线，圆工具可以自动柔化边线。

⑶ 从 SketchUp7 开始便有了“相交线自动分割”功能，当你在同一平面绘制相交的线段时，各线段会在其交点处自动截断。

二、多边形的基本创建步骤

1. 鼠标拖拽方法

激活多边形工具，点击确定多边形中心后，按住鼠标左键不放进行拖拽，拖出需要的半径后，松开鼠标完成多边形绘制。按 Ctrl 键可以切换内 / 外切圆。如图 2.22 所示。

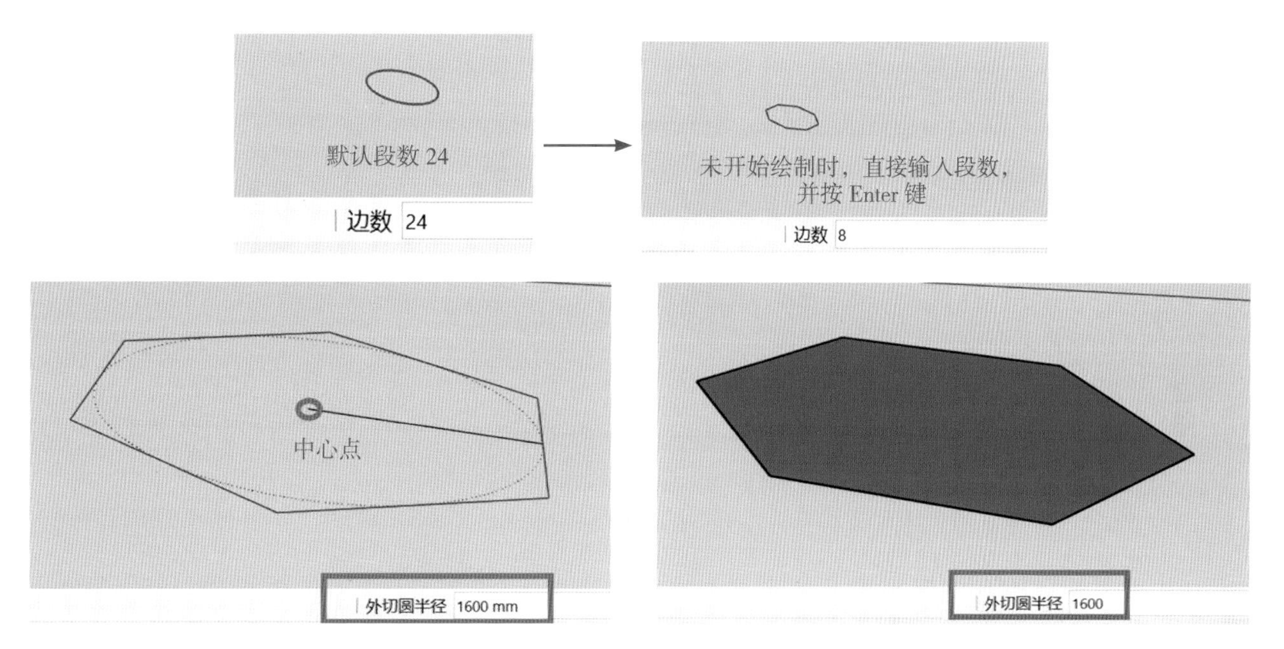

图 2.22　鼠标拖拽方法

2. 精确输入法

⑴ 输入边数。

刚激活多边形工具时，数值控制框内显示的是边数，也可以直接输入边数。绘制多边形的过程中或画好之后，数值控制框内显示的是半径，此时如想输入边数的话，要在输入的数字后面加上字母 S(例如:8S 表示八边形) 指定好的边数会保留给下一次绘制。

⑵ 输入半径。

确定多边形中心后，就可以输入精确的多边形内 / 外接圆半径。可以在绘制的过程中和绘制好以后对半径进行修改。如图 2.23 所示。

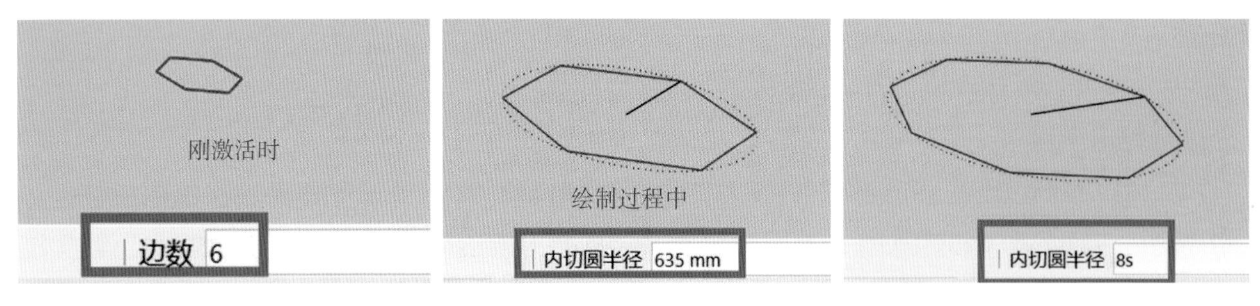

图 2.23　精确输入法

三、专业技能基本练习

精准绘制多边形，具体过程如图 2.24 所示。

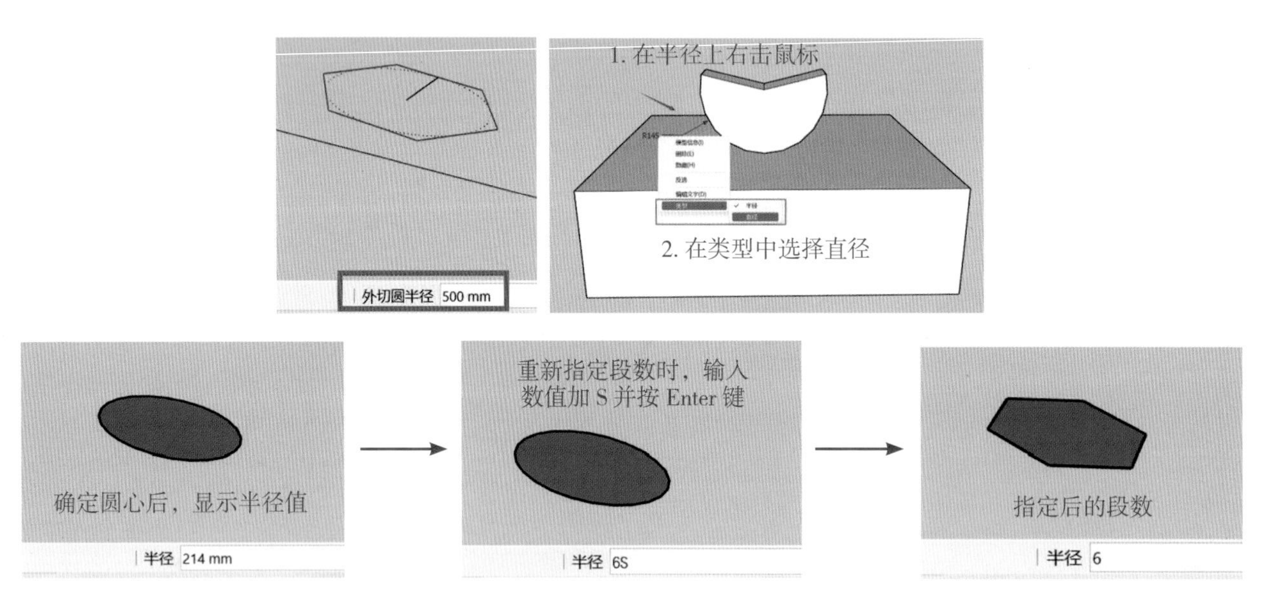

图 2.24　绘制多边形的基本步骤

四、专业技能案例实践

通过多边形工具进行拼图积木的创建，具体过程如下。

(1) 激活多边形工具后，在数值框中输入 3S，按回车键，向外拖动鼠标输入 3000，按回车键，使用推拉工具将其向上推拉 500 mm，即可创建一个三边形积木，如图 2.25 所示。

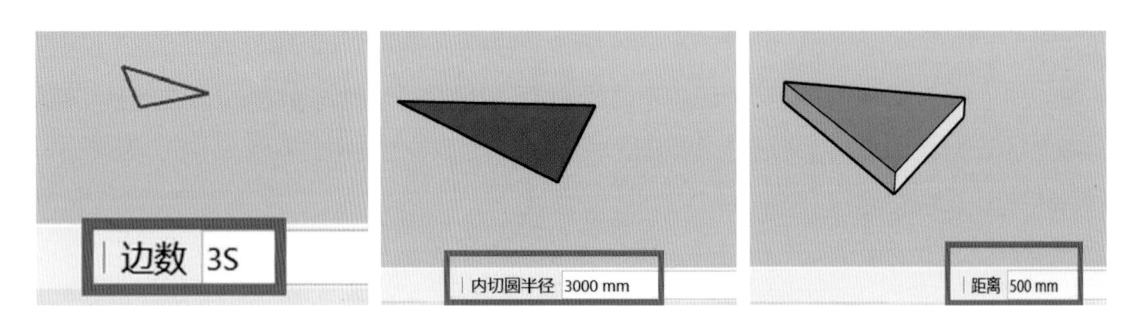

图 2.25　绘制三边形积木

(2) 激活多边形工具后，在数值框中输入 4S，按回车键，向外拖动鼠标输入 3000，按回车键，使用推拉工具将

其向上推拉 500 mm，即可创建一个四边形积木，如图 2.26 所示。

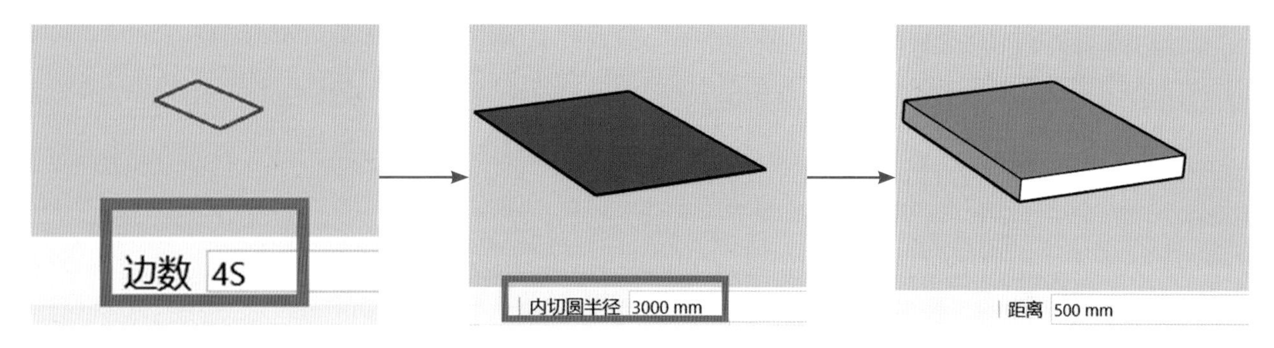

图 2.26 绘制四边形积木

⑶ 激活多边形工具后，在数值框中输入 6S，按回车键，向外拖动鼠标输入 3000，按回车键，使用推拉工具将其向上推拉 500 mm，即可创建一个六边形积木，如图 2.27 所示。

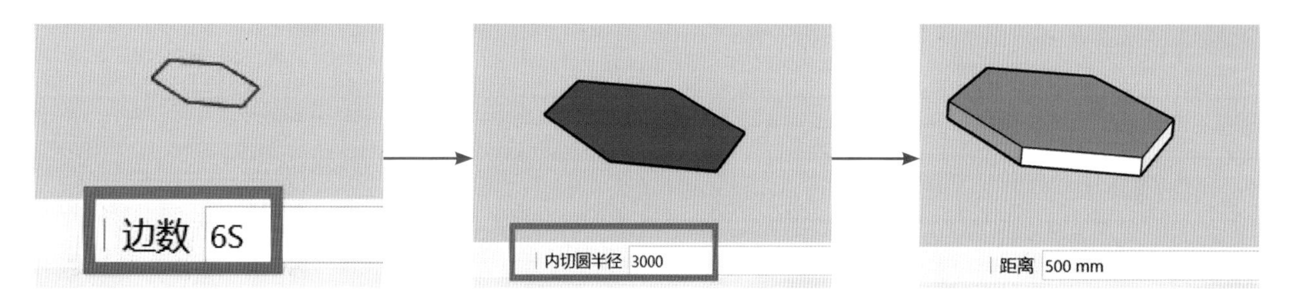

图 2.27 绘制六边形积木

⑷ 激活多边形工具后，在数值框中输入 99S，按回车键，向外拖动鼠标输入 3000，按回车键，使用推拉工具将其向上推拉 500 mm，即可创建一个有九十九条边的圆形积木，如图 2.28 所示。

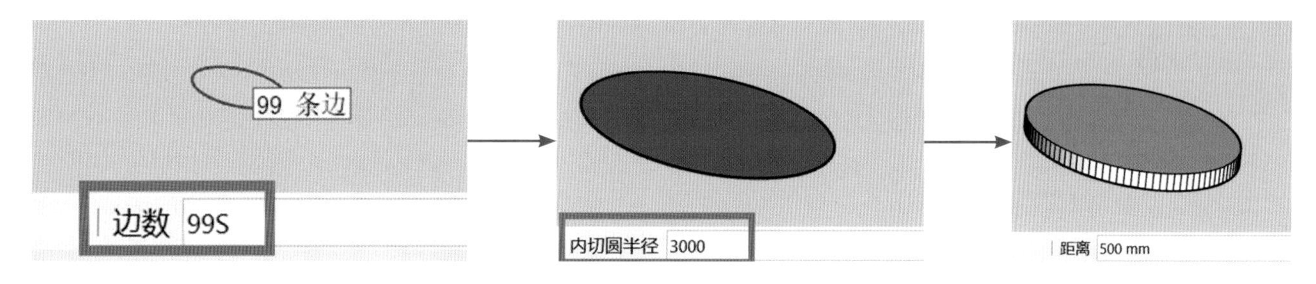

图 2.28 绘制圆形积木

最终的积木如图 2.29 所示。

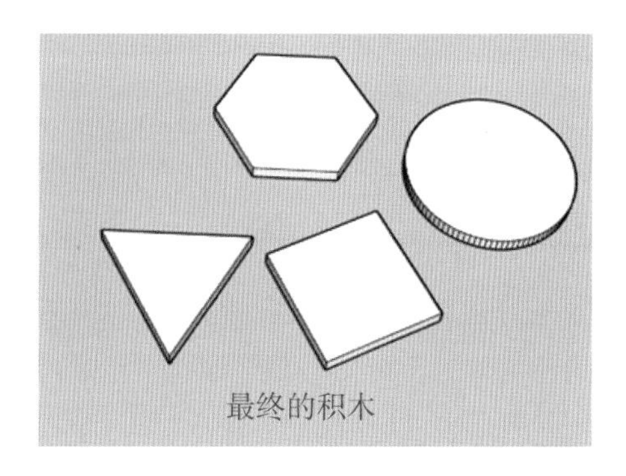

图 2.29 最终的积木

— 本阶段学习的主要思考 —

(1) 创建多边形的常用方法及步骤。
(2) 如何锁定不同轴进行多边形的创建。

学习情境 2.5　手绘线

学习目标

知识要点	知识目标	能力目标
手绘线工具基本操作常识	熟练掌握使用 SketchUp 的手绘线工具进行基本的操作	在理解并掌握手绘线工具的各种用法的基础上，能够独立地完成各类 SketchUp 效果图的绘制任务，并且能够灵活运用手绘线工具解决工作中遇到的相关问题
绘制步骤	学习如何正确地按照步骤使用手绘线工具绘制所需的图形	
专业技能基本练习	通过一系列的实践操作，提升使用手绘线工具的专业技能水平	
专业技能案例实践	通过实际的案例演练，进一步巩固和提升使用手绘线工具的技能，并能将技能灵活应用于实际的工作场景中	

学习任务

⑴ 手绘线工具基本操作常识。
⑵ 手绘线的基本创建步骤。
⑶ 专业技能基本练习。
⑷ 专业技能案例实践。

学习方法

对于重点内容，以课堂讲授、实操为主。对于一般内容，则以学生自学为主，并在实际操作中加以深化和巩固。在教学过程中，宜采用多媒体教学或其他信息化教学手段提高教学效果。

内容分析

一、手绘线工具基本操作常识

运行 SketchUp 软件后，可执行 “绘图 / 直线 / 手绘线” 菜单命令或者单击 “绘图” 工具栏上的 “手绘线” 图标按钮。

移动光标至绘图区，鼠标显示图标时表示该操作已启动。

二、手绘线的基本创建步骤

激活手绘线工具，在起点处按住鼠标左键，然后拖动鼠标进行绘制，松开鼠标左键结束绘制。用手绘线工具绘制闭合的形体时，只要在起点处结束线条绘制，SU 会自动替你闭合形体。

三、专业技能基本练习

练习绘制图形，如图 2.30 所示。

图 2.30　绘制示例

四、专业技能案例实践

通过手绘线工具绘制小熊维尼，具体过程如图 2.31 所示。

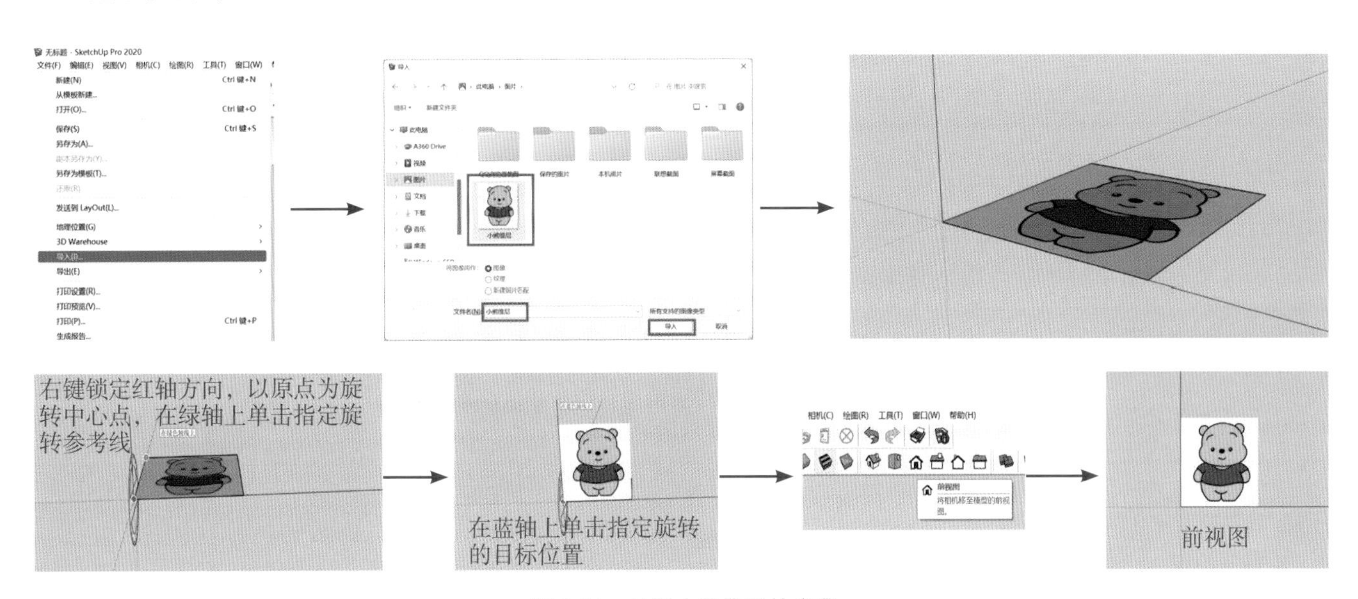

图 2.31　绘制小熊维尼的步骤

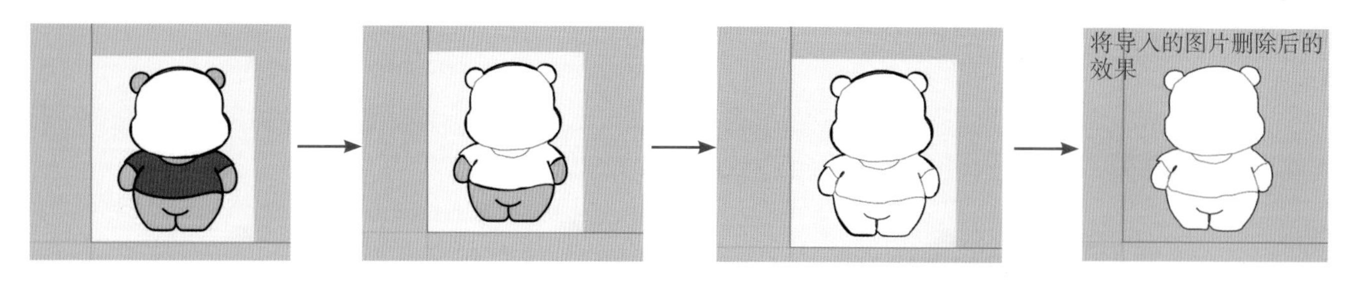

续图 2.31

(1) 执行“文件 | 导入”菜单命令，在弹出的“导入”对话框中找到所需导入的素材图片的路径文件，然后单击“导入”按钮。鼠标上会附着该图片，单击原点，然后拖动鼠标再指定另一点，即可将该图片导入 SketchUp 软件。

(2) 激活“旋转”工具按钮，鼠标中键旋转视图，按键盘上的右键锁定红轴方向，单击坐标原点为旋转中心点，在绿轴上单击指定旋转参考线，然后在蓝轴上单击指定旋转的目标位置。执行“相机 | 平行投影”菜单命令，然后单击前视图按钮。

(3) 激活手绘线工具，在相应位置按住鼠标左键不放，围绕图片的脸部绘制一个封闭面，继续执行手绘线命令，利用同样的方法，围绕图片绘制出其他封闭面。最后，选择导入的图片，按 Delele 键删除。

— 本阶段学习的主要思考 —

(1) 创建手绘线的常用方法及步骤。

(2) 如何用手绘线工具描绘导入的图片。

学习情境 2.6　直线

学习目标

知识要点	知识目标	能力目标
直线工具基本操作常识	熟练掌握使用 SketchUp 的直线工具进行基本的操作	在理解并掌握直线工具的各种用法的基础上，能够独立地完成各类 SketchUp 效果图的绘制任务，并且能够灵活运用直线工具解决工作中遇到的相关问题
绘制步骤	学习如何正确地按照步骤使用直线工具绘制所需的图形	
专业技能基本练习	通过一系列的实践操作，提升使用直线工具的专业技能水平	
专业技能案例实践	通过实际的案例演练，进一步巩固和提升使用直线工具的技能，并能将技能灵活应用于实际的工作场景中	

学习任务

(1) 直线工具基本操作常识。

⑵ 直线的基本创建步骤。

⑶ 专业技能基本练习。

⑷ 专业技能案例实践。

学习方法

对于重点内容，以课堂讲授、实操为主。对于一般内容，则以学生自学为主，并在实际操作中加以深化和巩固。在教学过程中，宜采用多媒体教学或其他信息化教学手段提高教学效果。

内容分析

一、直线工具基本操作常识

运行 SketchUp 软件后，可执行“绘图 / 直线”菜单命令或者单击“绘图”工具栏上的“直线”图标按钮。移动光标至绘图区，鼠标显示图标时表示该操作已启动。

【温馨提示】

⑴ 锁定轴线绘制直线：激活直线工具后，可以按键盘上的左键、上键、右键来分别锁定对应的 Y 轴（绿轴）、Z 轴（蓝轴）和 X 轴（红轴），如图 2.32 所示。也可以按住 Shift 键不放，锁定轴向。

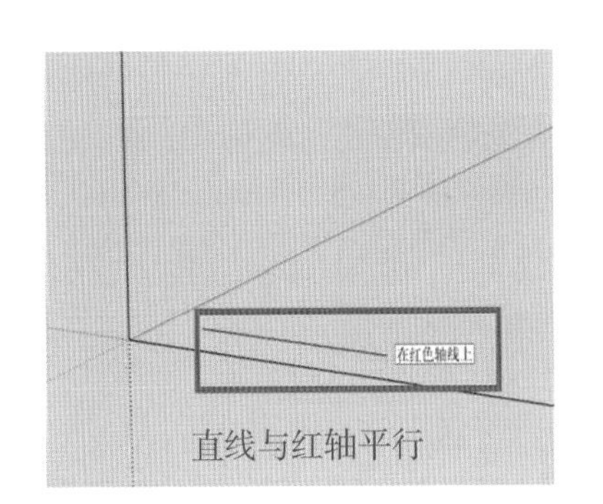

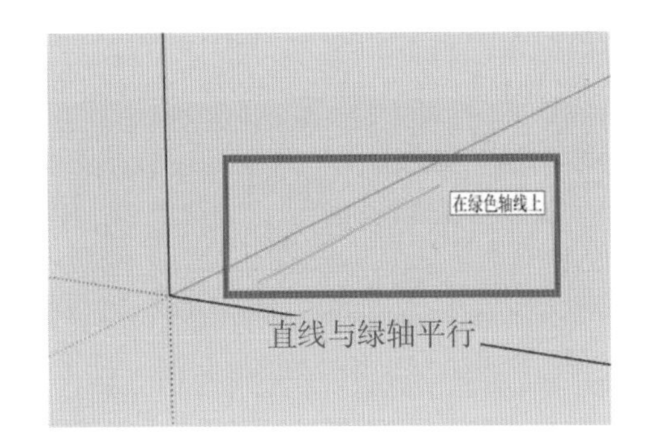

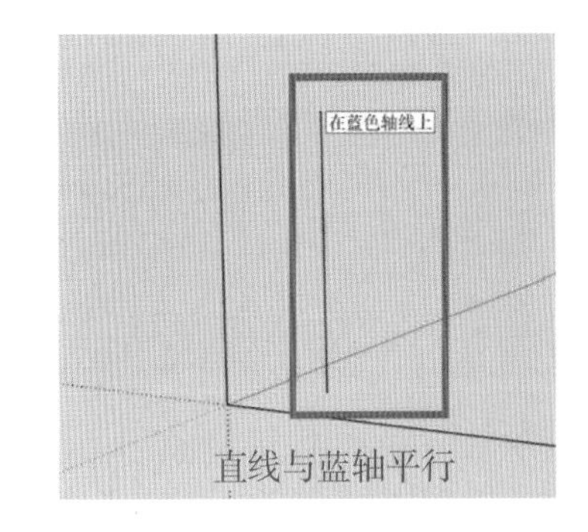

图 2.32　锁定轴线绘制直线

⑵ 分割线段：从 SketchUp7 开始便有了“相交线自动分割”功能，当你在同一平面绘制相交的线段时，各线段会在其交点处自动截断，如图 2.33 所示。

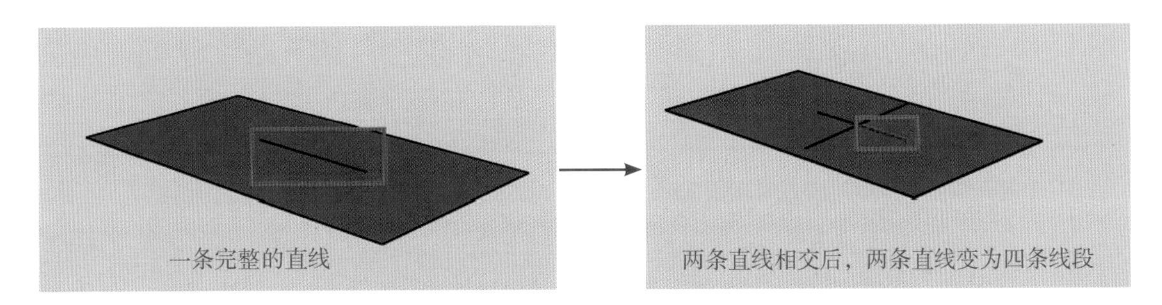

图 2.33　绘制分割线段的步骤

⑶ 分割平面：直线可以将一个平面分割成多个平面，如图 2.34 所示。

⑷ 测量长度：点击第一点移动鼠标至第二点后不要再进行点击，在右下角的数值框中可显示两点之间的数值距离，如图 2.35 所示。

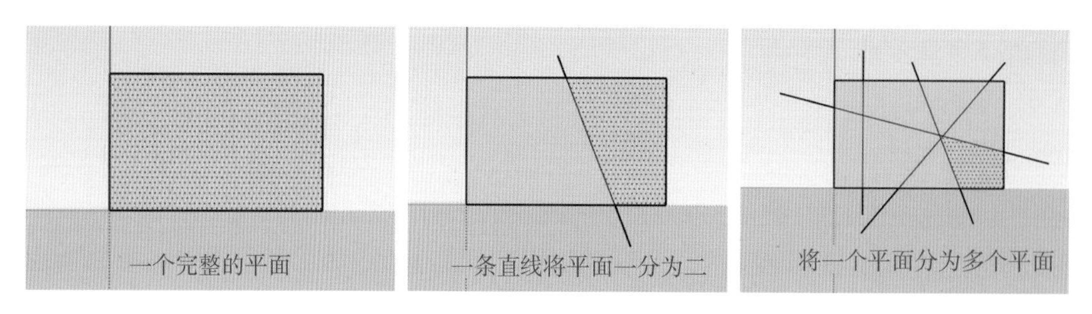

图 2.34　绘制分割平面的步骤

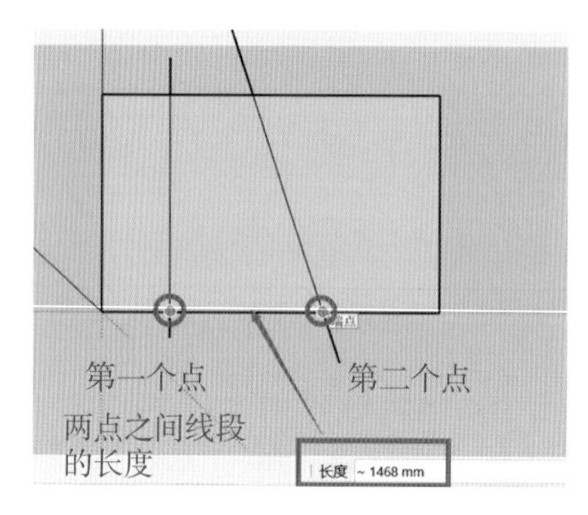

图 2.35　测量长度的界面

⑸ 连接封面：对未封闭的多段线进行首尾相连即可形成封闭的面，如图 2.36 所示。

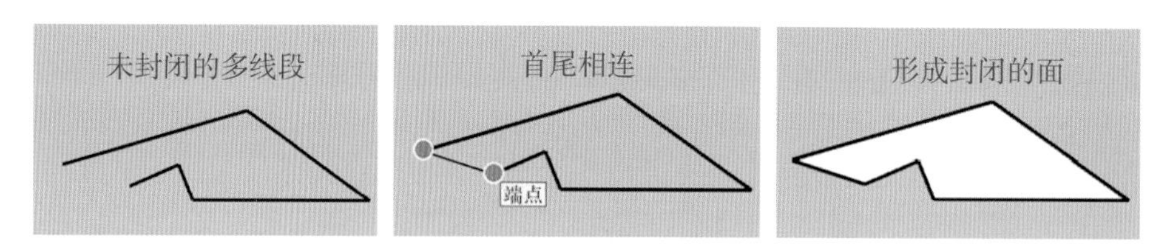

图 2.36　连接封面的步骤

⑹ 绘制等分线：绘制一条直线，右键单击绘制好的直线，会弹出一个菜单，选择“拆分”，将鼠标光标移动到直线上，选择需要拆分的段数并单击即可拆分这条直线，如图 2.37 所示。

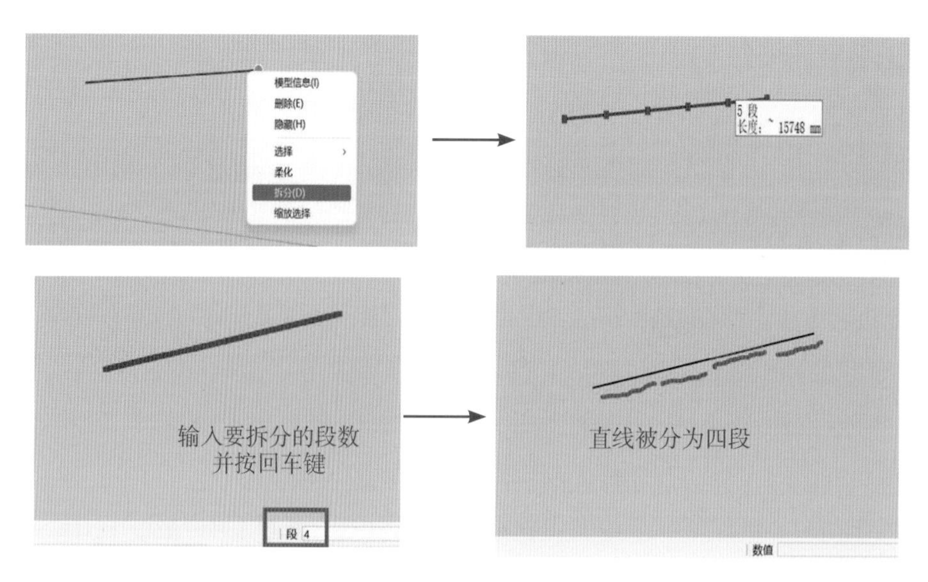

图 2.37　绘制等分线的步骤

二、直线的基本创建步骤

1. 根据起点和终点进行创建

激活直线工具后，点击鼠标左键指定第一个顶点，然后拖动鼠标指定第二个顶点，即可创建出一条直线。直线创建完成后鼠标依然显示继续下一步创建，如果只需要创建一段直线，可以按键盘上的 Esc 键退出，也可以将鼠标移动在选择工具上面，点击鼠标左键或是直接按空格键即可取消继续创建。如图 2.38 所示。

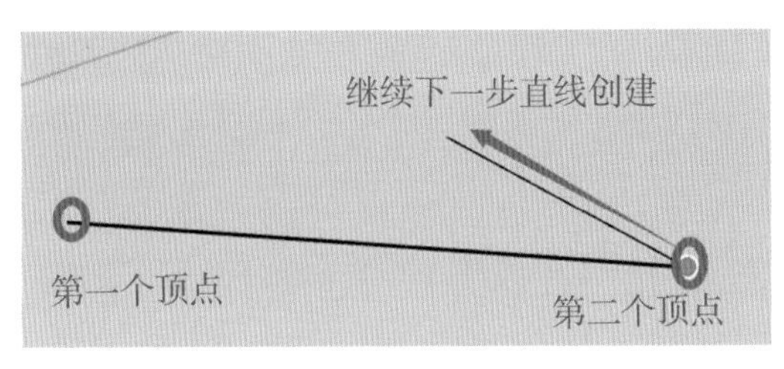

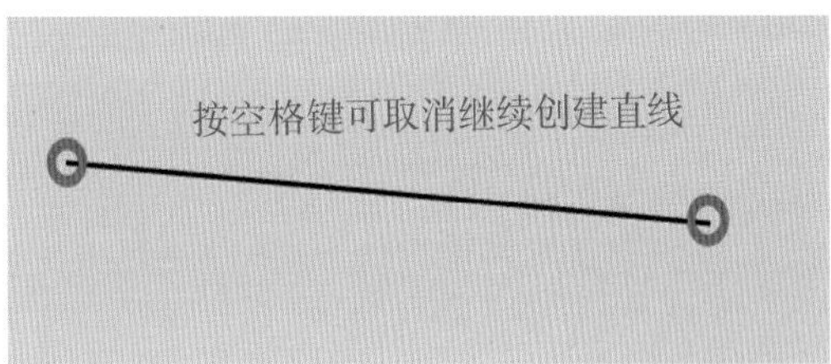

图 2.38　根据起点和终点进行创建基本操作步骤

2. 精确输入法

(1) 直线段的精确绘制。

画线时，绘图窗口右下角的数值框中会以默认单位显示线段的长度。此时可以输入长度值，按回车键确定，即可绘制出一条具有精确长度的直线。如图 2.39 所示。

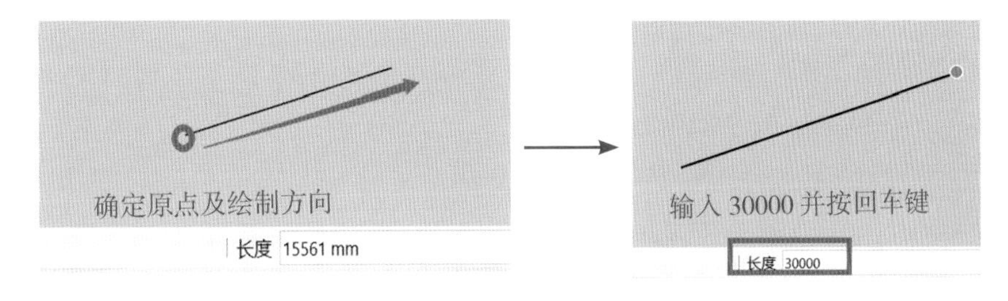

图 2.39　直线段的精确绘制基本操作步骤

(2) 输入三维坐标。

①绝对坐标法。利用中括号输入一组数字，表示以当前绘图坐标轴为基准的绝对坐标，格式为 [*x*,*y*,*z*]。激活直线工具，单击第一点确认起点位置，移动鼠标，在数值框中输入 [2000,2000,2000]，按回车键，然后按 Esc 键退出，就绘制出一条空间直线。利用同样的方法绘制第二条空间直线，发现两条空间直线的终点相交于一点，因为用绝对坐标法绘制空间直线是相对于坐标原点来绘制的。如图 2.40 所示。

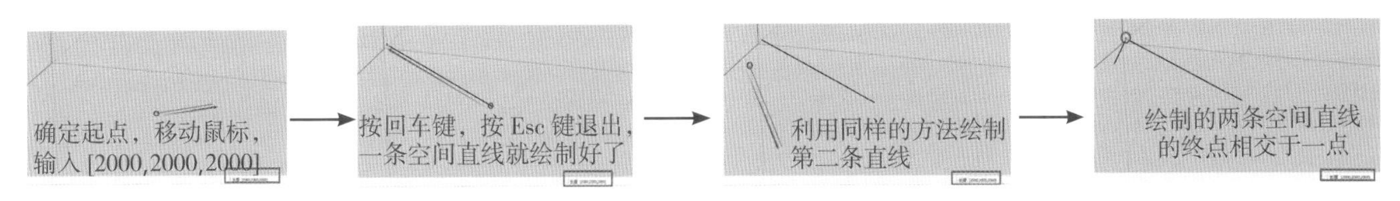

图 2.40　绝对坐标法绘制空间直线基本操作步骤

②相对坐标法。利用尖括号输入一组数字，表示相对于线段起点的坐标，格式为 <*x*,*y*,*z*>，其中，*x*,*y*,*z* 是相对于线段起点的距离。激活直线工具，单击第一点确认起点位置，移动鼠标，在数值框中输入 <2000,2000,2000>，

按回车键，然后按 Esc 键退出，就绘制出一条空间直线。利用同样的方法绘制第二条空间直线，发现两条空间直线的终点并未相交于一点，因为用相对坐标法绘制空间直线是相对于绘制直线的起点来绘制的。如图 2.41 所示。

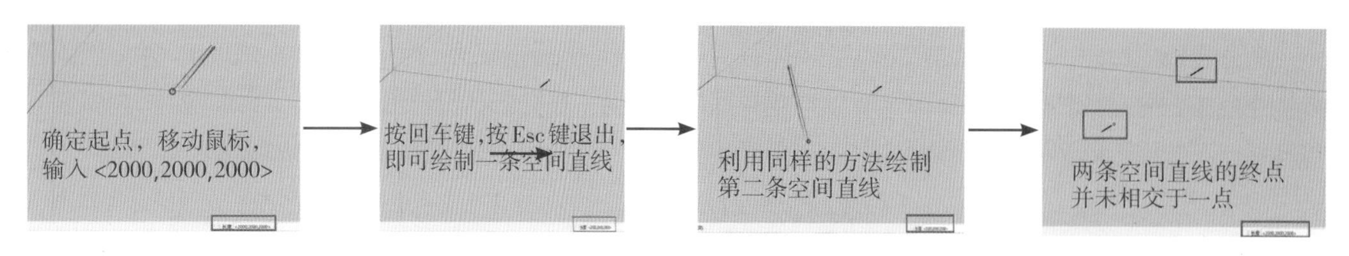

图 2.41　相对坐标法绘制空间直线基本操作步骤

⑶ 利用参考来绘制直线。

要画的线平行于坐标轴时，线会以坐标轴的颜色亮显，并显示“在轴线上”的参考提示。参考还可以显示与已有的点、线、面的对齐关系。例如，移动鼠标到一边线的端点处，然后沿着轴向向外移动，会出现一条参考的点线，并显示“在点上”的提示。这些辅助参考随时都处于激活状态。

①参考锁定。有时，SketchUp 不能捕捉到需要的对齐参考点，捕捉的参考点可能受到别的几何体的干扰，这时，可以按住 Shift 键来锁定需要的参考点。例如，移动鼠标到一个表面上，等“在表面上”的参考出现后，按住 Shift 键，则以后画的线就锁定在这个表面所在的平面上。

②参考类型。鼠标停留在对应的顶点处即可出现捕捉顶点的图表显示。可自动捕捉对应的点，方便绘图。

有三种类型的参考：点、线、面。

端点：绿色参考点，线或圆弧的端点。

中点：青色参考点，线或边线的中点。

交点：黑色参考点，一条线与另一条线或面的交点。

在表面上（在平面上）：蓝色参考点，提示表面上的某一点。

在边线上：红色参考点，提示边线上的某一点。

边线的等分点：紫色参考点，提示将边线等分。

半圆：画圆弧时，如果刚好是半圆，会出现“半圆”参考提示。

三、专业技能基本练习

利用参考点绘制直线，具体过程如图 2.42 所示。

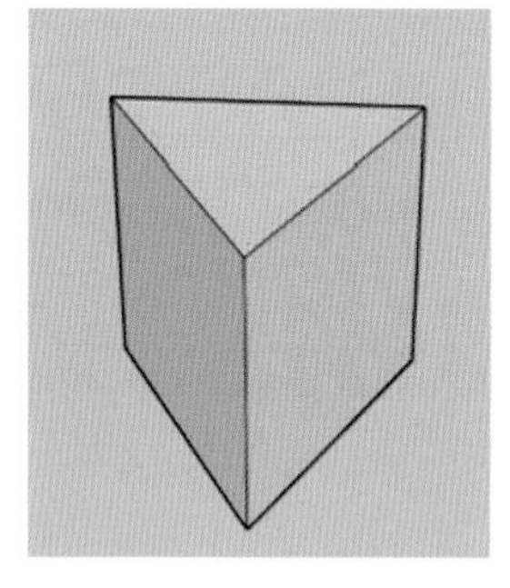
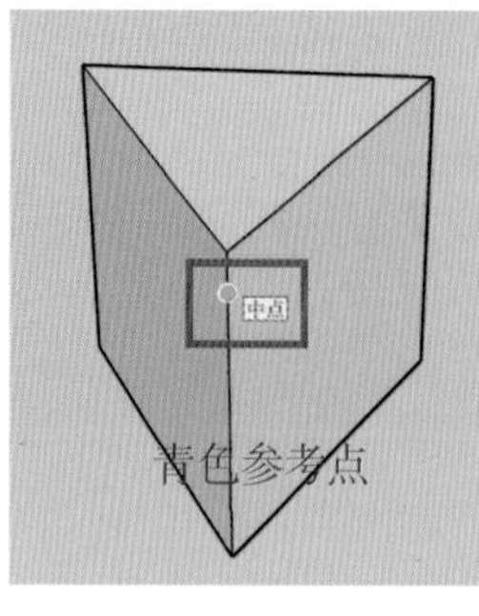

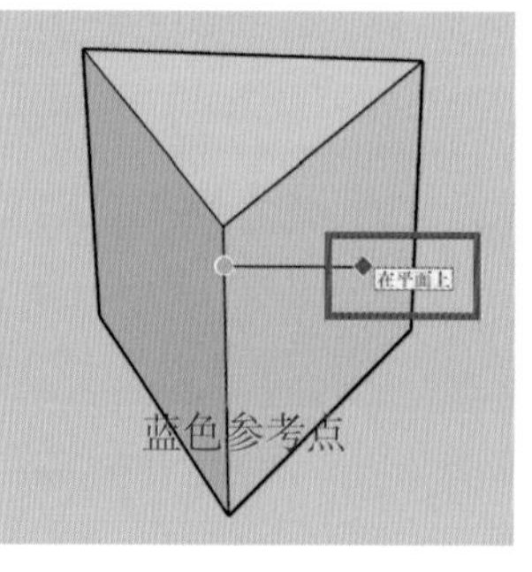

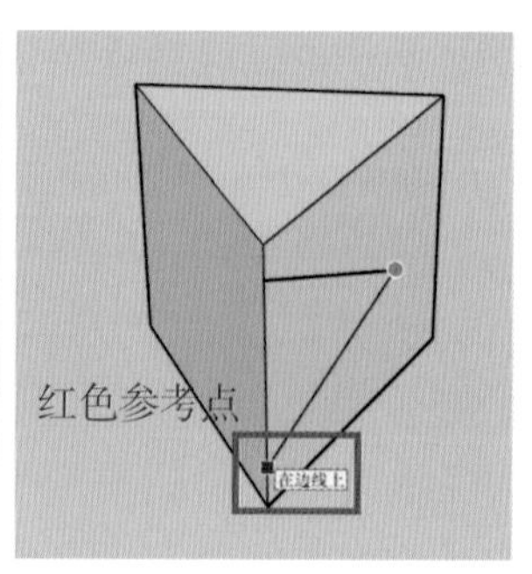

图 2.42　利用参考点绘制直线基本操作步骤

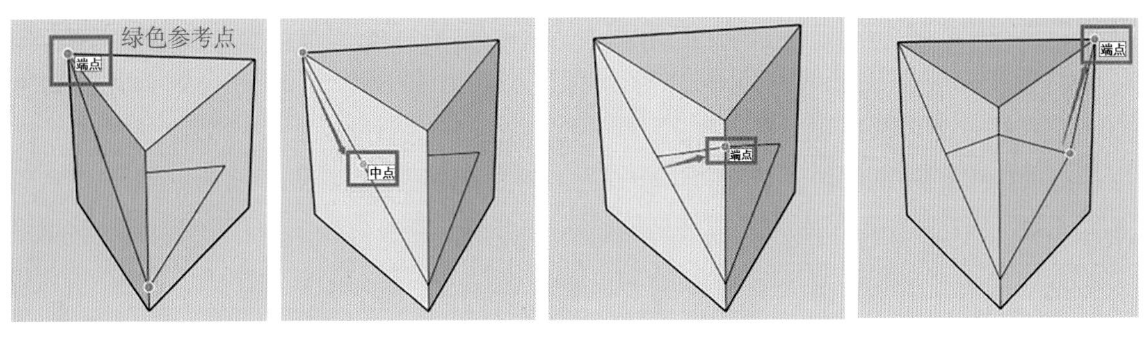

续图 2.42

激活直线工具后，如图 2.42 所示，将光标移动到平面的线上会显示青色参考点及“中点”提示字，移动光标到平面上会显示蓝色参考点及“在平面上”提示字，移动光标到边线上的某一点后会显示红色参考点及“在边线上”提示字。

四、专业技能案例实践

通过直线工具进行陈列盒的创建，具体过程如图 2.43 所示。

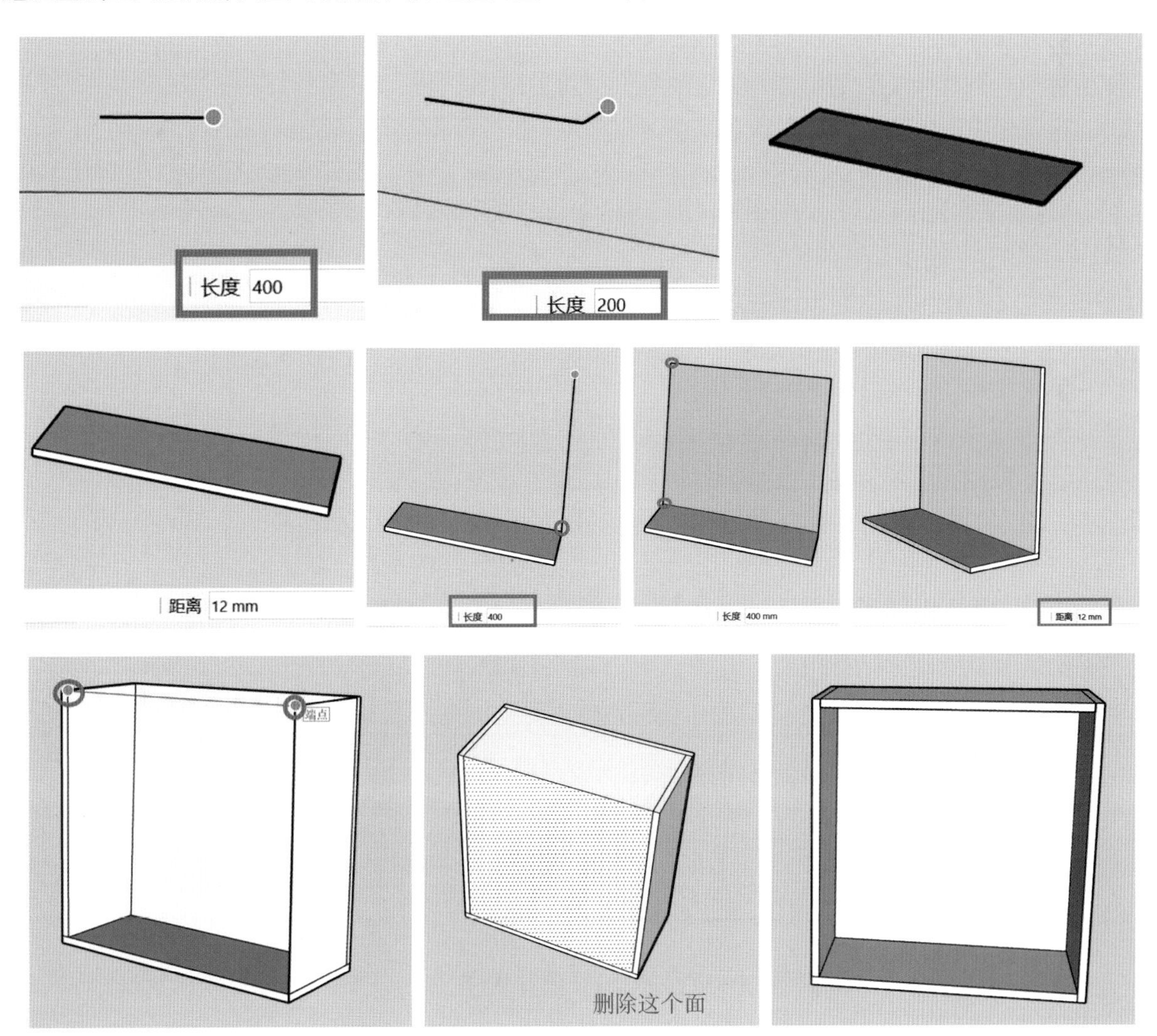

图 2.43 创建陈列盒

⑴ 激活直线工具后，按键盘上的右键锁定红轴，确定直线的第一个顶点，然后拖动鼠标在数值框中输入400，按回车键，即绘制出第一条直线，按键盘上的左键锁定绿轴，继续绘制一条长度为 200 mm 的直线，重复上述操作，即可绘制出一个封闭的平面。激活推拉工具将平面向上推拉 12 mm。

⑵ 继续使用直线工具，确定第一个顶点后，按键盘上的上键锁定蓝轴方向，向上拖动鼠标，在数值框中输入 400，按回车键。按右键锁定红轴方向，向左拖动鼠标，在数值框中输入 400，按回车键。按上键锁定蓝轴方向，向下拖动鼠标至第一个平面的顶点，按鼠标左键会形成一个封闭的平面。使用推拉工具将此平面向内推拉 12 mm。

⑶ 继续使用直线工具，确定第一个顶点后，按键盘上的左键锁定绿轴方向，拖动鼠标，在数值框中输入 200，按回车键。按上键锁定蓝轴方向，向下拖动鼠标至第二个顶点，按鼠标左键会形成一个封闭的平面，使用推拉工具将平面向内推拉 12 mm。重复上述操作使盒子的右侧形成闭合封面。

⑷ 使用直线工具，连接图示的两个顶点（端点）后，会形成一个闭合的盒子，使用选择工具并单击前面的平面，按 Delete 键将其删除，最后使用推拉工具将其向内推拉 12 mm，即创建完毕。

— 本阶段学习的主要思考 —

(1) 创建直线的常用方法及步骤。

(2) 如何锁定不同轴进行直线的创建。

(3) 在绘制空间直线时，如果在数值框中输入负数会有什么效果。

学习领域三

辅助工具

学习领域概述

辅助工具栏包含“卷尺”工具、“量角器”工具、“尺寸标注”工具、“擦除”工具、“平移”工具和“移动”工具等。应学会选择合适的工具进行案例的辅助绘制。

学习情境 3.1　卷尺

学习目标

知识要点	知识目标	能力目标
卷尺工具基本操作常识	了解并掌握 SketchUp 卷尺工具的基本操作常识，如卷尺的类型、用法和用途等	在理解并掌握卷尺工具的各种用法的基础上，能够独立地完成各类 SketchUp 效果图的绘制任务，并且能够灵活运用卷尺工具解决工作中遇到的相关问题
操作步骤	学习如何正确地按照步骤使用卷尺进行长度、角度等测量	
专业技能基本练习	通过一系列的实践操作，提升使用卷尺工具的专业技能水平	
专业技能案例实践	通过实际的案例演练，进一步巩固和提升使用卷尺工具的技能，并能将技能灵活应用于实际的工作场景中	

学习任务

⑴ 卷尺工具基本操作常识。

⑵ 卷尺工具的使用步骤。

⑶ 专业技能基本练习。

⑷ 专业技能案例实践。

学习方法

对于重点内容，以课堂讲授、实操为主。对于一般内容，则以学生自学为主，并在实际操作中加以深化和巩固。在教学过程中，宜采用多媒体教学或其他信息化教学手段提高教学效果。

内容分析

一、卷尺工具基本操作常识

激活卷尺工具后，单击鼠标确定卷尺测量的起点（一个端点），然后拖动鼠标确定卷尺的终点（另一个端点），即可测量出两个端点间的距离。

【温馨提示】

1. 测量功能

激活卷尺工具（快捷键为 T），通过捕捉确定测量的起点，再移动鼠标会在数值控制框实时显示当前的长度，在目标位置单击确定测量终点后，测量得到的距离会在鼠标指针附近显示，如图 3.1 所示。

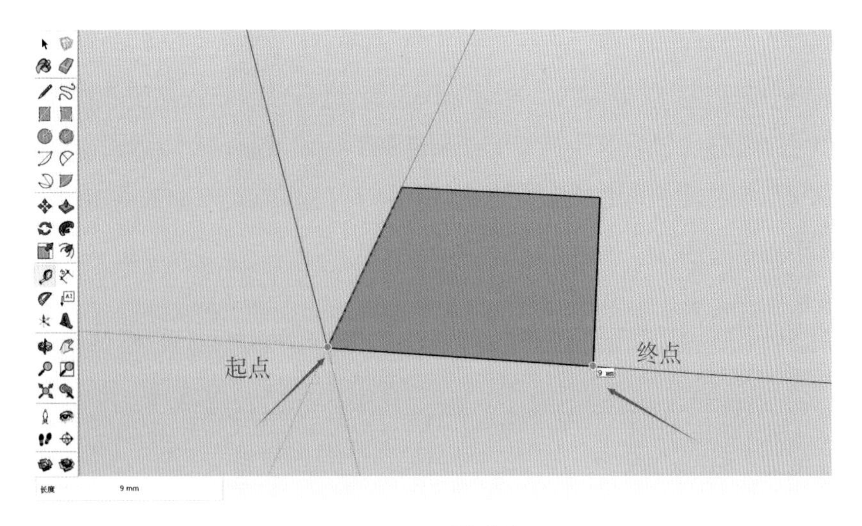

图 3.1　测量功能

2. 创建位置参考线

⑴激活卷尺工具，按住 Ctrl 键，鼠标指针变成尺形状并切换到创建位置参考线，在位置参考点单击确认起点，然后向上拖拽即可生成位置参考线，如图 3.2 所示。

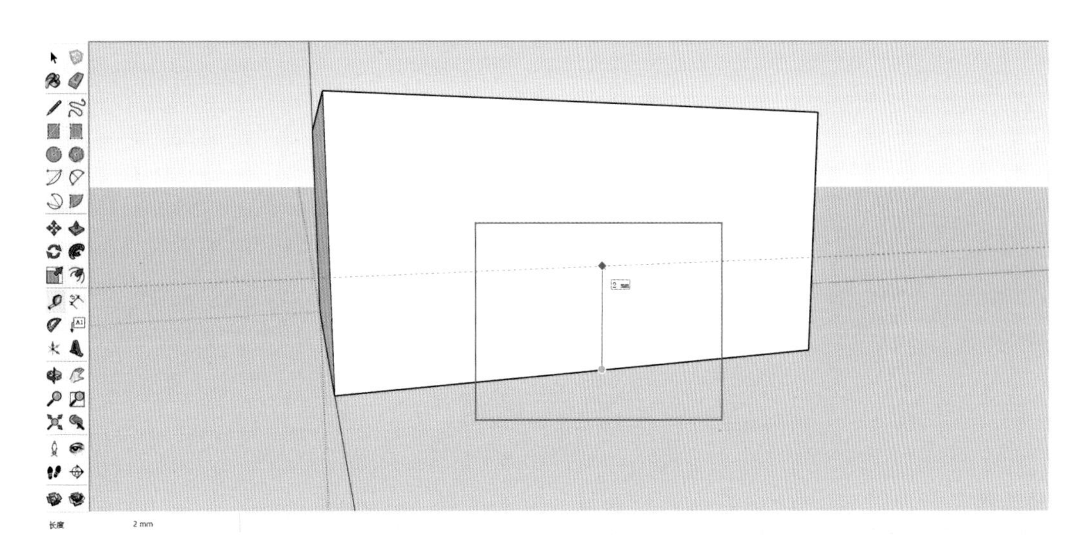

图 3.2　创建位置参考线

⑵通过捕捉目标端点或者直接输入位置距离并按 Enter 键，即可创建对应距离的位置参考线，如图 3.3 所示。

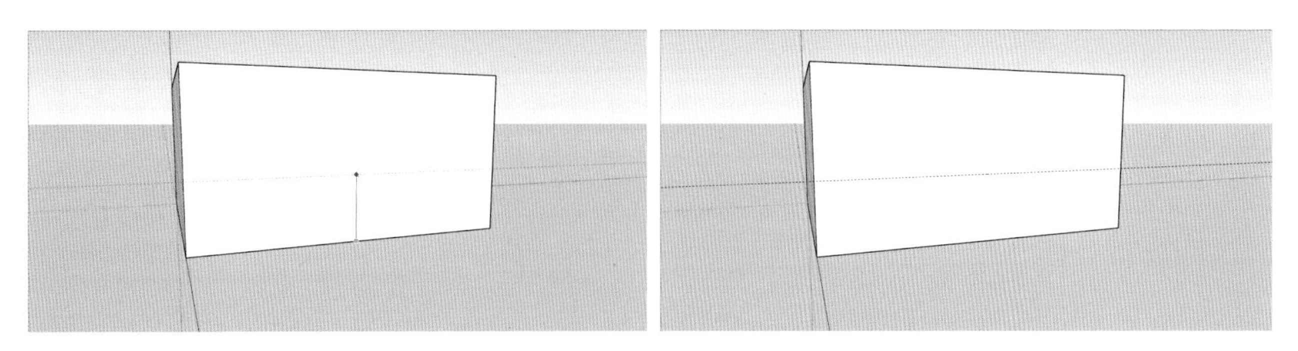

图 3.3　创建对应距离的位置参考线

3. 全局缩放

使用卷尺工具，可以对模型进行全局缩放。激活卷尺工具，选择一条作为缩放依据的线段，并单击该线段的两个端点进行量取，此时数值框会显示这条线段的长度值(20 mm)，输入一个目标长度(200)，然后按回车键确认，此时会出现一个对话框，询问是否调整模型的大小，单击"是"按钮，此时模型中所有的物体都将以该比例值进行缩放。如图 3.4 所示。

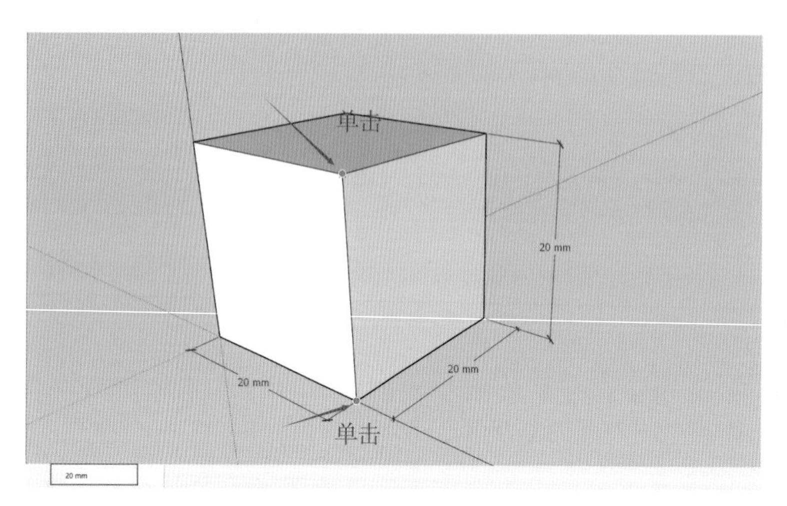

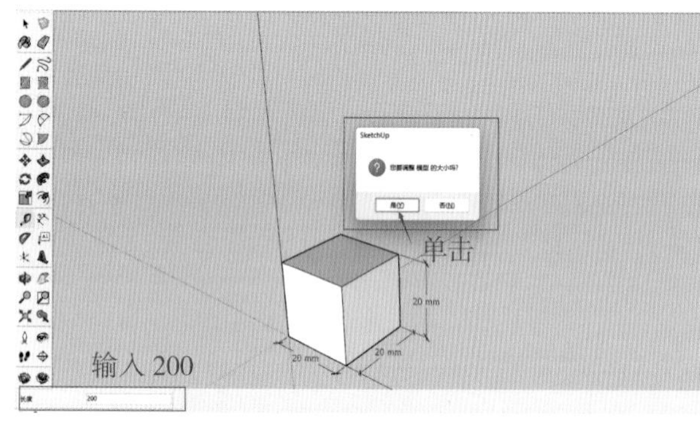

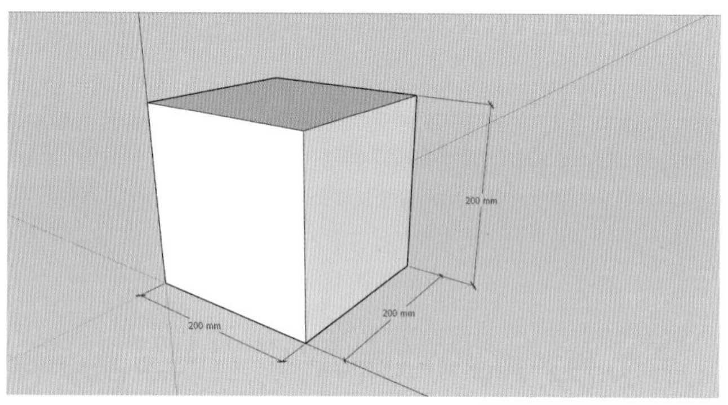

图 3.4　全局放缩的过程

4. 绘制辅助线

使用卷尺工具，单击 Ctrl 键进行操作，就可以只能用来"测量"而不能产生线。

激活卷尺工具，直接在图形的某条线段上双击鼠标左键，就可绘制出一条辅助线，如图 3.5 所示。

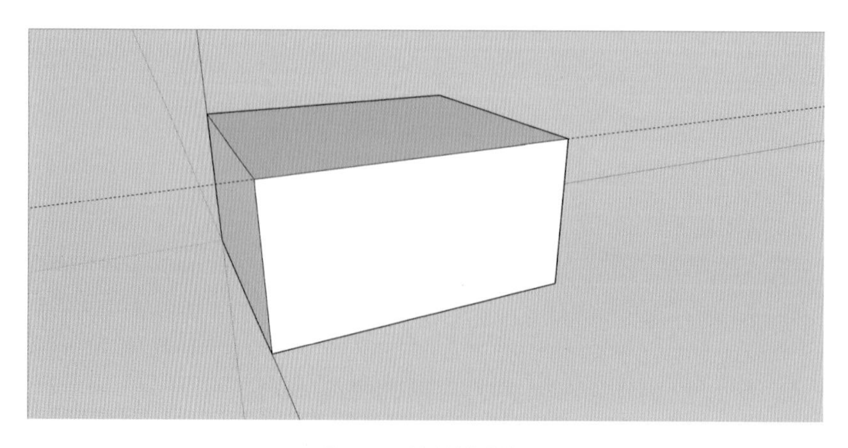

图 3.5　绘制辅助线

二、卷尺工具的使用步骤

鼠标拖拽方法如下。

(1) 激活卷尺工具后，单击鼠标确定卷尺测量的起点（一个端点），然后拖动鼠标确定卷尺的终点（另一个端点），即可测量出两个端点间的距离，如图 3.6 所示。

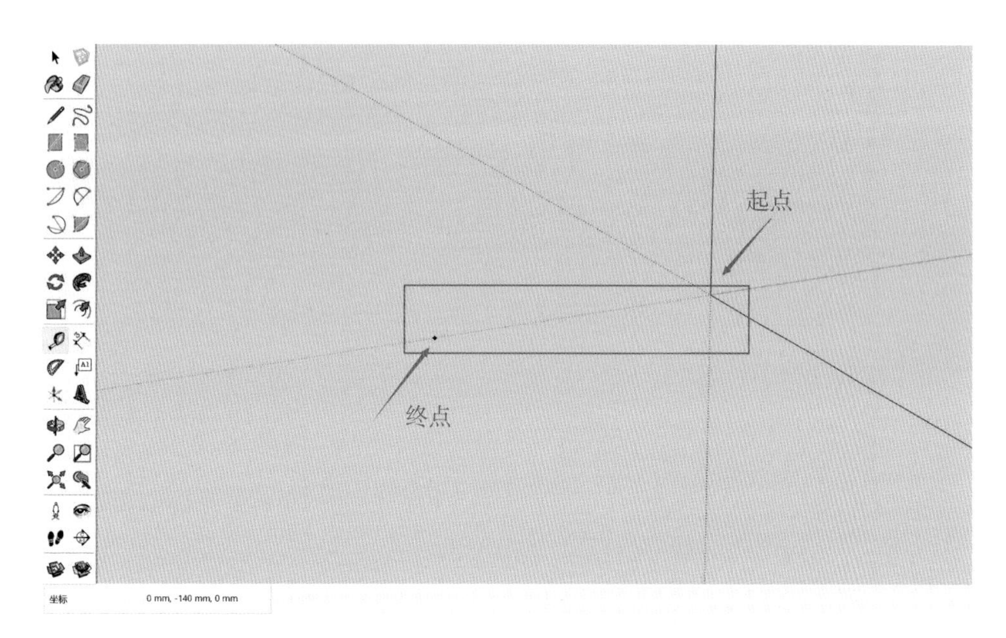

图 3.6 鼠标拖拽方法 1

(2) 可先用鼠标单击一个端点（起点），再随意向一个方向移动鼠标，在键盘上精准输入数值（如 100），再按下 Enter 键，终点确定，如图 3.7 所示。

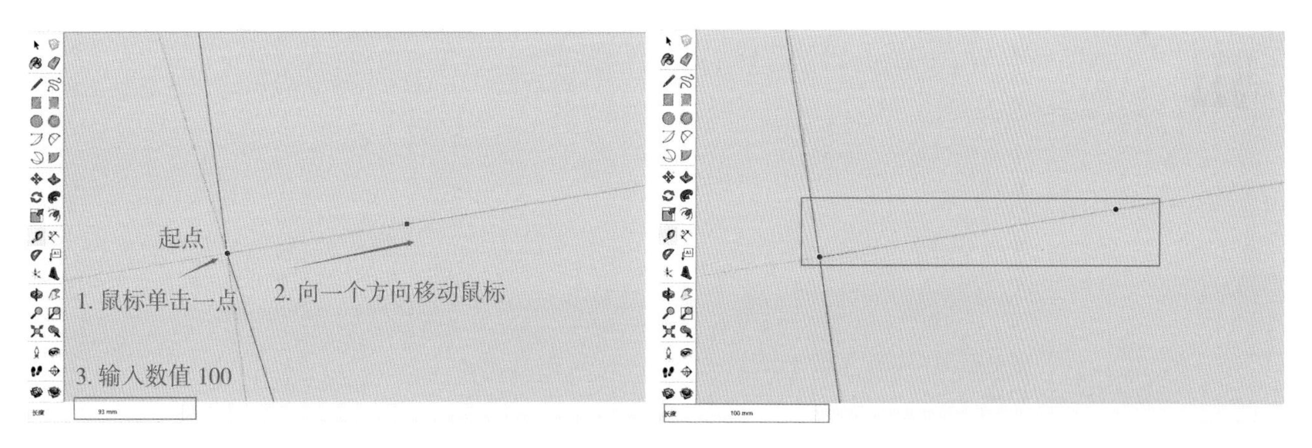

图 3.7 鼠标拖拽方法 2

三、专业技能基本练习与案例实践

(1) 激活卷尺工具后，确定测量起点，向 Y 轴、X 轴方向移动鼠标，在数值框中分别输入 400、400。

(2) 使用直线工具，按照测量痕迹描绘；使用矩形工具，移动鼠标即可绘制出方盒底部；使用推 / 拉工具，将推 / 拉工具放置在方盒底部并选中，向上移动（在数值框中输入 300），即可绘制出三维方盒。

部分过程图如图 3.8 所示。

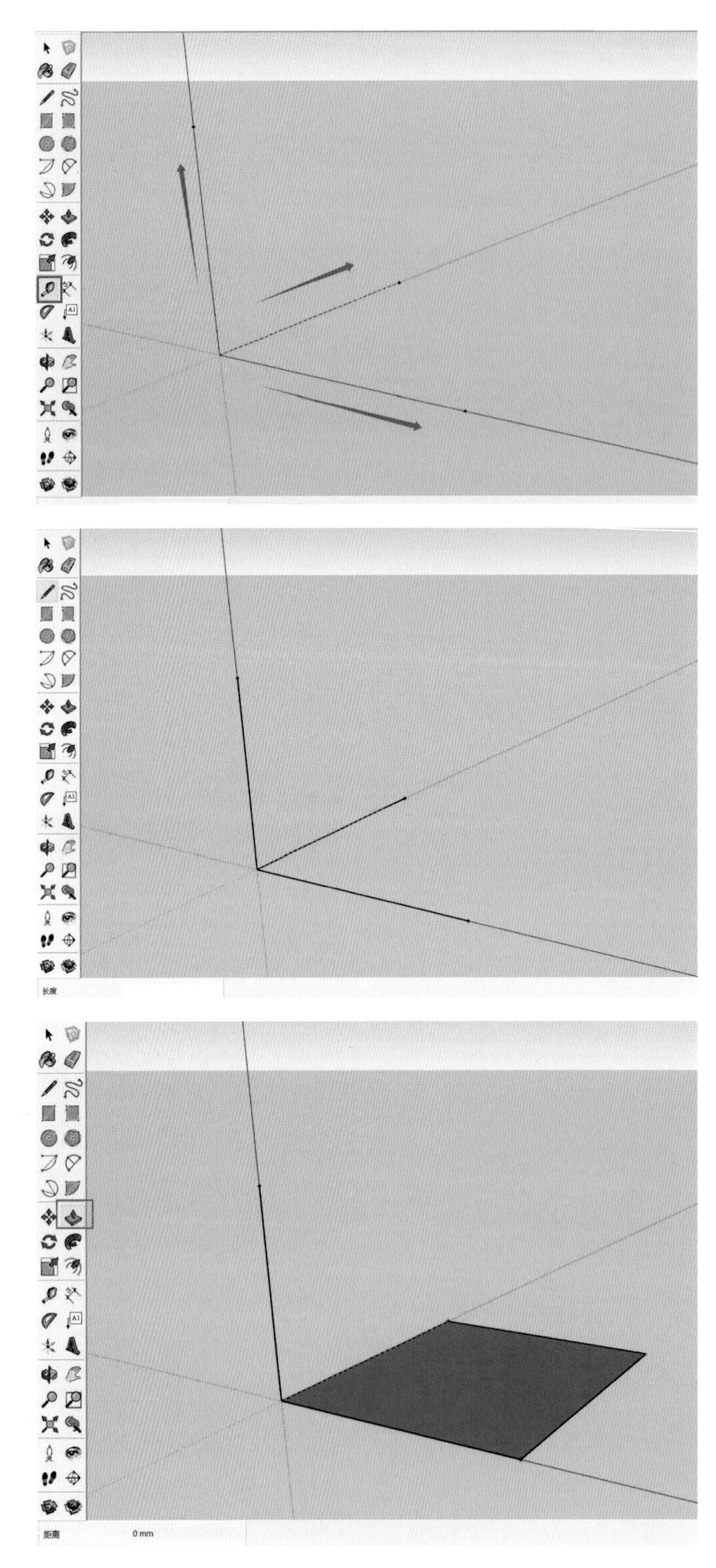

图 3.8　绘制方盒

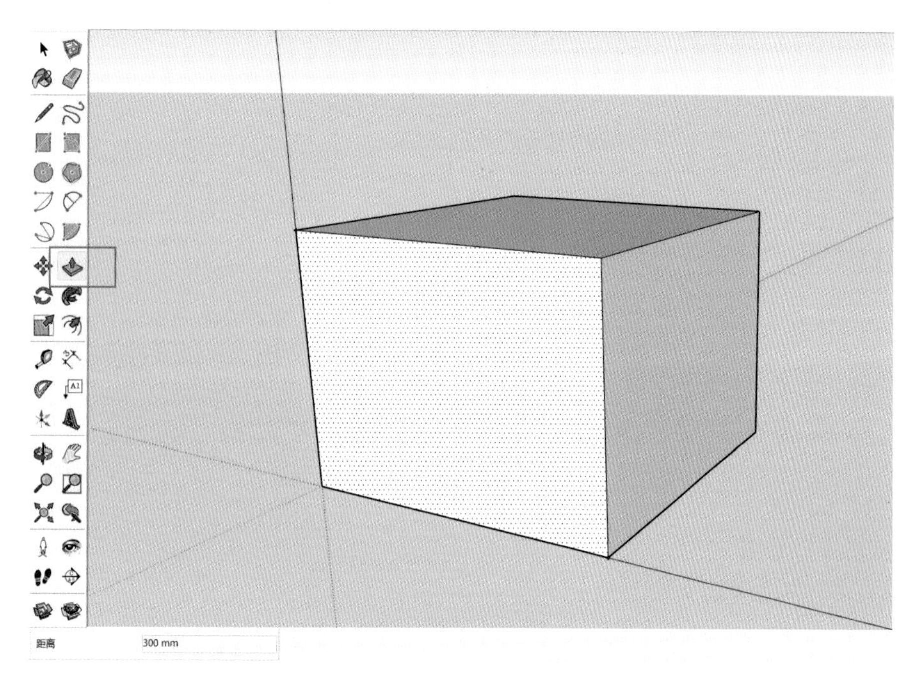

续图 3.8

— 本阶段学习的主要思考 —

(1) 卷尺工具常用的辅助方法。

(2) 卷尺工具的具体应用。

(3) 在绘制时,如何发挥精确参考的作用。

学习情境 3.2 量角器

学习目标

知识要点	知识目标	能力目标
量角器工具基本操作常识	了解并掌握 SketchUp 量角器工具的基本操作常识，如量角器的类型、用法和用途等	在理解并掌握量角器工具的各种用法的基础上，能够独立地完成各类 SketchUp 效果图的绘制任务，并且能够灵活运用量角器工具解决工作中遇到的相关问题
操作步骤	学习如何创建量角器工具，并正确地使用它来测量模型中的角度大小	
专业技能基本练习	通过一系列的实践操作，提升使用量角器工具的专业技能水平	
专业技能案例实践	通过实际的案例演练，进一步巩固和提升使用量角器工具的技能，并能将技能灵活应用于实际的工作场景中	

学习任务

⑴ 量角器工具基本操作常识。

⑵ 量角器工具的使用步骤。

⑶ 专业技能基本练习。

⑷ 专业技能案例实践。

学习方法

对于重点内容，以课堂讲授、实操为主。对于一般内容，则以学生自学为主，并在实际操作中加以深化和巩固。在教学过程中，宜采用多媒体教学或其他信息化教学手段提高教学效果。

内容分析

一、量角器工具基本操作常识

运行 SketchUp 软件后，可执行“工具 / 量角器”菜单命令或者单击“工具”工具栏上的“量角器”图标按钮。

移动光标至绘图区，鼠标显示图标时表示该操作已启动。

1. 量取角度

激活量角器工具，把量角器工具置于想要量取角度的平面，按住“Shift”键，就可以把量角器锁定在这个平面。移动量角器，将其置于角点处，单击确认。指定角的起始边，选择起始边上的一个点，单击确认。最后指定角的终止边，选择终止边上一个点，单击确认。在 SketchUp 左下角的地方，可以在角度值的显示条上看到量取的角的度数。如图 3.9 所示。

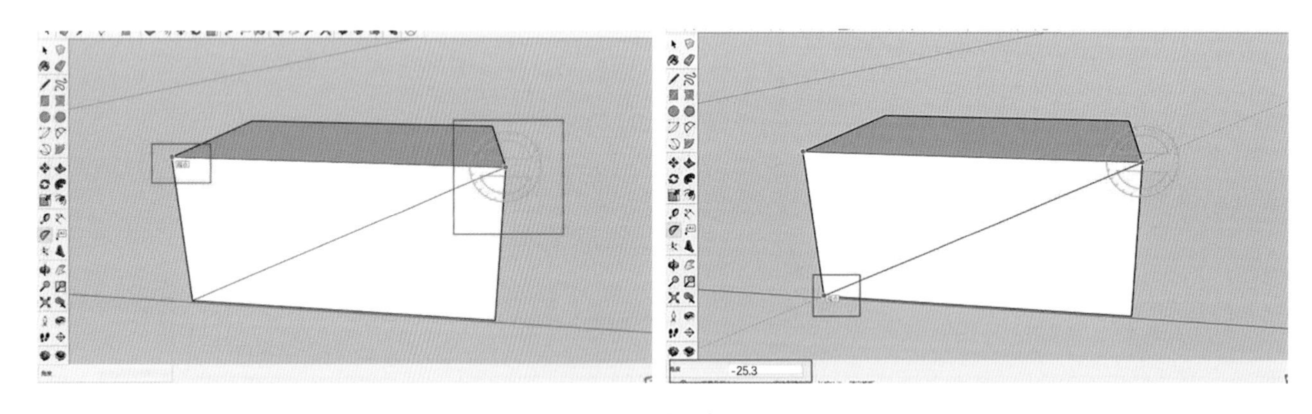

图 3.9 量取角度

2. 创建角度辅助线

激活量角器工具，把量角器工具置于画辅助线的平面，按住“Shift”进行锁定。指定起始点，移动量角器工具，画角度辅助线的起始点，单击确认。指定起始边，单击起始边上的一点进行确认。确认转动方向，稍微移动鼠标，把角度虚线置于需要画辅助线的那边。输入角度值 30，回车确认，辅助线就绘制完成。顺着辅助线，用直线工具把需要的边连起来。如图 3.10 所示。

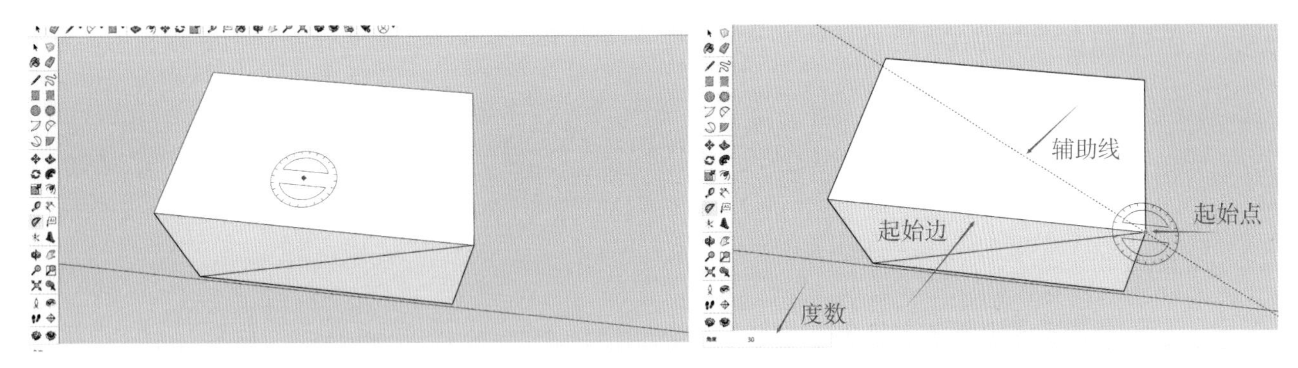

图 3.10 创建角度辅助线

二、量角器工具的使用步骤

1. 鼠标拖拽方法

激活量角器工具后，单击鼠标确定所量角的一边，再移动鼠标，单击鼠标左键确定所量角的另一边，即可量出角度，如图 3.11 所示。

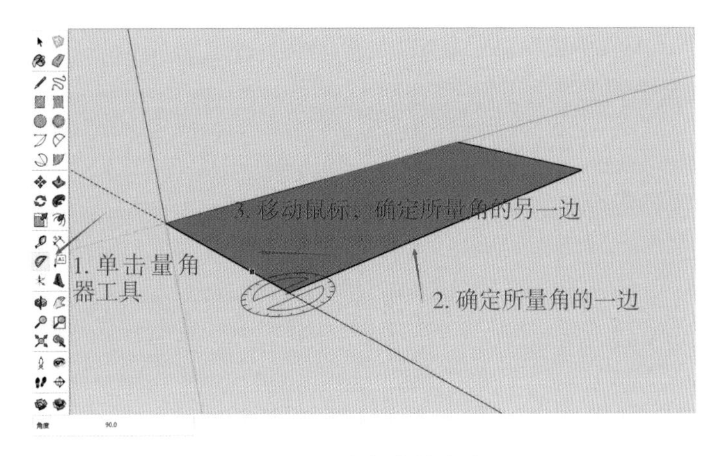

图 3.11 鼠标拖拽方法

2. 精确输入法

激活量角器工具，确定起点，再确定所量角的一边，然后移动鼠标，键盘输入角度数值(20)，按下 Enter 键，角度形成，如图 3.12 所示。

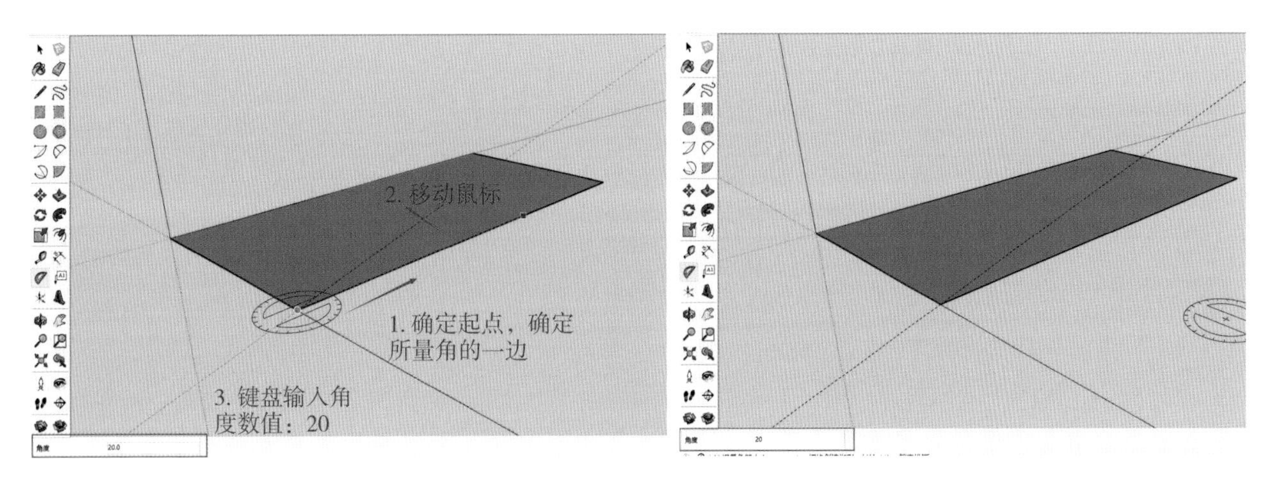

图 3.12 精确输入法

三、专业技能基本练习与案例实践

激活量角器工具后，将鼠标放置在物体上，确定所量角，移动鼠标，确定辅助线，再在数值框输入角度(15)，按下 Enter 键。再以同样的方式在另一边绘制出辅助线，并用直线工具进行连接，即可绘制出方盒的斜边。如图 3.13 所示。

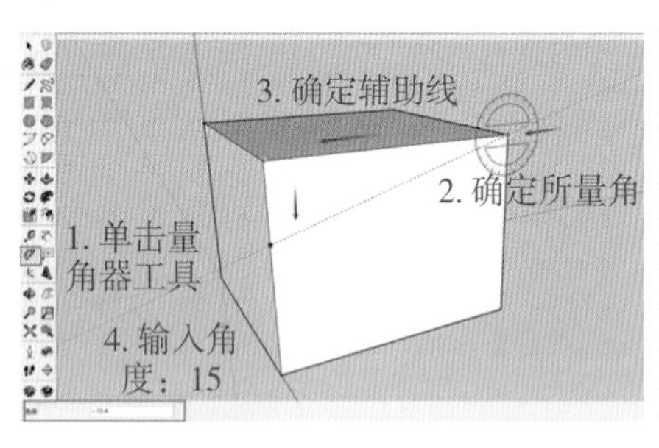

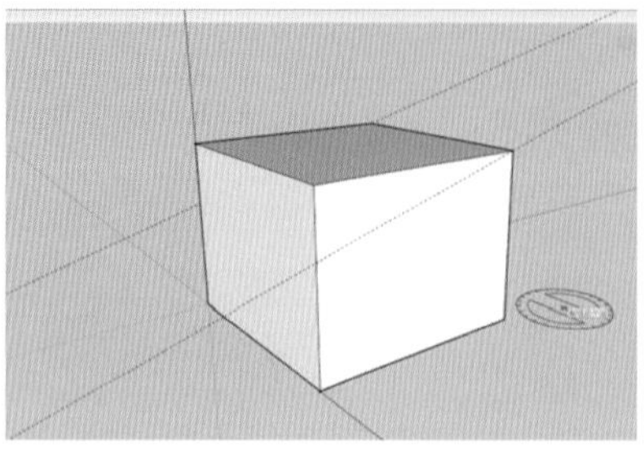
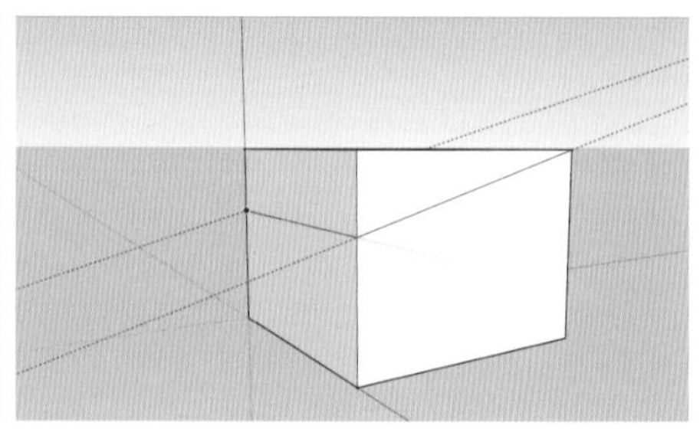

图 3.13　绘制方盒斜边

— 本阶段学习的主要思考 —

(1) 量角器工具常用的方法及步骤。

(2) 量角器工具如何辅助创建模型。

学习情境 3.3　尺寸标注

学习目标

知识要点	知识目标	能力目标
尺寸标注工具基本操作常识	了解并掌握 SketchUp 尺寸标注工具的基本操作常识，如尺寸标注的类型、用法和用途等	在理解并掌握尺寸标注工具的各种用法的基础上，能够独立地完成各类 SketchUp 效果图的绘制任务，并且能够灵活运用尺寸标注工具解决工作中遇到的相关问题
操作步骤	学习如何创建尺寸标注工具	
专业技能基本练习	通过一系列的实践操作，提升使用尺寸标注工具的专业技能水平	
专业技能案例实践	通过实际的案例演练，进一步巩固和提升使用尺寸标注工具的技能，并能将技能灵活应用于实际的工作场景中	

学习任务

(1) 尺寸标注工具基本操作常识。

(2) 尺寸标注工具的使用步骤。

(3) 专业技能基本练习。

(4) 专业技能案例实践。

学习方法

对于重点内容，以课堂讲授、实操为主。对于一般内容，则以学生自学为主，并在实际操作中加以深化和巩固。在教学过程中，宜采用多媒体教学或其他信息化教学手段提高教学效果。

内容分析

一、尺寸标注工具的基本操作常识

运行 SketchUp 软件后，可执行“工具 / 尺寸”菜单命令或者单击“工具”工具栏上的“尺寸标注”图标按钮。

移动光标至绘图区，鼠标显示图标时表示该操作已启动。

【温馨提示】

“尺寸标注”的样式可在“模型信息”对话框中进行设置，在菜单栏中单击“窗口”，选择“模型信息”，弹出对话框，选择“尺寸”，在“引线”的“端点”中选择“闭合箭头”。如图 3.14 所示。

“斜线”为长度标注端点样式，“闭合箭头”为“半径”和“直径”标准端点样式。

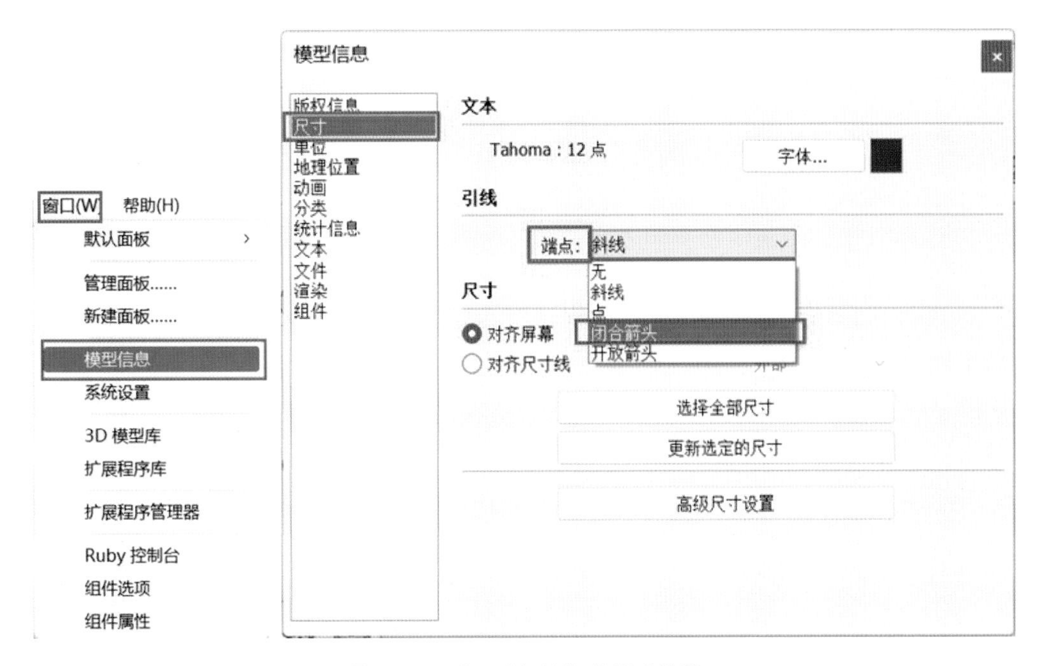

图 3.14 “尺寸标注”的样式设置

二、尺寸标注工具的使用步骤

1. 标注线段

激活尺寸标注工具，依次单击线段的两个端点，再移动鼠标确定标注放置位置并单击鼠标左键确认，完成长度标注，如图 3.15 所示。

2. 标注圆形直径或半径

①标注圆形直径：激活尺寸标注工具，单击需要标注的圆边线，再移动鼠标确定标注的位置，单击鼠标确认，圆的直径标注完成，如图 3.16 所示。

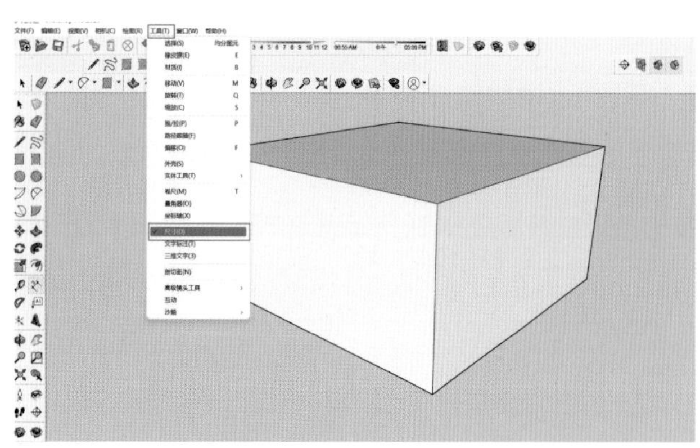

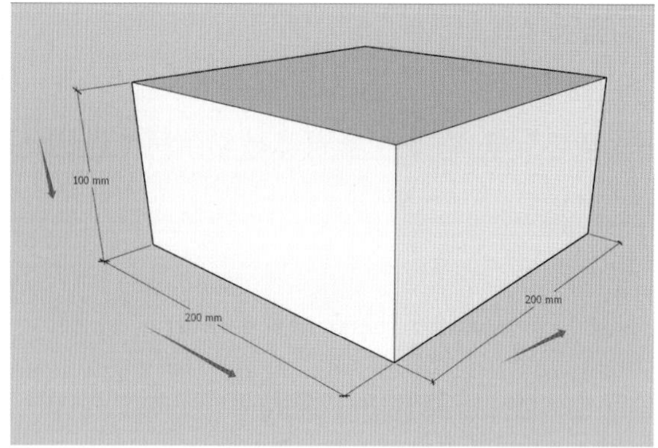

图 3.15　标注线段

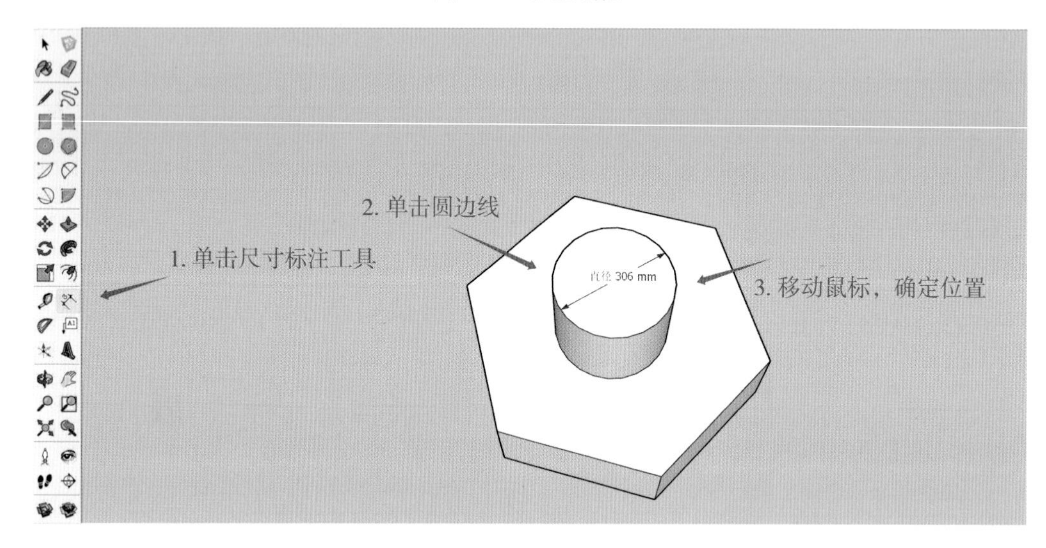

图 3.16　标注圆形直径

②标注圆形半径：激活尺寸标注工具，右击需要标注的圆（圆边线），在“类型”中选择“半径”，再向圆柱内 / 外移动鼠标确认标注的位置，单击鼠标确认，圆的半径标注完成，如图 3.17 所示。

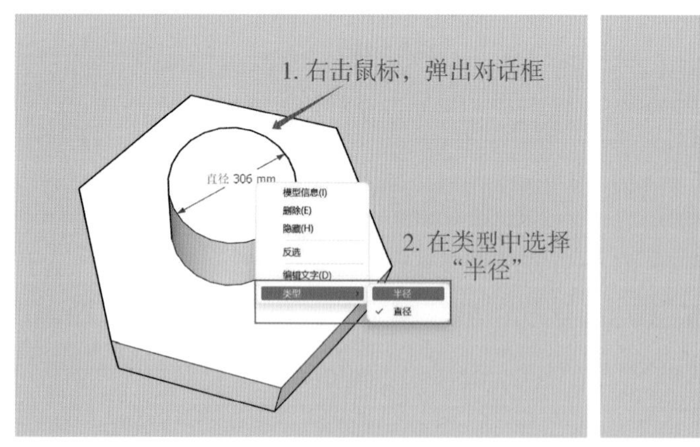

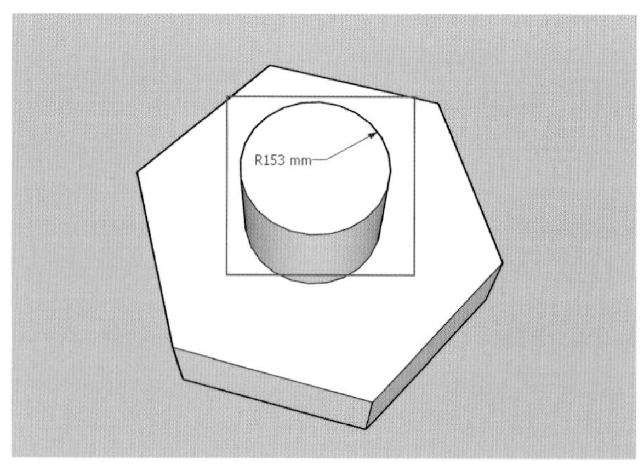

图 3.17　标注圆形半径

3. 标注圆弧半径或直径

①标注圆弧半径：激活尺寸标注工具，单击圆弧边线，向圆弧外 / 内移动鼠标，单击鼠标左键确认，圆弧半径标注完成，如图 3.18 所示。

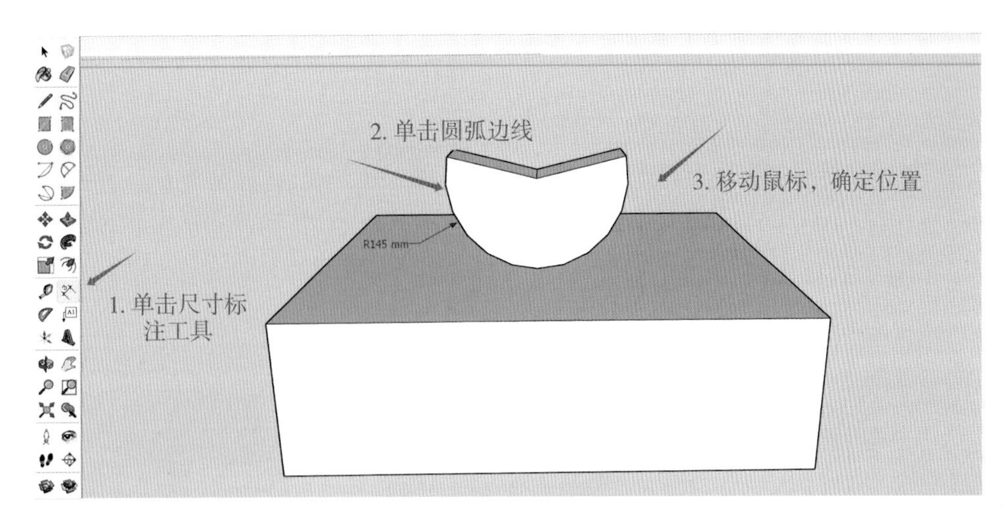

图 3.18　标注圆弧半径

②标注圆弧直径：激活尺寸标注工具，右击圆弧边线，在“类型”中选择“直径”，向圆弧外 / 内移动鼠标，单击鼠标左键确认，圆弧直径标注完成，如图 3.19 所示。

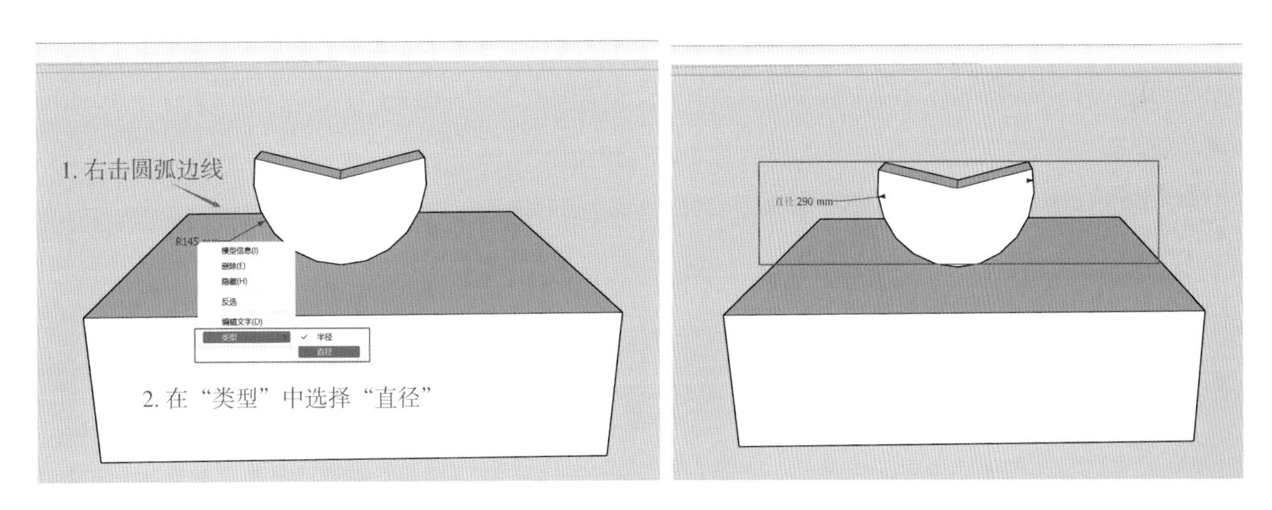

图 3.19　标注圆弧直径

4. 修改标注尺寸

双击标注可以修改标注数值，点击标注线可以对其进行拉伸并重新确定位置，如图 3.20 所示。

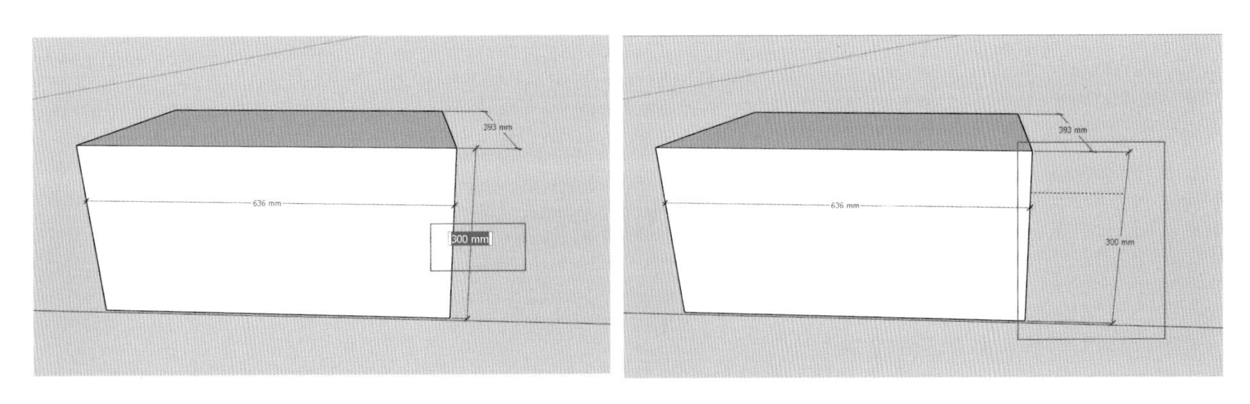

图 3.20　修改标注尺寸

三、专业技能基本练习

利用鼠标拖拽方法进行尺寸标注，基本操作步骤如下。

激活尺寸标注工具后，将尺寸标注工具放置在几何体的任意一个角上，单击鼠标确定标注线的起点（一个端点），然后拖动鼠标确定标注线的终点（另一个端点），即可标注出两个端点间的距离。可以点击标注线进行拉伸并重新确定位置。如图 3.21 所示。

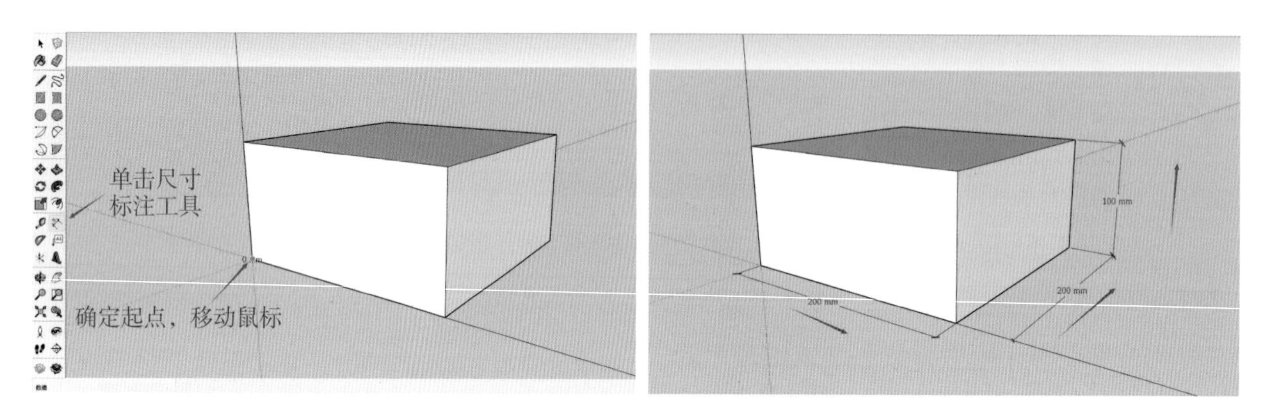

图 3.21　鼠标拖拽方法

四、专业技能案例实践

激活尺寸标注工具后，将鼠标放置在几何体上，单击几何体的其中一个角（端点），再移动鼠标确定另一个端点，重复此步骤，依次将几何体的尺寸标注出来，如图 3.22 所示。

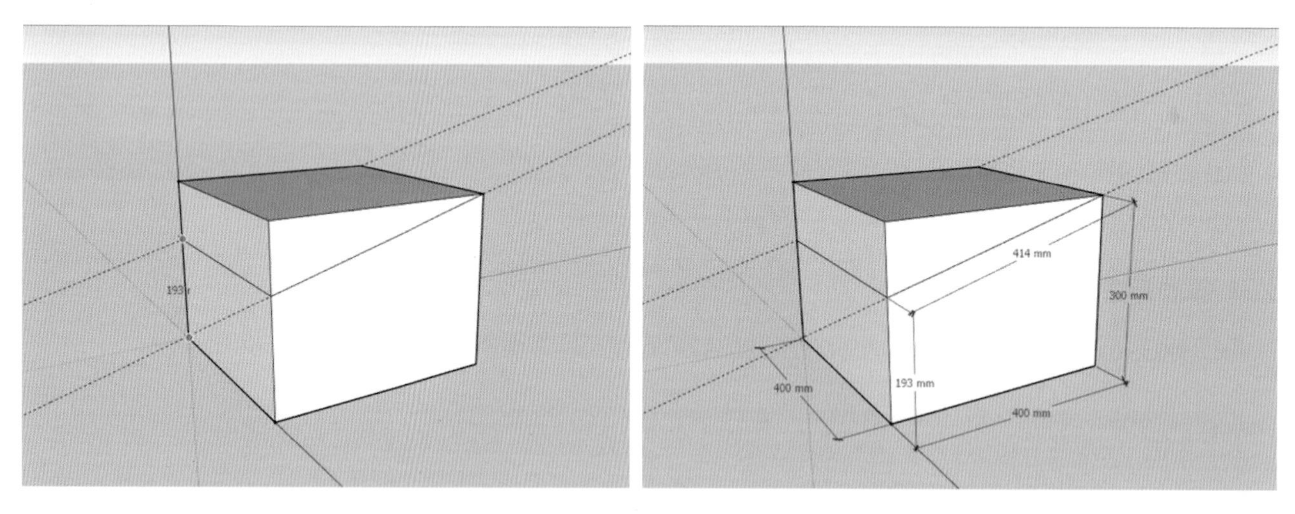

图 3.22　依次标注尺寸

— 本阶段学习的主要思考 —

(1) 尺寸标注工具常用的方法及步骤。

(2) 如何用尺寸标注工具创建模型。

(3) 如何用尺寸标注工具批注导入的图片。

学习情境 3.4　擦除

学习目标

知识要点	知识目标	能力目标
擦除工具基本操作常识	了解并掌握 SketchUp 擦除工具的基本操作常识，如擦除的类型、用法和用途等	在理解并掌握擦除工具的各种用法的基础上，能够独立地完成各类 SketchUp 效果图的绘制任务，并且能够灵活运用擦除工具解决工作中遇到的相关问题
操作步骤	学习如何创建擦除工具，并正确地使用它来擦除模型中的对象或部分区域	
专业技能基本练习	通过一系列的实践操作，提升使用擦除工具的专业技能水平	
专业技能案例实践	通过实际的案例演练，进一步巩固和提升使用擦除工具的技能，并能将技能灵活应用于实际的工作场景中	

学习任务

⑴ 擦除工具基本操作常识。

⑵ 擦除工具的使用步骤。

⑶ 专业技能基本练习。

⑷ 专业技能案例实践。

学习方法

对于重点内容，以课堂讲授、实操为主。对于一般内容，则以学生自学为主，并在实际操作中加以深化和巩固。在教学过程中，宜采用多媒体教学或其他信息化教学手段提高教学效果。

内容分析

一、擦除工具基本操作常识

运行 SketchUp 软件后，可执行“工具 / 橡皮擦”菜单命令或者单击“工具”工具栏上的“擦除”图标按钮。移动光标至绘图区，鼠标显示图标时表示该操作已启动。

二、擦除工具的使用步骤

1. 删除物体

⑴ 激活擦除工具后，单击想要删除的几何体的线，即可将其删除。

⑵ 如果按住鼠标左键不放，继续在需要删除的物体上拖拽，被选中的物体就会被显示出来，松开鼠标左键，

被选中的物体会被全部删除；如果鼠标左键选中了不被删除的几何体，可以在松开鼠标左键之前按住 Esc 键取消对这部分的操作。

⑶ 如果想要删除大量的图形，可以选用“选择”工具将要删除的图形全部进行框选，再按住 Delete 键进行一次性删除。

删除操作示例如图 3.23 所示。

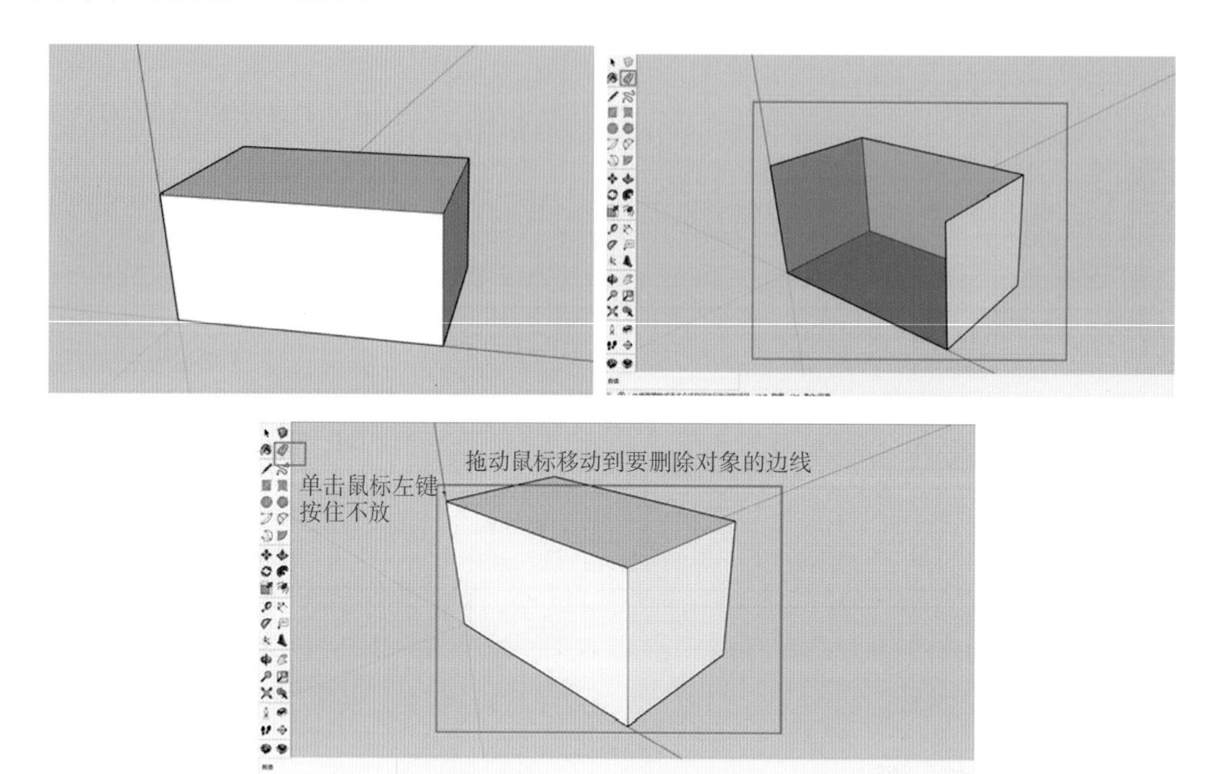

图 3.23　删除物体

2. 柔化边线

激活擦除工具，按住 Ctrl 键，将不再删除几何体，点选图形边线、边角，可以看到边线被软化(柔化)，如图 3.24 所示。

3. 取消柔化

单击擦除工具，同时按住 Ctrl 键和 Shift 键就可以取消软化或平滑效果。

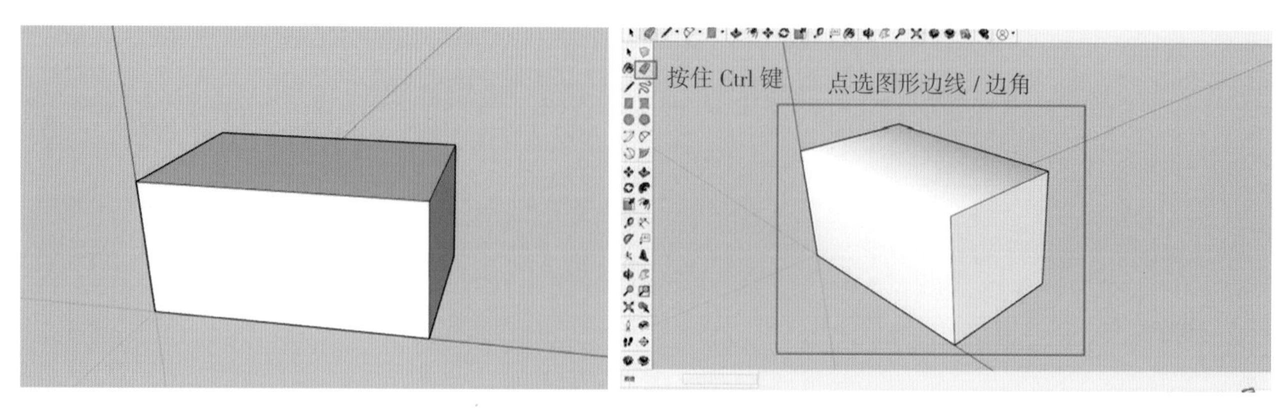

图 3.24　柔化边线

4. 隐藏边线

单击擦除工具，同时按住 Shift 键，点选图形边线，将不再删除几何体，可以看到边线消失，即边线被隐藏，如图 3.25 所示。

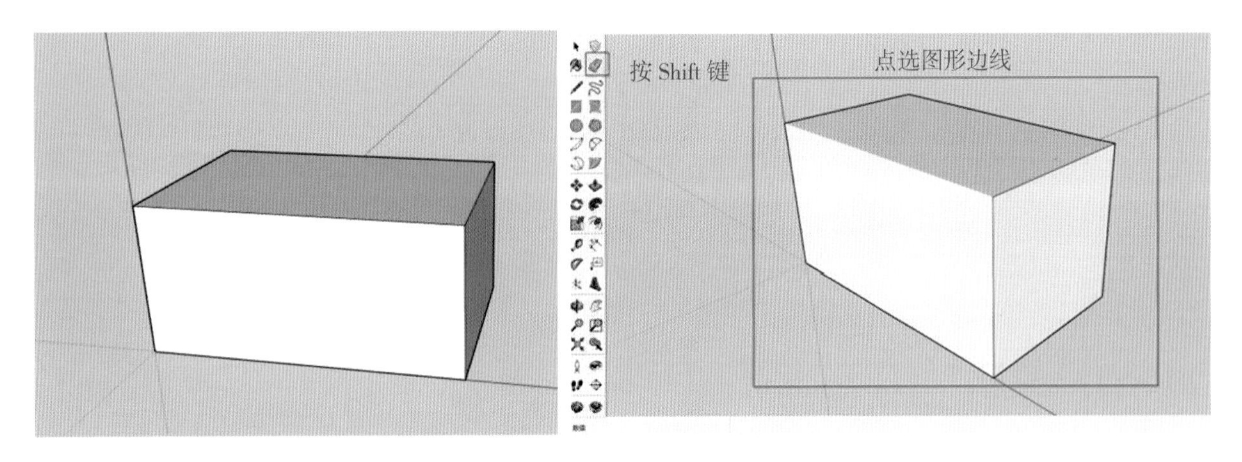

图 3.25 隐藏边线

三、专业技能基本练习

用鼠标拖拽方法进行基本操作练习。

激活擦除工具后，将擦除工具放置在要删除的圆边线上，单击鼠标左键确认，即可删除想要删除的对象。或激活选择工具后，将要删除的物体全部进行框选，再按下 Delete 键将物体删除。练习示例如图 3.26 所示。

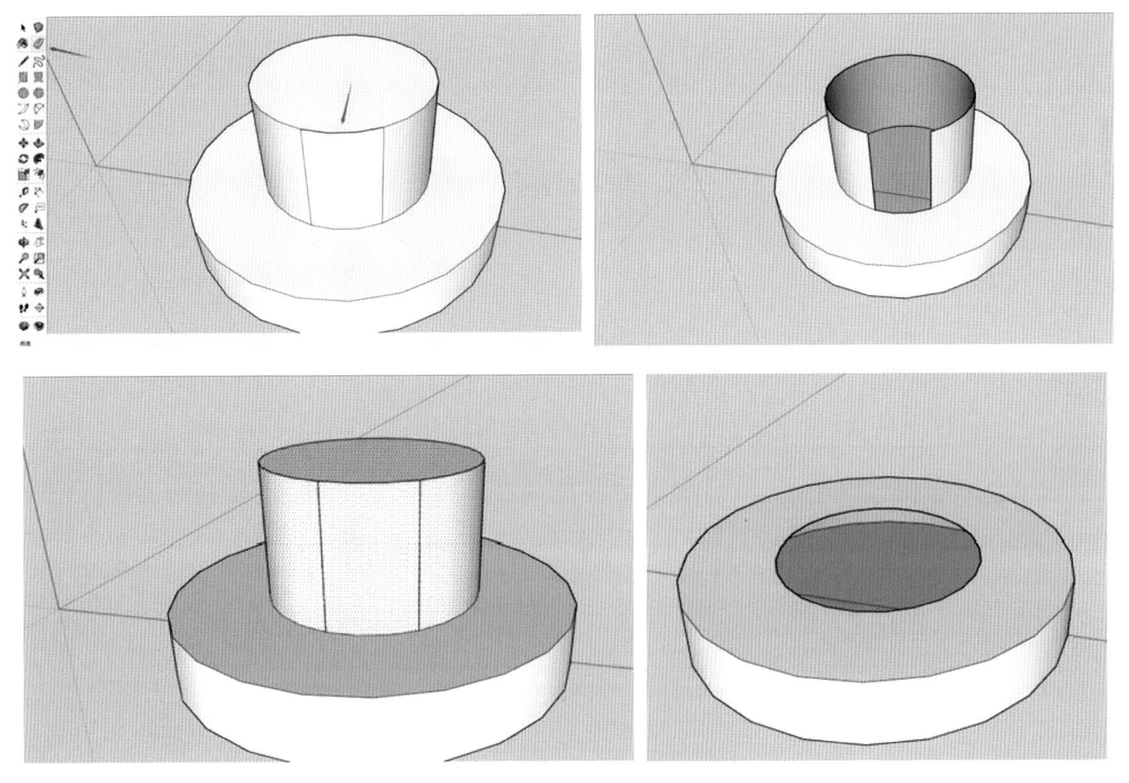

图 3.26 擦除练习示例

四、专业技能案例实践

激活擦除工具后，单击并按住鼠标左键，移动鼠标，将要删除的部分全部选中，松开鼠标，并将两条辅助线删除，如图 3.27 所示。

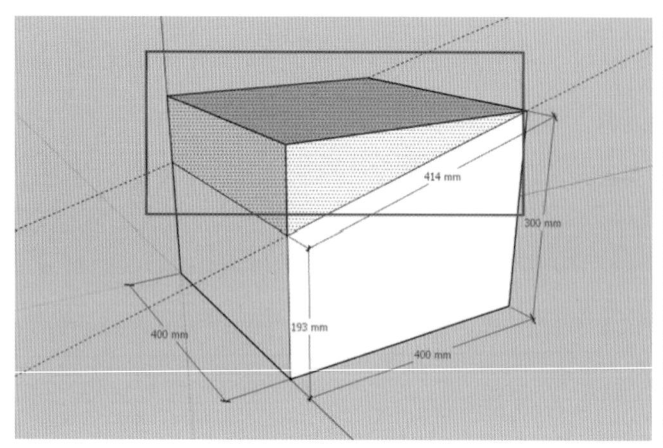

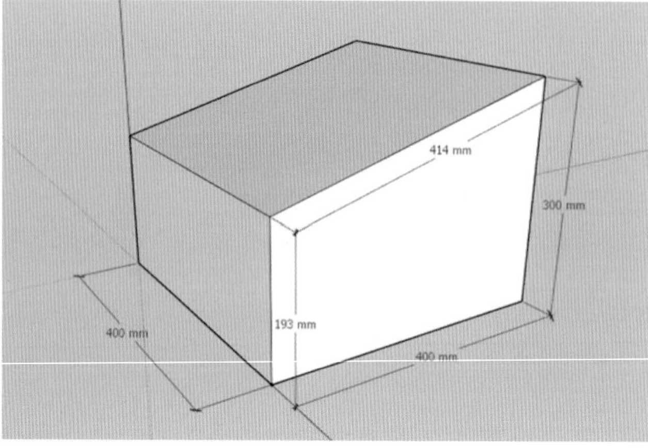

图 3.27　擦除辅助线

— 本阶段学习的主要思考 —

(1)擦除工具常用的方法及步骤。
(2)擦除工具如何辅助创建模型。

学习情境 3.5　平移

学习目标

知识要点	知识目标	能力目标
平移工具基本操作常识	了解并掌握 SketchUp 平移工具的基本操作常识，如平移的类型、用法和用途等	在理解并掌握平移工具的各种用法的基础上，能够在不同的情境下熟练使用平移工具进行位置变换，并完成 SketchUp 效果 defaultCenter 的绘制任务
操作步骤	学习如何创建平移工具，并正确地使用它来进行对象的位置变换	
专业技能基本练习	通过一系列的实践操作，提升使用平移工具的专业技能水平	
专业技能案例实践	通过实际的案例演练，进一步巩固和提升使用平移工具的技能，并能将技能灵活应用于实际的工作场景中	

学习任务

⑴ 平移工具基本操作常识。

⑵ 平移工具的使用步骤。

⑶ 专业技能基本练习。

⑷ 专业技能案例实践。

学习方法

对于重点内容，以课堂讲授、实操为主。对于一般内容，则以学生自学为主，并在实际操作中加以深化和巩固。在教学过程中，宜采用多媒体教学或其他信息化教学手段提高教学效果。

内容分析

一、平移工具基本操作常识

运行 SketchUp 软件后，可单击“工具”工具栏上的“平移”图标按钮。

移动光标至绘图区，鼠标显示图标时表示该操作已启动。

二、平移工具的使用步骤

1. 环绕观察

点击菜单栏中的“环绕观察”按钮，按住鼠标左键，在软件中进行视图平移，如图 3.28 所示。

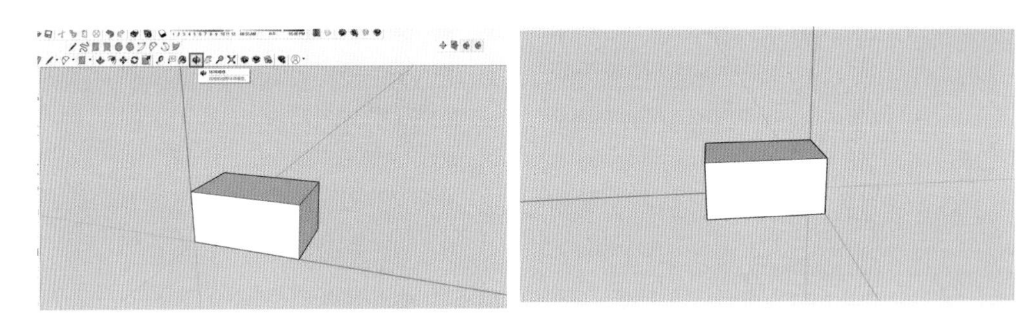

图 3.28 环绕观察的操作界面

2. 平移

点击平移工具，点击三维模型中的任意一处，拖动鼠标即可完成整体平移，如图 3.29 所示。

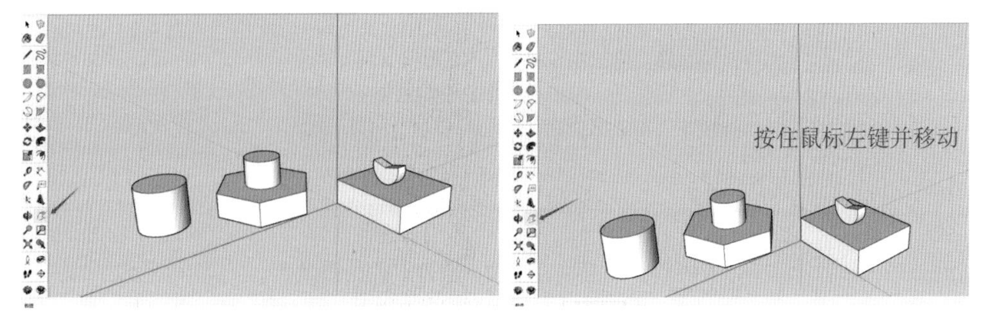

图 3.29 平移的过程

三、专业技能基本练习

用鼠标拖拽方法进行基本操作练习。

激活平移工具后，鼠标点击绘图区三维模型中的任意一处，拖动鼠标即可进行整体平移。激活环绕观察工具，在三维模型中的任意一处单击鼠标 / 按下鼠标滚轮(鼠标中键)，拖动鼠标 / 按住滚轮观察。如图 3.30 所示。

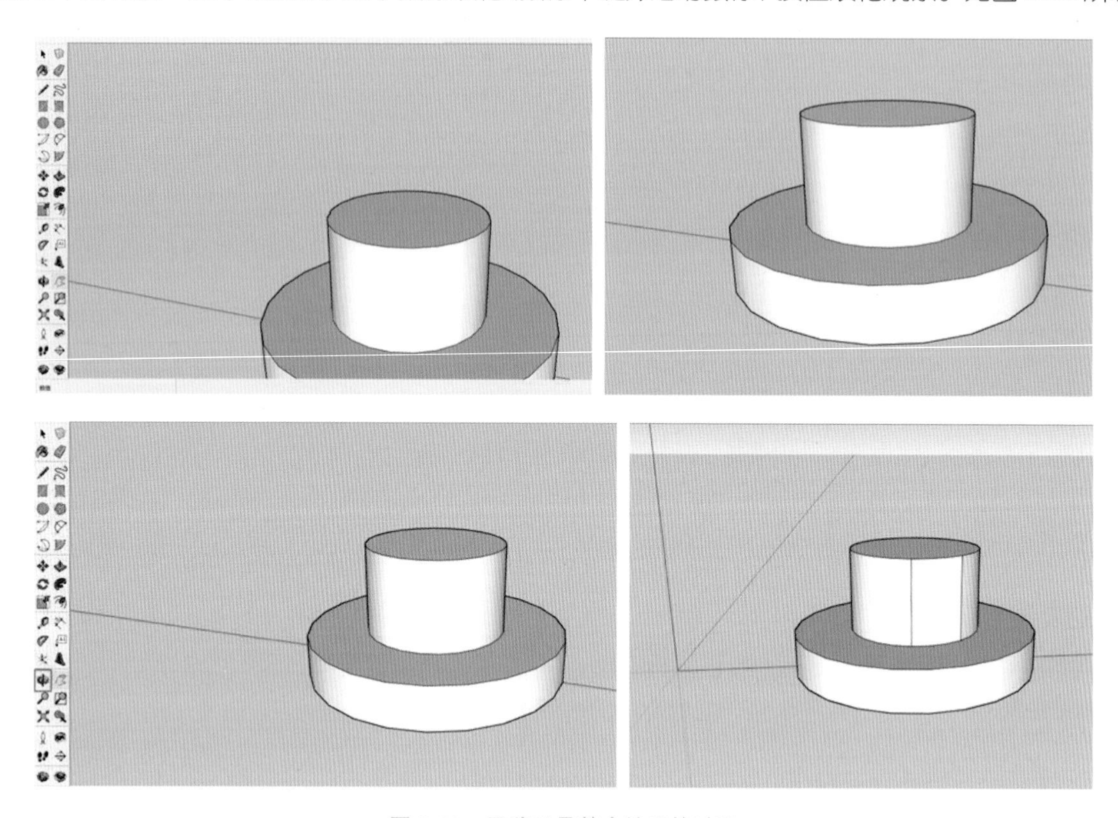

图 3.30　平移工具基本练习的过程

四、专业技能案例实践

(1) 激活环绕观察工具，在三维模型中的任意一处单击鼠标 / 按下鼠标滚轮(鼠标中键)，拖动鼠标 / 按住滚轮观察。

(2) 激活平移工具后，鼠标点击绘图区三维模型中的任意一处，拖动鼠标即可进行整体平移。

示例如图 3.31 所示。

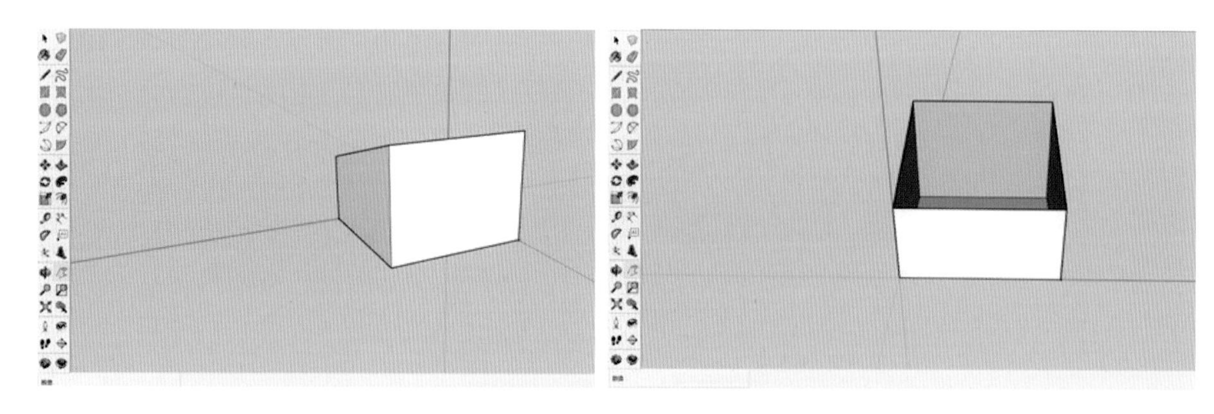

图 3.31　平移工具练习示例

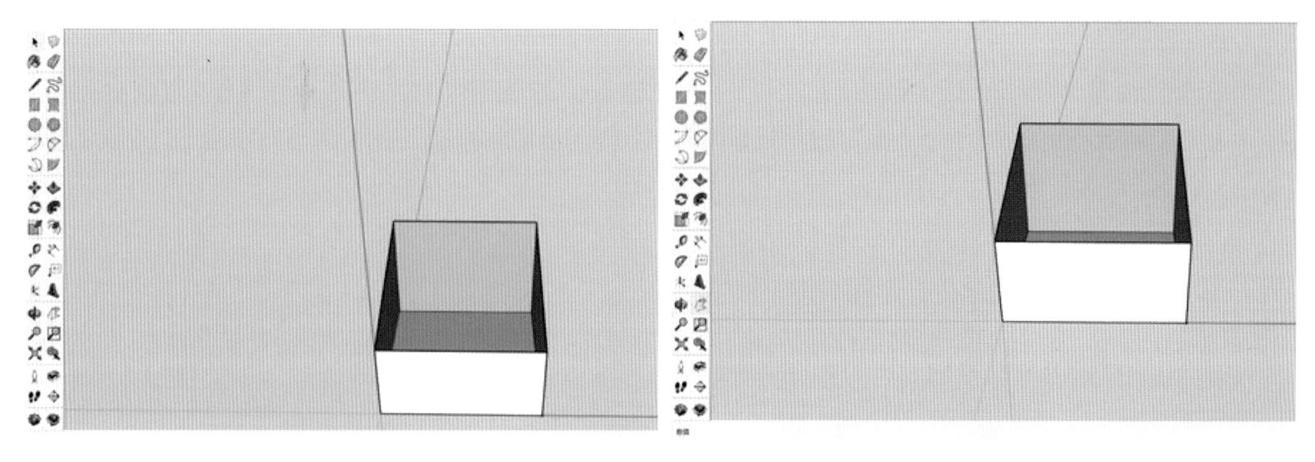

续图 3.31

— 本阶段学习的主要思考 —

(1) 平移工具常用的方法及步骤。

(2) 平移工具如何辅助创建模型。

学习情境 3.6 移动

学习目标

知识要点	知识目标	能力目标
移动工具基本操作常识	了解并掌握 SketchUp 移动工具的基本操作常识，如移动的类型、用法和用途等	在理解并掌握移动工具的各种用法的基础上，能够在不同的情境下熟练使用移动工具进行位置变换，并完成 SketchUp 效果图
操作步骤	学习如何创建移动工具，并正确地使用它来进行对象的位置变换	
专业技能基本练习	通过一系列的实践操作，提升使用移动工具的专业技能水平	
专业技能案例实践	了解并掌握 SketchUp 移动工具的基本操作常识，如移动的类型、用法和用途等	

学习任务

(1) 移动工具基本操作常识。

(2) 移动工具的使用步骤。

(3) 专业技能基本练习。

(4) 专业技能案例实践。

学习方法

对于重点内容，以课堂讲授、实操为主。对于一般内容，则以学生自学为主，并在实际操作中加以深化和巩固。在教学过程中，宜采用多媒体教学或其他信息化教学手段提高教学效果。

内容分析

一、移动工具基本操作常识

运行 SketchUp 软件后，可执行 “工具 / 移动” 菜单命令或者单击 “工具” 工具栏上的 “移动” 图标按钮✥。移动光标至绘图区，鼠标显示图标⁘时表示该操作已启动。

二、移动工具的使用步骤

1. 快捷全选

全选物体(Ctrl+A)，选中某点，执行移动工具命令(M)，虚线条方向即为移动方向，如图 3.32 所示。

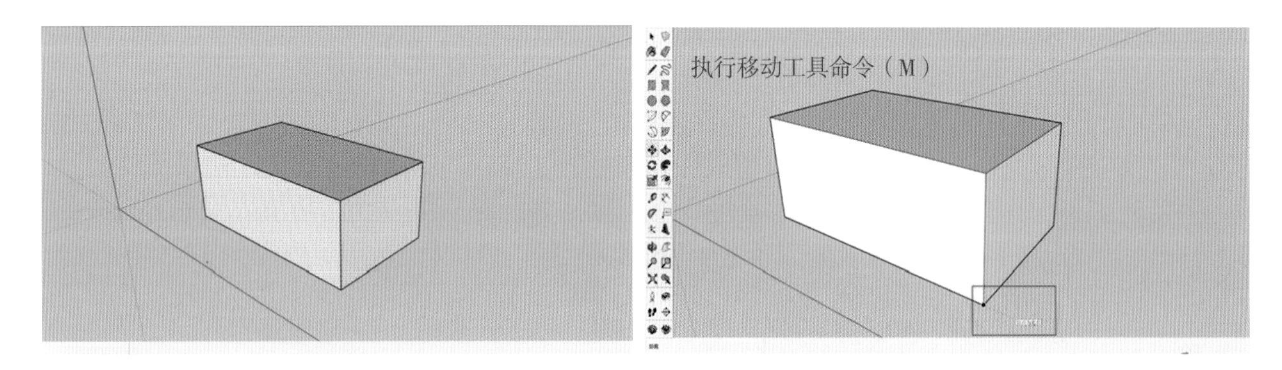

图 3.32 快捷全选

2. 方向移动

①任意方向移动：当虚线线条显示蓝色(红色，绿色)即为移动方向与蓝轴(红轴，绿轴)方向相平行。

②固定方向移动：当虚线线条显示蓝色(红色，绿色)时，按住 Shift 键，此时虚线条会变粗，可以使移动方向固定，此时无论如何移动鼠标，移动反向都与蓝轴(红轴，绿轴)方向相平行。

示例如图 3.33 所示。

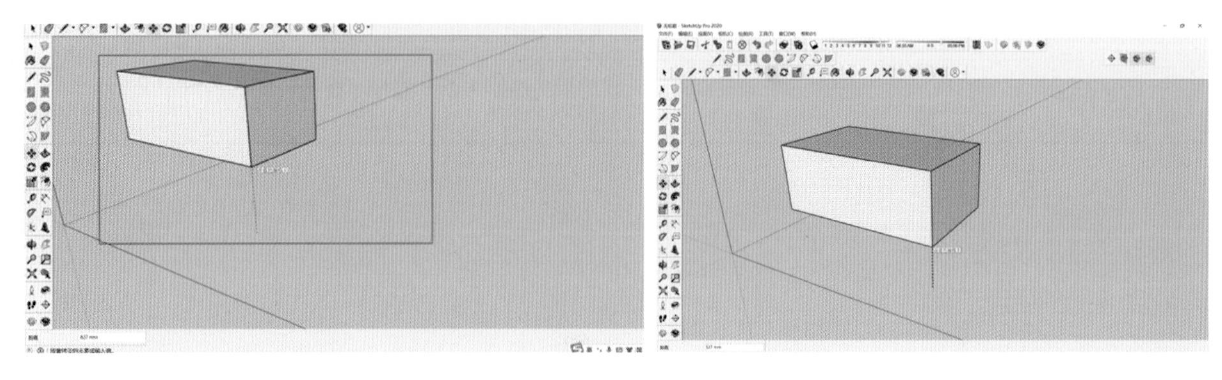

图 3.33 方向移动

3. 复制物体

执行“M +Ctrl”,拖动鼠标移动物体会自动复制一个,原物体不动。再输入“X3”回车即为等间距复制 3 个,能快速获得多个一样的物体,如图 3.34 所示。

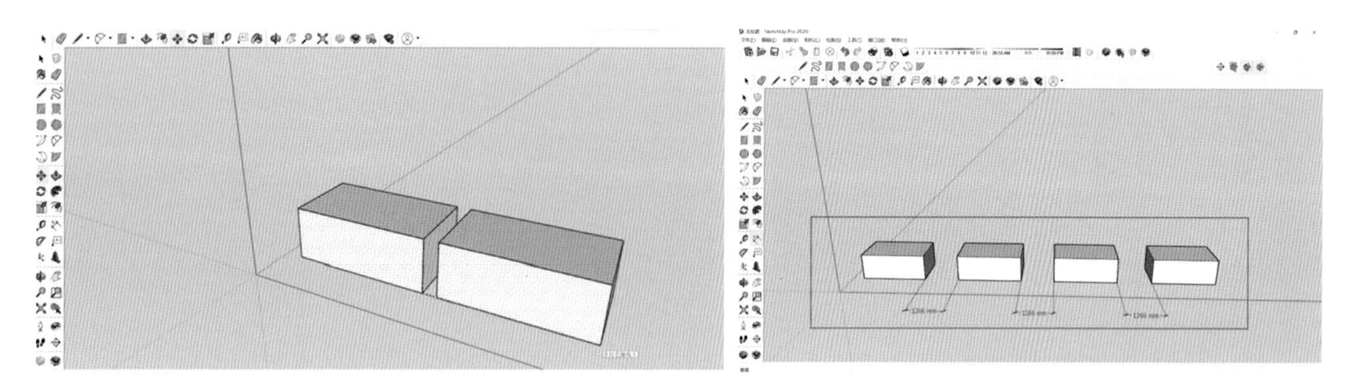

图 3.34 复制物体

三、专业技能基本练习

用鼠标拖拽方法进行基本操作练习。

使用选择工具(使用快捷键 Ctrl+A)选中物体,激活移动工具,用鼠标移动物体。

按住 Ctrl 键,使用移动工具复制一个(扇形),再输入“X2”,按下回车键 Enter,复制出两个等间距的物体。

示例如图 3.35 所示。

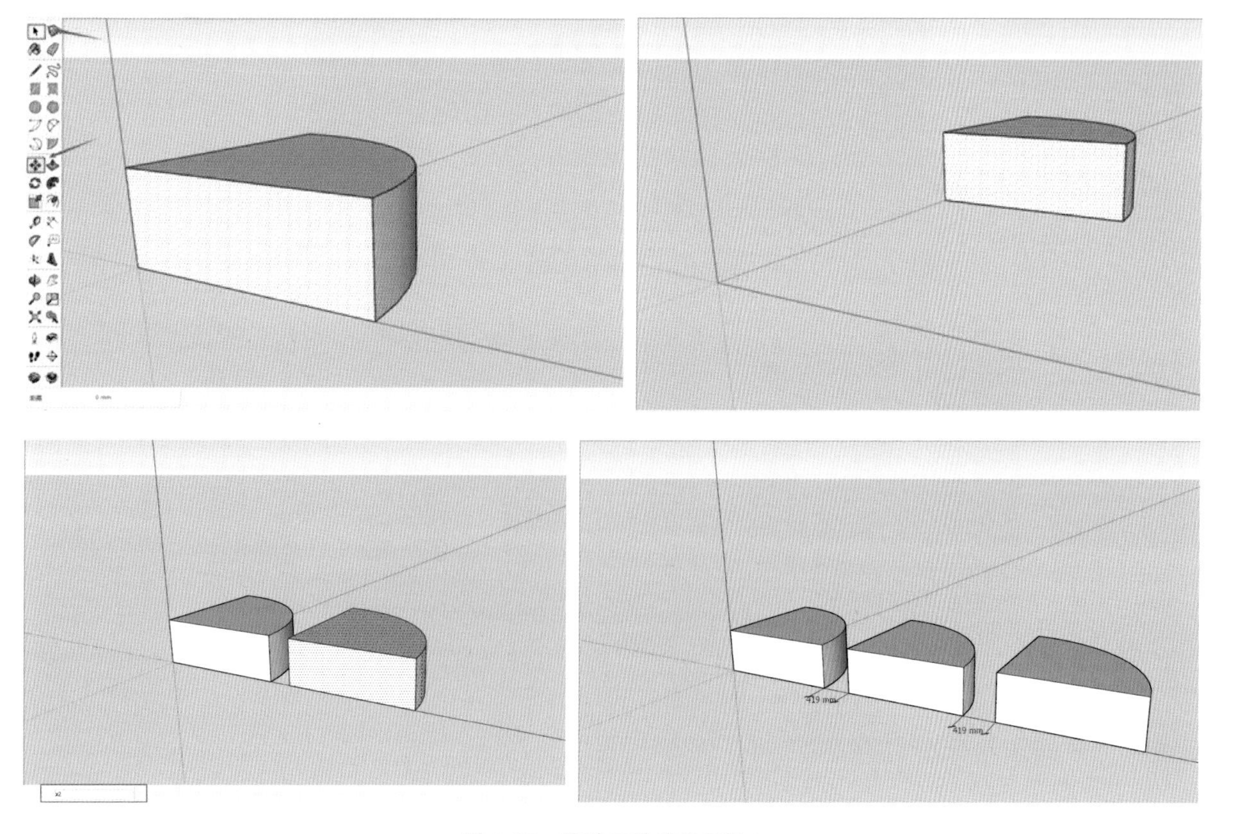

图 3.35 移动工具练习示例 1

四、专业技能案例实践

激活移动工具后，移动方盒，再按住 Ctrl 键并移动方盒，即可复制一个方盒，在数值框中输入“X3”，按下回车键 Enter，即可复制 3 个方盒。示例如图 3.36 所示。

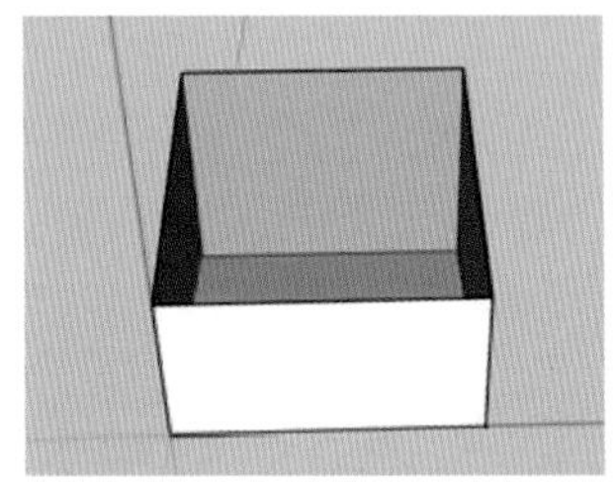
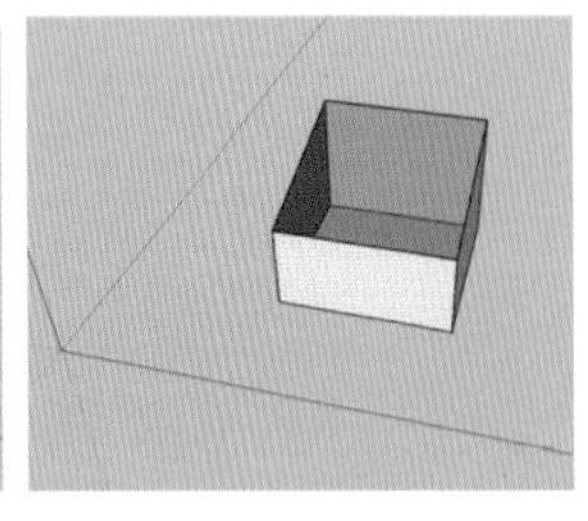
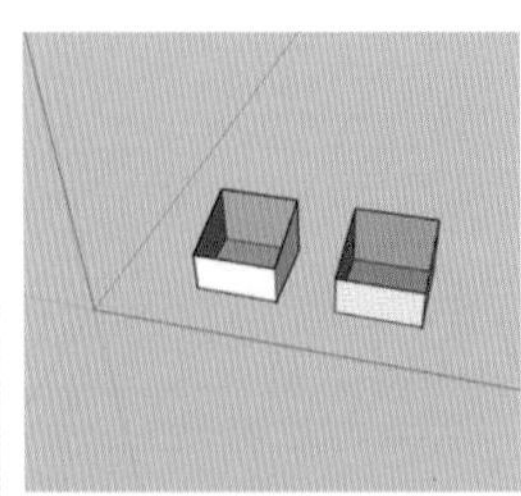
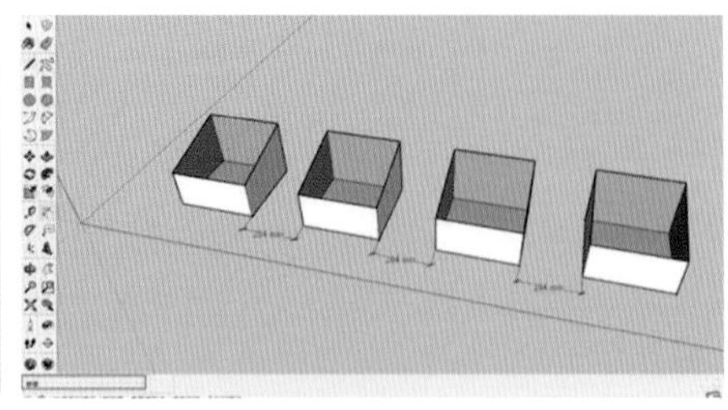

图 3.36　移动工具练习示例 2

等距物体的创建实践如下。

复制一个物体，如图 3.37 所示。

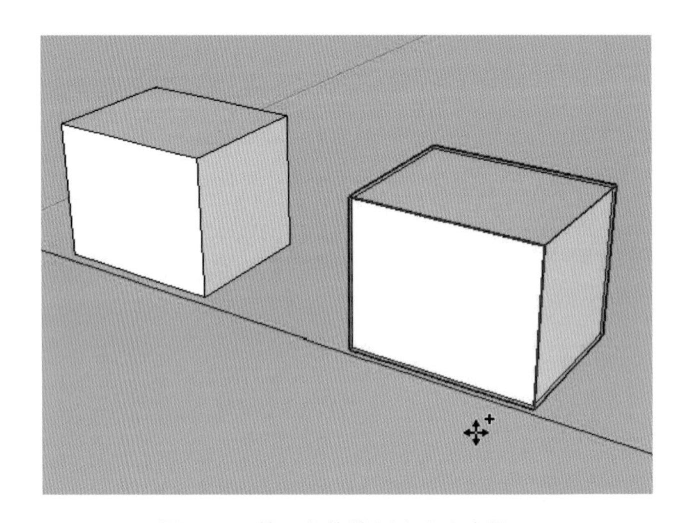

图 3.37　等距物体的创建实践步骤一

输入“/5”或“5/”，原两物体之间将等距增加 4 个物体，如图 3.38 所示。

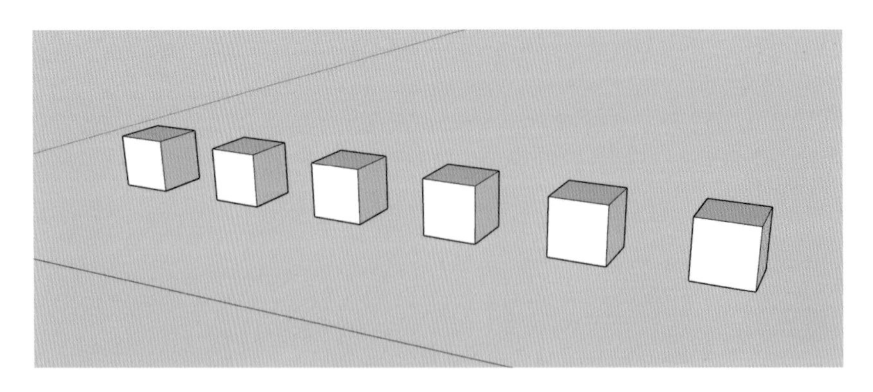

图 3.38　等距物体的创建实践步骤二，方法一

或输入“*5”或输入“5X”可等距增加 4 个物体，如图 3.39 所示。

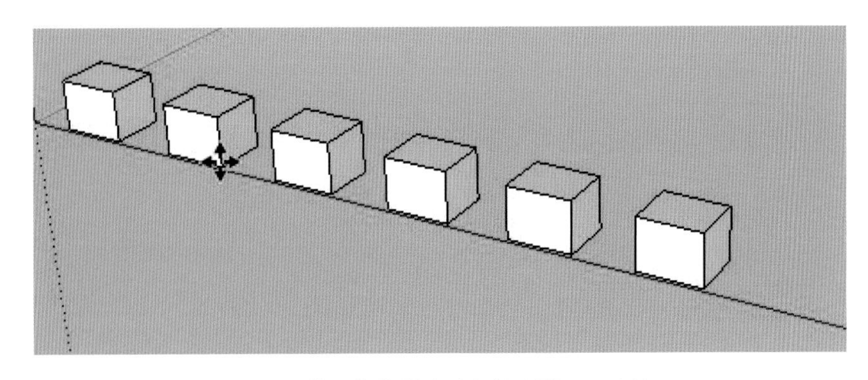

图 3.39 等距物体创建过程的步骤二，方法二

— 本阶段学习的主要思考 —

(1) 移动工具常用的方法及步骤。

(2) 移动工具如何辅助创建模型。

(3) 如果移动操作生成了不共面的表面，SU 会将这些表面自动折叠，在任何时候都可以按住 Alt 键，强制开启自动折叠功能。自动折叠在大多数情况下是自动执行的。例如，移动长方体的一个角点就会产生自动折叠。有些时候生成非平面表面的操作会被限制。例如，移动长方体的一条边线，将自动在水平位置移动，而不能垂直移动。此时可以在移动之前按住 Alt 键来屏蔽这个限制，这样就可以自由移动长方体的边线了。软件会对移动过程中被扭曲的表面进行自动折叠。

学习领域四

编辑工具

学习领域概述

编辑工具栏包含“选择”工具、“推拉”工具、“尺寸标注”工具、“偏移复制”工具、“旋转”工具、“缩放”工具和“路径跟随”工具等。应灵活运用编辑工具进行案例效果图创建。

学习情境 4.1 选择

学习目标

知识要点	知识目标	能力目标
选择工具基本操作常识	了解并掌握 SketchUp 选择工具的基本操作常识，如选择的类型、用法和用途等	在理解并掌握选择工具的各种用法的基础上，能够独立地完成各类 SketchUp 效果图的绘制任务，并且能够灵活运用选择工具解决工作中遇到的相关问题
操作步骤	学习如何创建选择工具，并正确地使用它来选取模型中的对象或部分区域	
专业技能基本练习	通过一系列的实践操作，提升使用选择工具的专业技能水平	
专业技能案例实践	通过实际的案例演练，进一步巩固和提升使用选择工具的技能，并能将技能灵活应用于实际的工作场景中	

学习任务

(1) 选择工具基本操作常识。

(2) 选择工具的使用技巧。

(3) 专业技能基本练习。

(4) 专业技能案例实践。

学习方法

对于重点内容，以课堂讲授、实操为主。对于一般内容，则以学生自学为主，并在实际操作中加以深化和巩固。在教学过程中，宜采用多媒体教学或其他信息化教学手段提高教学效果。

内容分析

一、选择工具基本操作常识

1. 一般选择

快捷键为空格键，也可直接点击激活选择工具。

(1) 按住 Ctrl 键，可以进行加选。

(2) 按住 Shift 键，可以交替选择物体的加减。

(3) 按住 Ctrl 键和 Shift 键，可以进行减选。

(4) 如果要选择模型中的所有可见物体，除了执行“编辑 / 全选”外，还可以使用“Ctrl + A”组合键。

(5) 如果要取消当前的所有选择，可以在绘图窗口的任意空白区单击，也可以执行“编辑 / 全部不选”菜单命令，或者使用“Ctrl + T”组合键。

2. 框选与叉选(同 CAD)

(1)框选:从屏幕左侧向右侧拉一个框,完全框进去的物体才被选择。

(2)叉选:从屏幕右侧向左侧拉一个框,只要被碰到的物体就被选择。

3. 扩展选择

(1)光标单击面——选中面。

(2)光标双击面——选中面及边线。

(3)光标三击面——选中面及其相关的面。

以上扩展选择也可以通过右击菜单来完成,如图 4.1 所示。

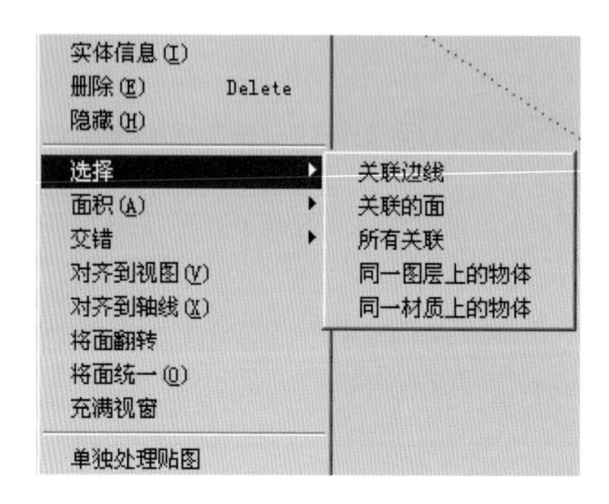

图 4.1　扩展选择的模板页

二、选择工具的使用技巧

【温馨提示】

快捷键是“空格键”,应养成按下空格键即进入选择状态的习惯。

三击选择所有关联的图形时,与其相连的组和组件图形不包括在内。草图大师中,组和组件被视为单独的一个整体,与其他图形不关联。

三、专业技能基本练习

1. 一般选择

(1)按住 Ctrl 键,可以进行加选,如图 4.2 所示。

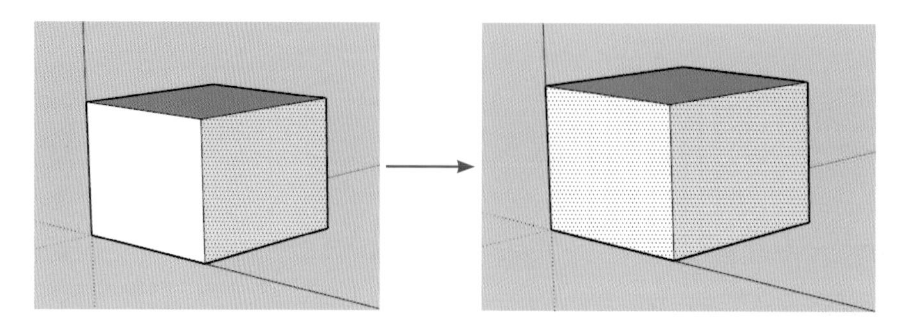

图 4.2　一般选择示例 1

⑵ 按住 Shift 键，可以交替选择物体的加减，如图 4.3 所示。

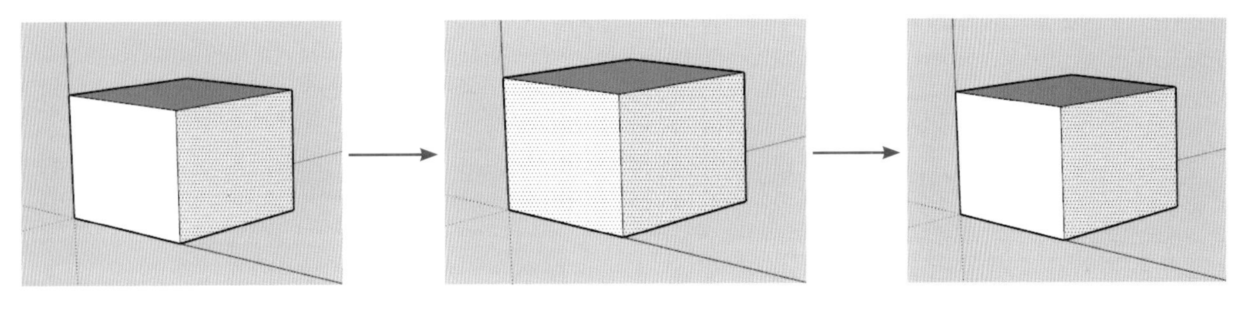

图 4.3 一般选择示例 2

⑶ 按住 Ctrl 键和 Shift 键，可以进行减选，如图 4.4 所示。

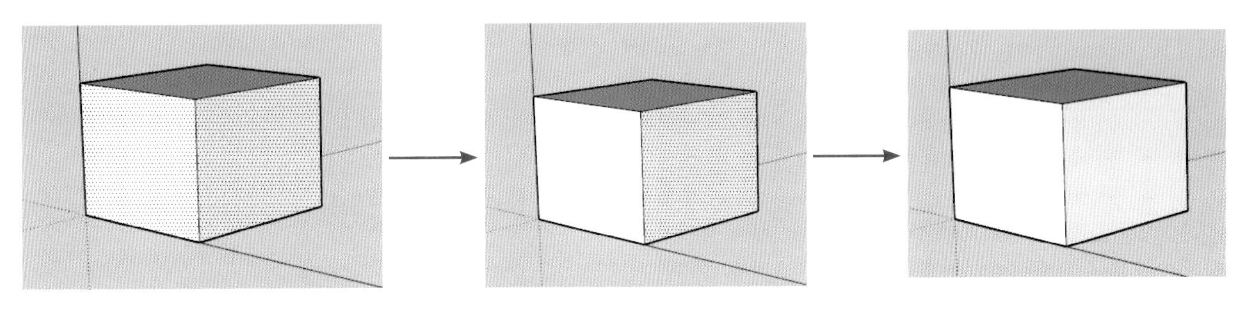

图 4.4 一般选择示例 3

⑷ 如果要选择模型中的所有可见物体，除了执行“编辑 / 全选”外，还可以使用“Ctrl + A”组合键，如图 4.5 所示。

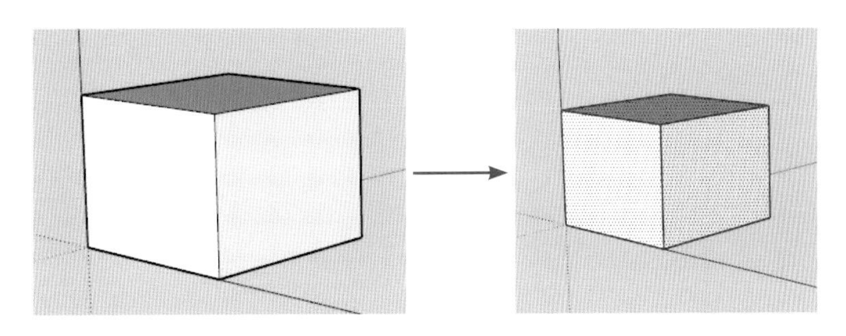

图 4.5 一般选择示例 4

⑸ 如果要取消当前的所有选择，可以在绘图窗口的任意空白区单击，也可以执行“编辑 / 全部不选”菜单命令，或者使用“Ctrl + T ”组合键，如图 4.6 所示。

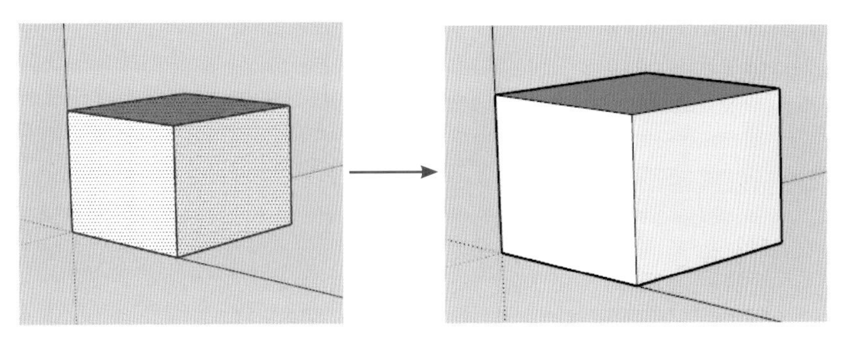

图 4.6 一般选择示例 5

2. 框选与叉选

⑴ 框选：从屏幕左侧向右侧拉一个框，完全框进去的物体才被选择，如图 4.7 所示。

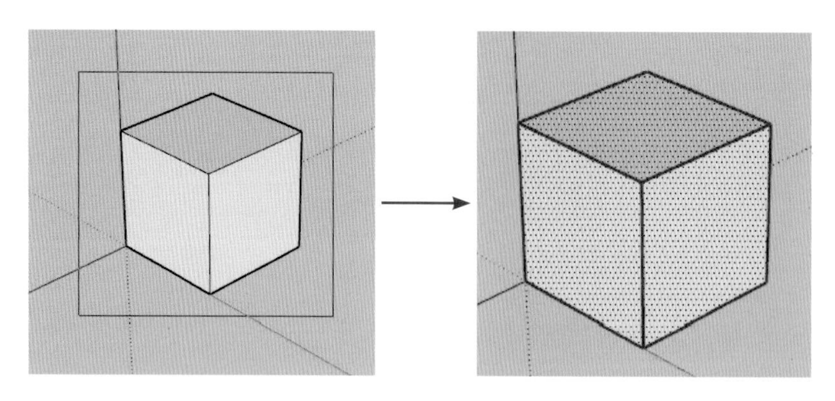

图 4.7 框选

⑵ 叉选：从屏幕右侧向左侧拉一个框，只要被碰到的物体就被选择，如图 4.8 所示。

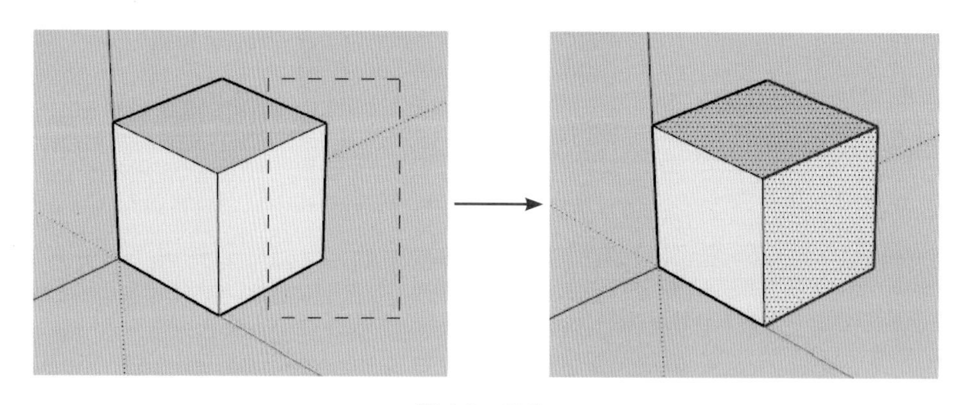

图 4.8 叉选

四、专业技能案例实践

示例如图 4.9 所示。

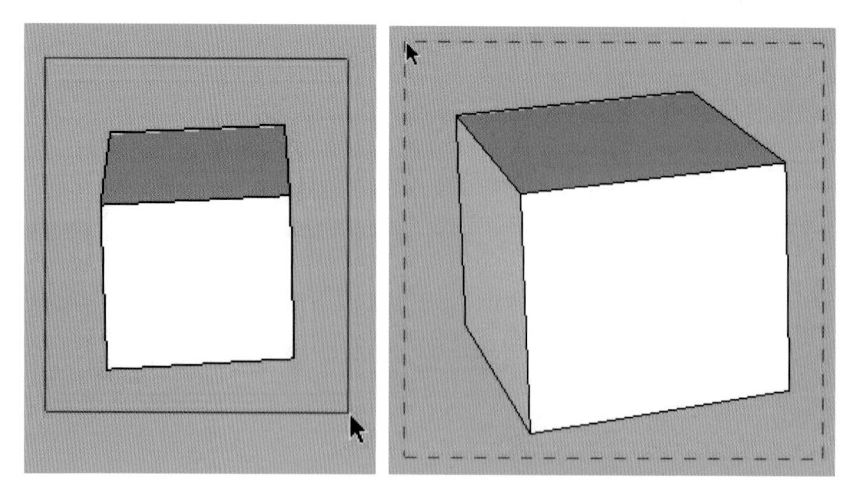

图 4.9 选择工具实践示例

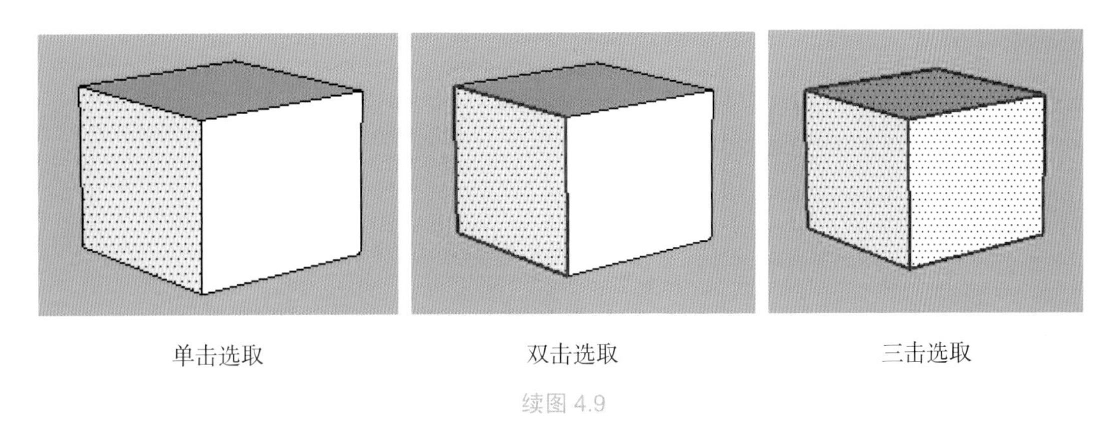

续图 4.9

选择的时候，双击一个单独的面可以同时选中这个面和组成这个面的线。双击物体上的一个面，可以选择该面的面和线。三击物体上的一个面，可以选择该物体的所有面和线。

— 本阶段学习的主要思考 —

(1) 选择工具常用的方法及步骤。

(2) 选择工具的具体运用。

学习情境 4.2 推拉

学习目标

知识要点	知识目标	能力目标
推拉工具基本操作常识	了解并掌握 SketchUp 推拉工具的基本操作常识，如推拉的类型、用法和用途等	在理解并掌握推拉工具的各种用法的基础上，能够在不同的情境下熟练使用推拉工具进行对象的高度调整和空间分割，并完成 SketchUp 效果图
操作步骤	学习如何创建推拉工具，并正确地使用它来进行对象的高度调整和空间分割	
专业技能基本练习	通过一系列的实践操作，提升使用推拉工具的专业技能水平	
专业技能案例实践	通过实际的案例演练，进一步巩固和提升使用推拉工具的技能，并能将技能灵活应用于实际的工作场景中	

学习任务

(1) 推拉工具基本操作常识。

(2) 推拉工具的使用步骤。

(3) 专业技能基本练习。

(4) 专业技能案例实践。

学习方法

对于重点内容，以课堂讲授、实操为主。对于一般内容，则以学生自学为主，并在实际操作中加以深化和巩固。在教学过程中，宜采用多媒体教学或其他信息化教学手段提高教学效果。

内容分析

一、推拉工具基本操作常识

1. 推拉工具的用途

推拉工具可将图形按自身的垂直方向拉伸至想要的高度。

推拉工具可以用来扭曲和调整模型中的表面，也可以用来移动、挤压、结合及减去表面。无论是进行体块研究还是精确建模，推拉工具都是非常有用的。

根据几何体的不同，SU 会进行相应的几何变换，包括移动、挤压或挖空，推拉工具可紧密地配合捕捉参考进行使用。

2. 推拉工具的使用方法

在图形表面上按住鼠标左键进行拖拽、释放；或单击图形表面，移动鼠标，再单击鼠标进行确认，可以方便地把二维平面推拉成三维几何体。

推拉工具可以创建新的几何体，也可以对几乎所有的平面进行推拉。输入精确的推拉值，推拉值会在数值控制框中显示。可以输入负值，表示向相反方向推拉。也可以在推拉的过程中或推拉之后输入推拉值，在进行其他操作之前可以一直更新数值。

完成一个推拉操作后，SU 会自动记忆此次推拉的数值，而后可以通过双击其他平面自动应用同样的推拉操作数值。

3. 复制推拉表面

激活推拉工具并按下 Ctrl 键，此时推拉光标的右上角会出现一个“+”，可以沿底面复制并推拉出新的表面，此操作可连续执行。

4. 挖空形体

如果在一平面上有一个闭合形体，用推拉工具向实体内部推拉可以挖出凹洞，如果前后表面相互平行，可以将其完全挖空。SU 会重新整理三维物体，自动减去空掉的部分，从而挖出一个空洞。

5. 变形推拉表面

使用推拉工具时，按住 Alt 键会产生一种另类的推拉效果，更像是在用移动工具移动被推拉的面。

二、推拉工具的使用步骤

面的推拉受面的制约，首先创建一个平面，点击推 / 拉工具，光标将变为一个带有向上箭头的三维矩形。移动光标可创建立体物，如图 4.10 所示。

三、专业技能基本练习

激活推拉工具，点击物体表面，然后拖动鼠标并调整高度，也可以在右下角的数值框中精确输入对应的数值。

拖动鼠标后如图 4.11 所示。

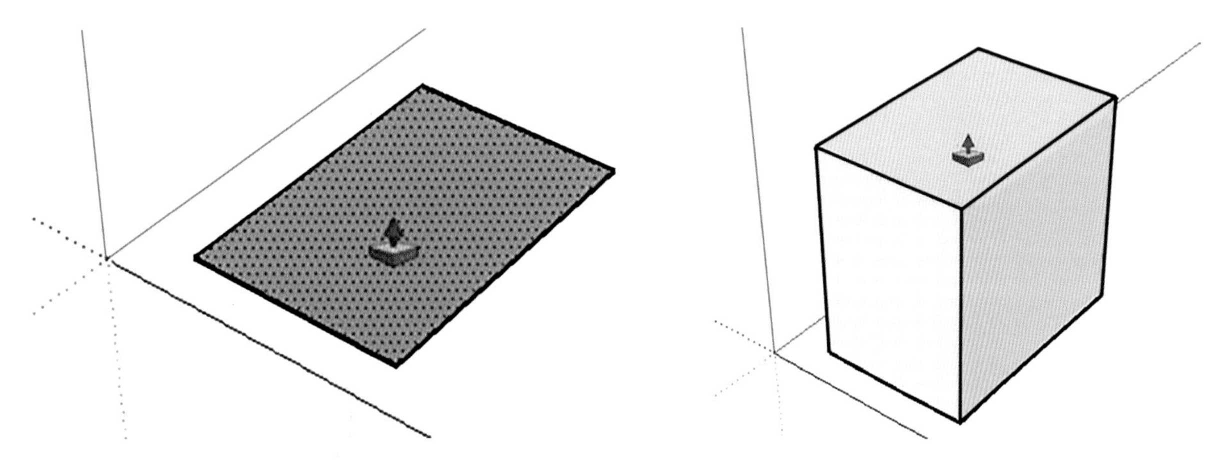

图 4.10　推拉工具基本操作

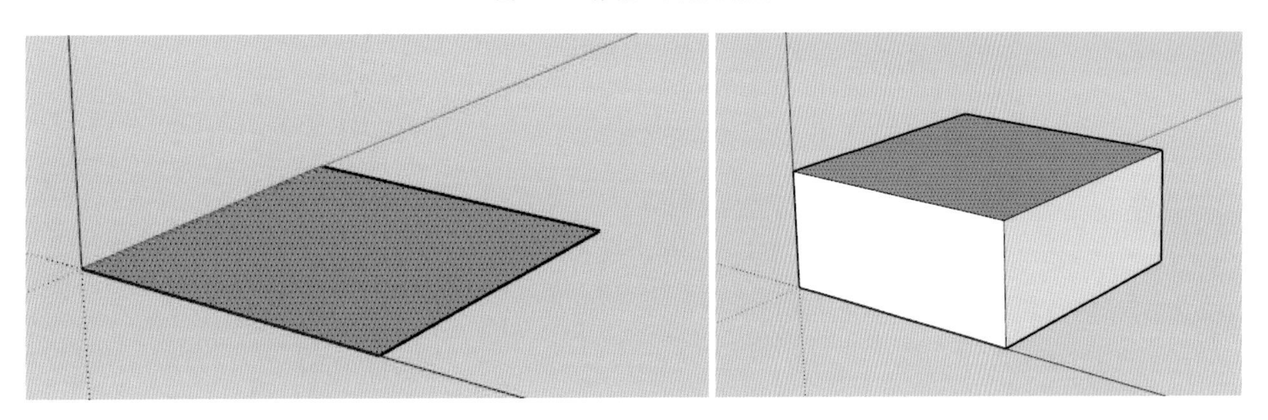

图 4.11　拖动鼠标

精确输入数值后如图 4.12 所示。

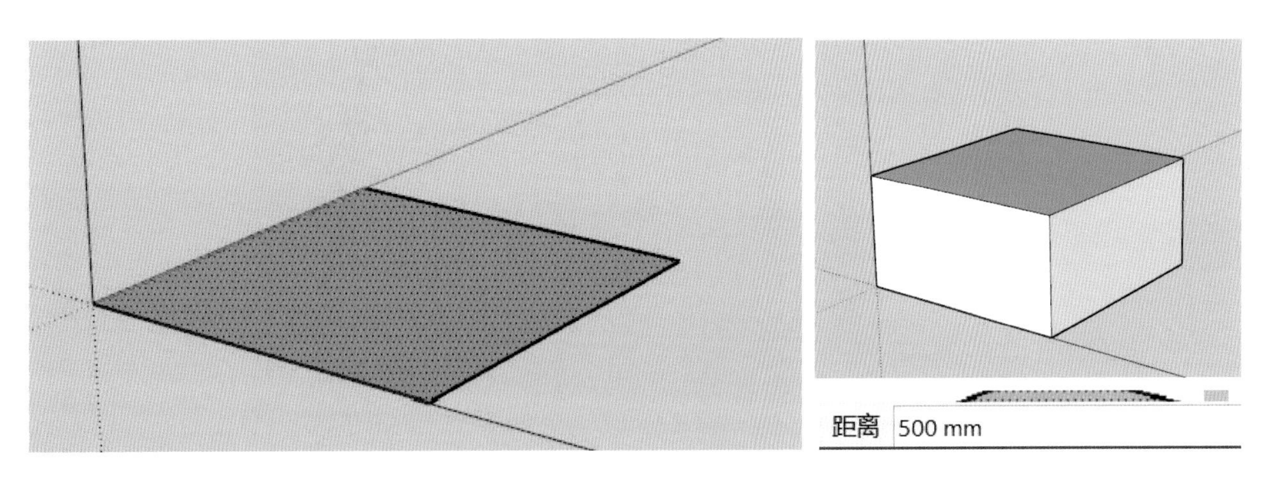

图 4.12　精确输入数值

四、专业技能案例实践

⑴ 从 Cad 中导出外框架平面图至 SketchUp 中。

⑵ 激活直线绘制工具后，围着外框架进行绘制，并注意令线条闭合。

③ 使用推拉命令将墙体拉出一个高度，至此创建完成。

过程如图 4.13 所示。

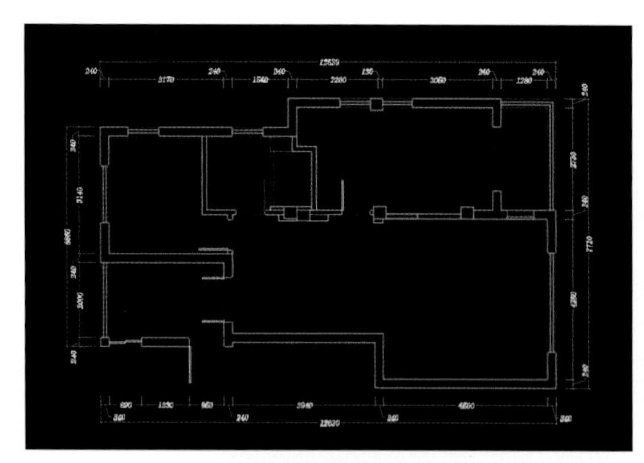

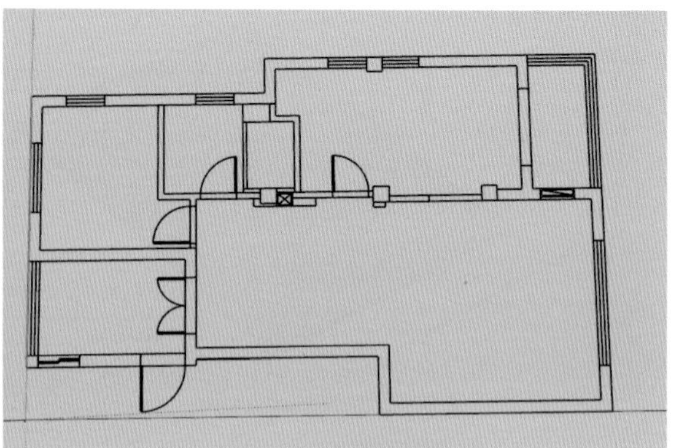

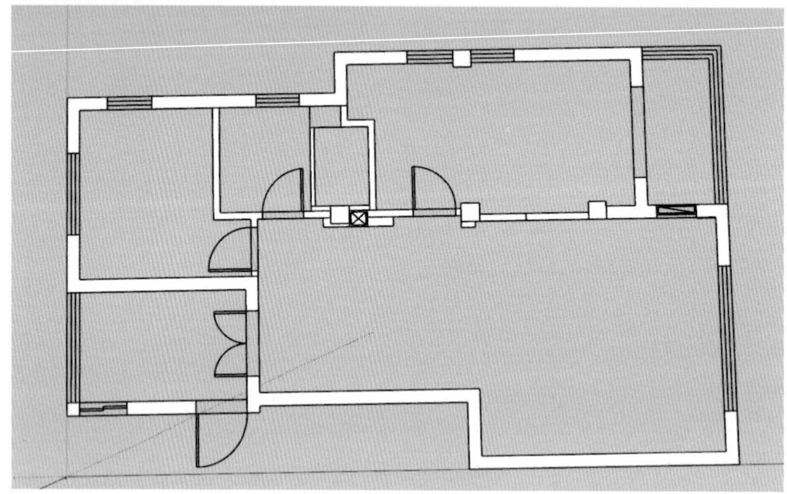

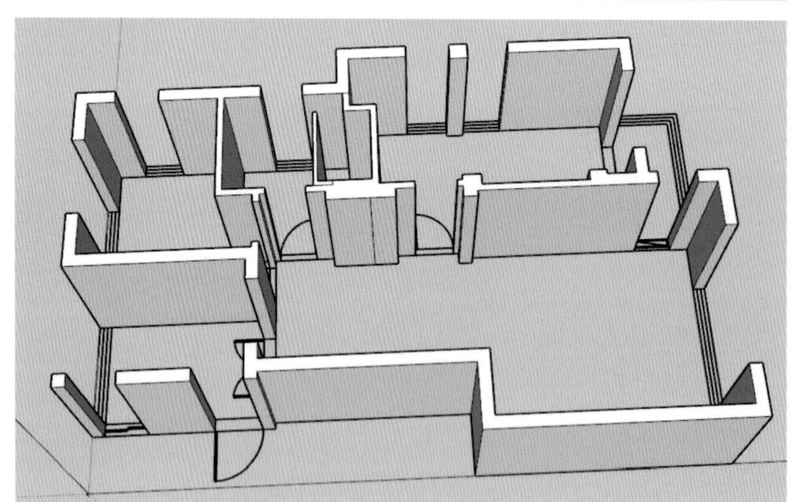

图 4.13　推拉工具的案例实践步骤

— 本阶段学习的主要思考 —

(1) 推拉工具常用的方法及步骤。

(2) 如何运用推拉工具进行模型创建。

学习情境 4.3 偏移复制

学习目标

知识要点	知识目标	能力目标
偏移复制工具基本操作常识	了解并掌握 SketchUp 偏移复制工具的基本操作常识，如偏移复制的类型、用法和用途等	在理解并掌握偏移复制工具的各种用法的基础上，能够在不同的情境下熟练使用偏移复制工具，并完成 SketchUp 效果图
操作步骤	学习如何创建偏移复制工具，并正确地使用它来进行对象的偏移复制	
专业技能基本练习	通过一系列的实践操作，提升使用偏移复制工具的专业技能水平	
专业技能案例实践	通过实际的案例演练，进一步巩固和提升使用偏移复制工具的技能，并能将技能灵活应用于实际的工作场景中	

学习任务

(1) 偏移复制工具基本操作常识。

(2) 偏移复制工具的使用步骤。

(3) 专业技能基本练习。

(4) 专业技能案例实践。

学习方法

对于重点内容，以课堂讲授、实操为主。对于一般内容，则以学生自学为主，并在实际操作中加以深化和巩固。在教学过程中，宜采用多媒体教学或其他信息化教学手段提高教学效果。

内容分析

一、偏移复制工具基本操作常识

偏移复制工具可对平面上的图形和线段进行偏移复制。

1. 面的偏移复制

用矩形工具绘制一矩形，启动(激活)偏移复制工具，启动该工具后，在矩形的边线附近移动鼠标会出现一个红色小方块，然后按住鼠标左键并移动鼠标，松开鼠标即可完成矩形的偏移复制，如图 4.14 所示。

2. 线的偏移复制

用选择工具选中要偏移的线(必须选择两条或两条以上相连的线，并且所有的线应处于同一平面上)，启动偏移复制工具，按住鼠标左键并移动鼠标，松开鼠标即可完成线的偏移复制，如图 4.15 所示。其中，三边的偏移，也称为缺省一边的偏移，是平时较常用的偏移。

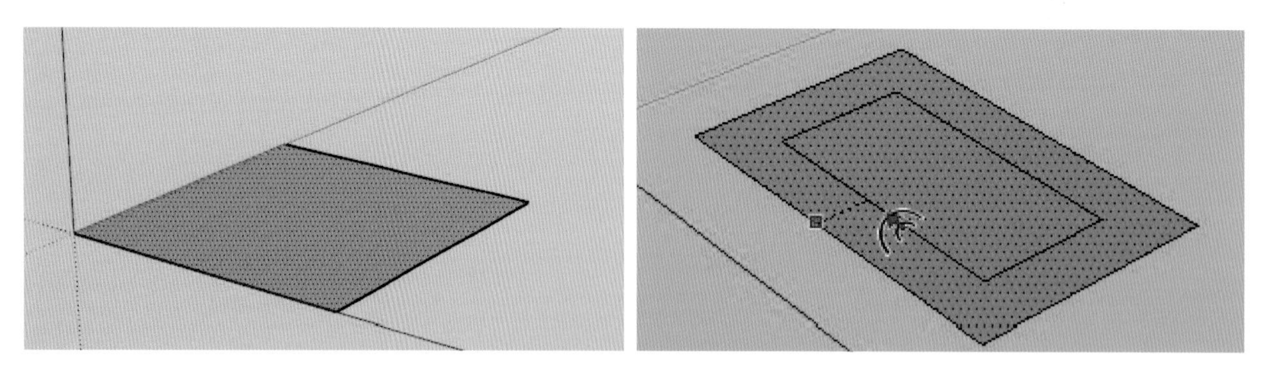

图 4.14　面的偏移复制

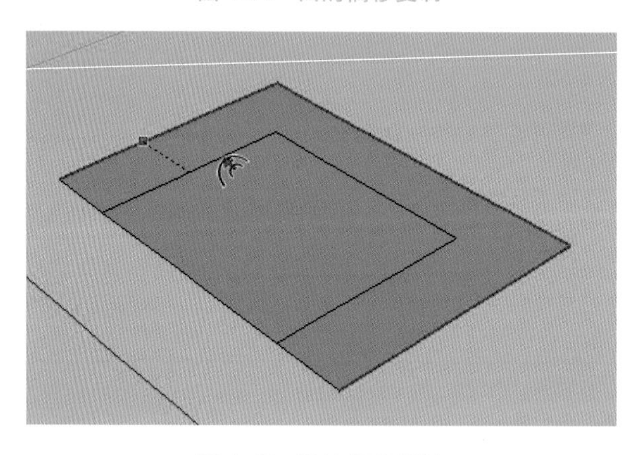

图 4.15　线的偏移复制

【温馨提示】

当你对圆弧进行偏移时，偏移的圆弧会降级为曲线，你将不能按圆弧的定义对其进行编辑，双击图形可直接应用上次的偏移距离，如图 4.16 所示。

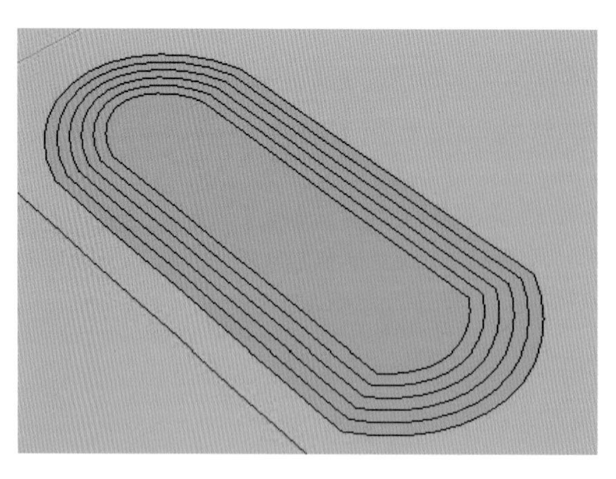

图 4.16　圆弧的偏移复制

二、偏移复制工具的使用步骤

进行偏移操作时，绘图窗口右下角的数值控制框中会以默认单位来显示偏移距离。你可以在偏移过程中或偏移之后输入数值来指定偏移距离。

输入数值后，回车确认。如果你输入一个负值，表示往当前的反方向进行偏移。

数值控制框是以默认单位来显示长度的，你也可以输入公制单位或英制单位数值，SketchUp 会自动进行换算。

三、专业技能基本练习与案例实践

实践示例如图 4.17 所示。

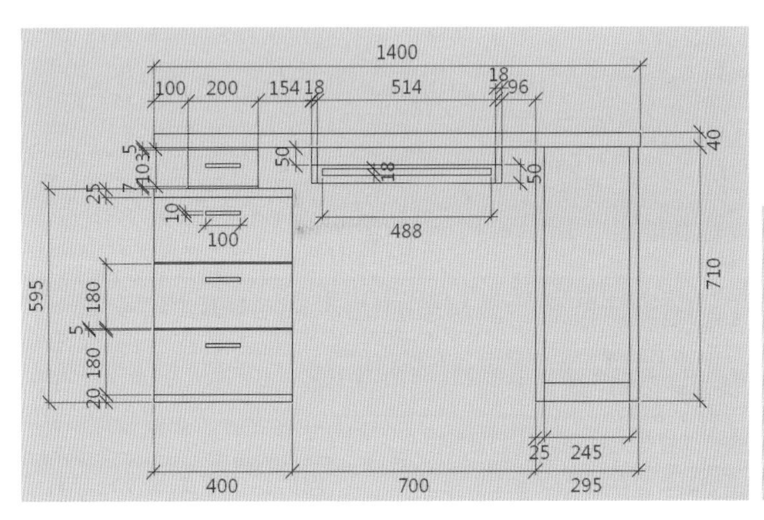

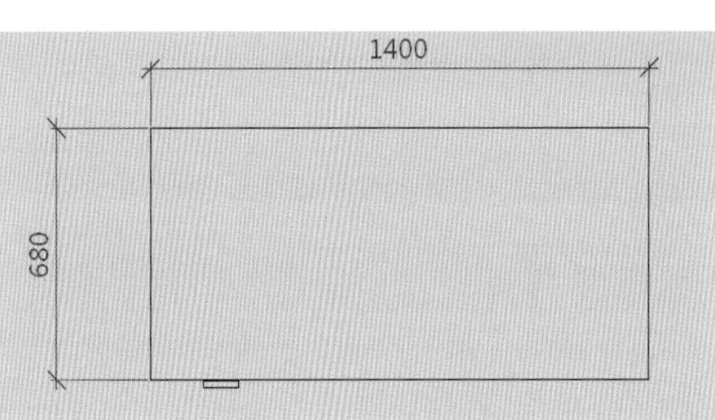

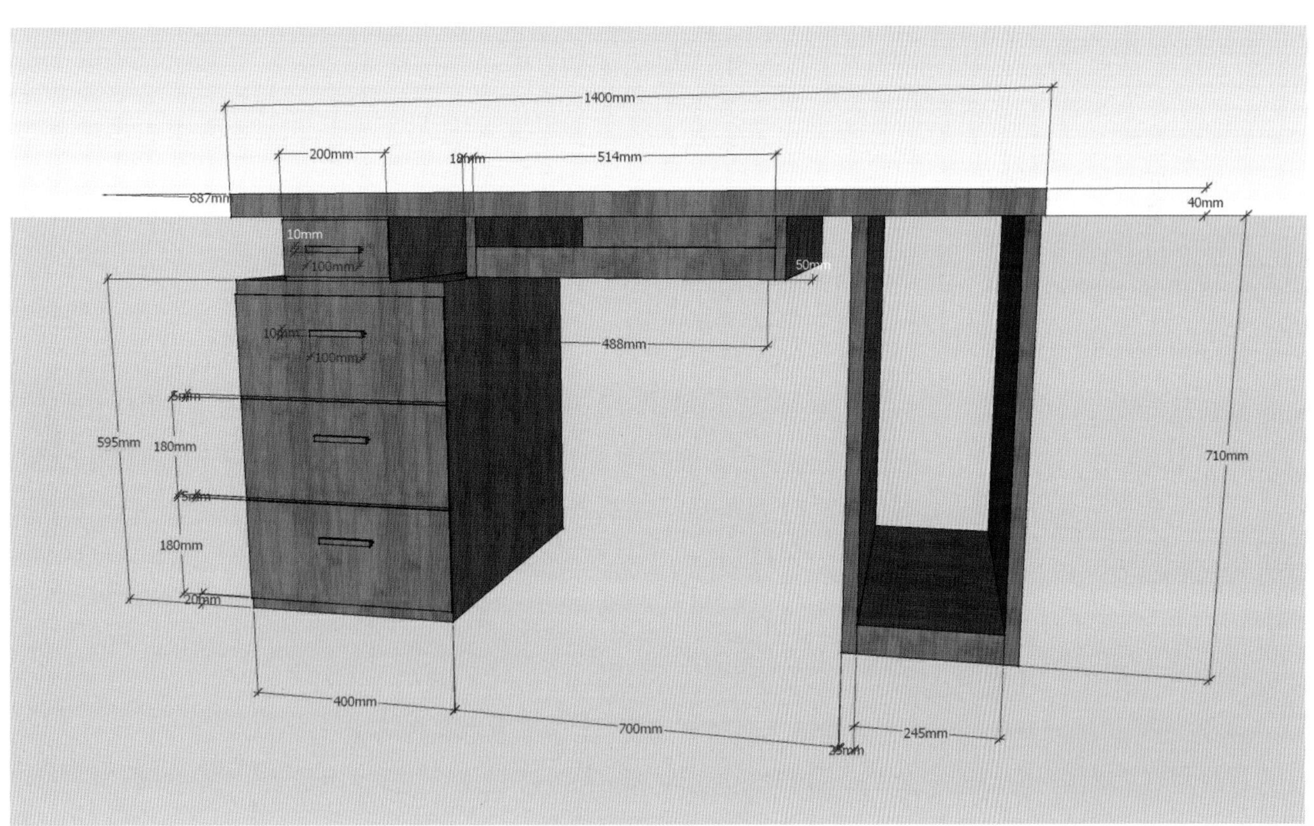

图 4.17 实践示例

— 本阶段学习的主要思考 —

(1) 偏移工具常用的方法及步骤。
(2) 如何运用偏移工具进行模型创建。

学习情境 4.4　旋转

学习目标

知识要点	知识目标	能力目标
旋转工具基本操作常识	了解并掌握 SketchUp 旋转工具的基本操作常识，如旋转的类型、用法和用途等	在理解并掌握旋转工具的各种用法的基础上，能够在不同的情境下熟练使用旋转工具，并完成 SketchUp 效果图
操作步骤	学习如何进行旋转操作，并正确地实现物体的旋转	
专业技能基本练习	通过一系列的实践操作，提升使用旋转工具的专业技能水平	
专业技能案例实践	通过实际的案例演练，进一步巩固和提升使用旋转工具的技能，并能将技能灵活应用于实际的工作场景中	

学习任务

(1) 旋转工具基本操作常识。
(2) 旋转工具的使用步骤。
(3) 专业技能基本练习。
(4) 专业技能案例实践。

学习方法

对于重点内容，以课堂讲授、实操为主。对于一般内容，则以学生自学为主，并在实际操作中加以深化和巩固。在教学过程中，宜采用多媒体教学或其他信息化教学手段提高教学效果。

内容分析

一、旋转工具基本操作常识

转动工具可以用于旋转单个或多个物体，利用 Ctrl 键还可以实现旋转复制等操作。

环绕观察工具用于转动视图，而并非用于转动物体。按住鼠标中键也可以实现转动。在按住 Shift 键进行平移时应用较为实用。

激活旋转工具，单击鼠标，确定旋转轴心点和轴线，再次单击鼠标便可以对物体进行旋转。关于旋转角度，可以直接用鼠标调整角度，也可以在右下角的数值框中进行精确输入。

二、旋转工具的使用步骤

如图 4.18 所示，先使用矩形命令画出一个长 400 mm，宽 180 mm 的长方形。再使用旋转命令旋转物体（可确定旋转方向及旋转角度）。

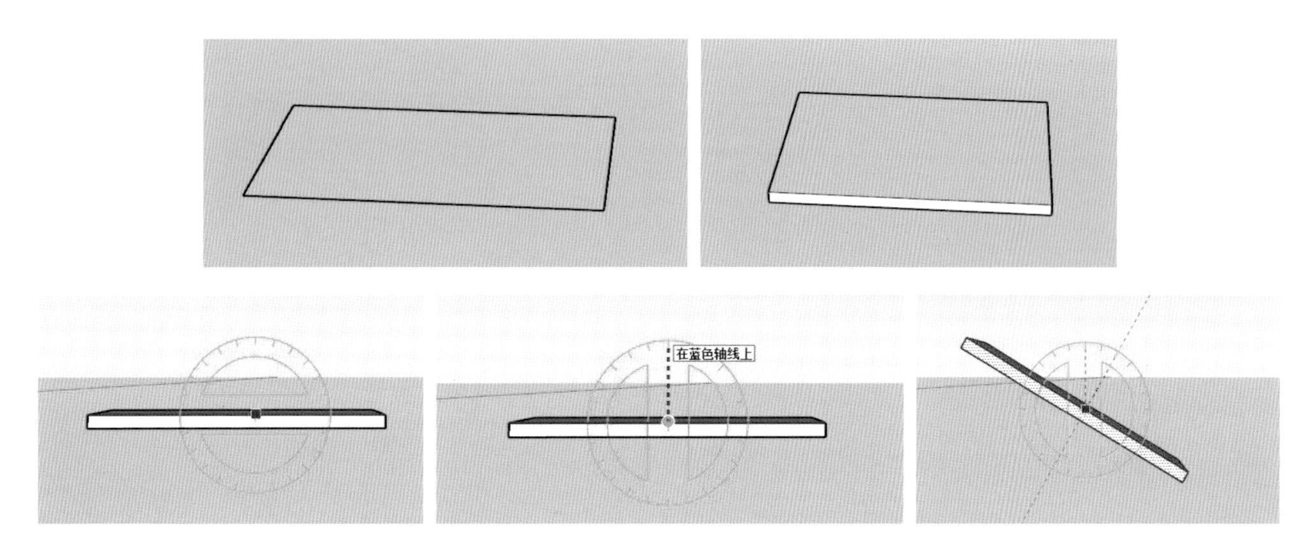

图 4.18 旋转的基本操作

按住 Shift 键可锁定转动平面，如图 4.19 所示。

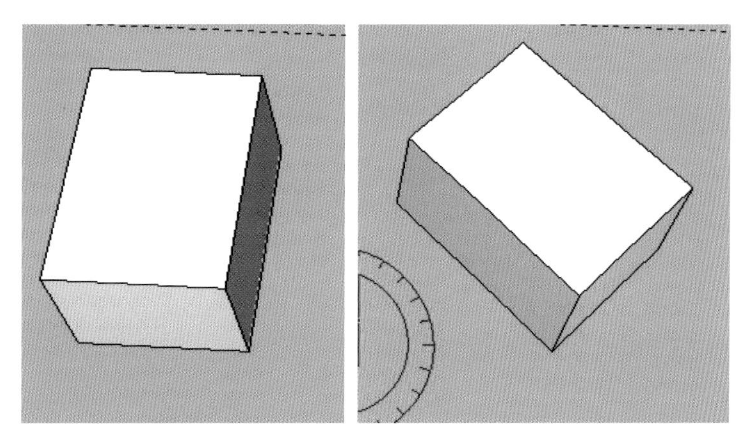

图 4.19 锁定转动平面

三、专业技能基本练习

应确定好旋转的轴心点、起始线位置、终止线位置。

按住 Ctrl 键可实现旋转复制。

输入 “X*”，表示以前面复制物体的角度大小为依据复制相同距离的 * 个物体。

输入 “/*”，表示在自制的角度内等分复制 * 个物体。

如图 4.20 和图 4.21 所示，进行鼠标拖动与精确输入练习。

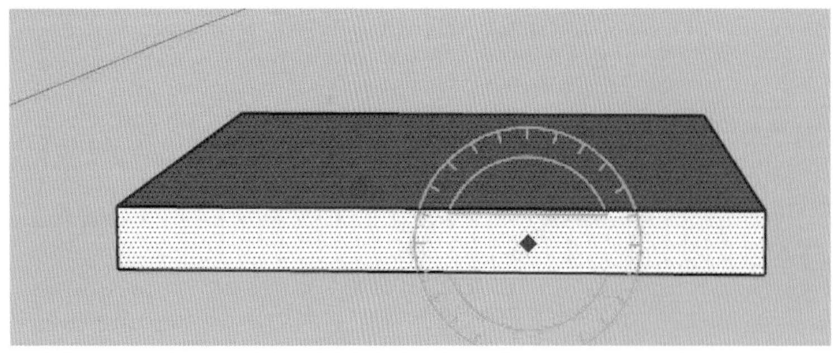
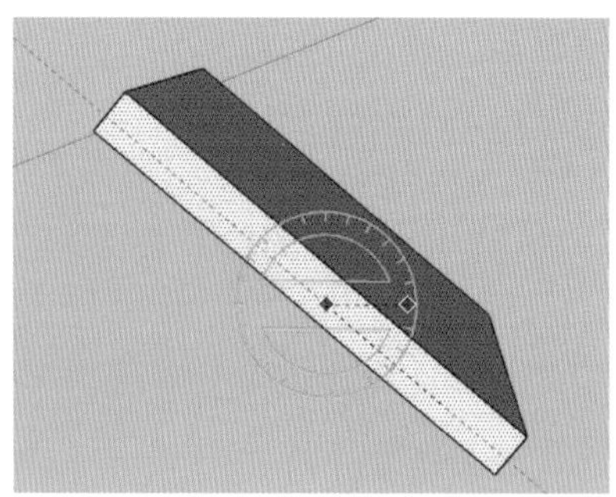

图 4.20 鼠标拖动

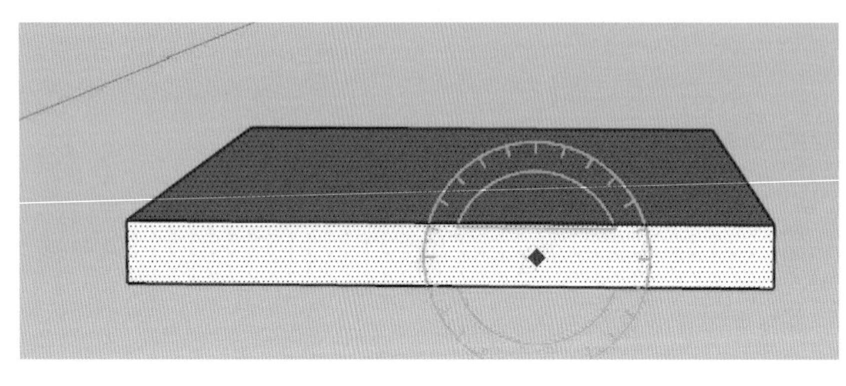
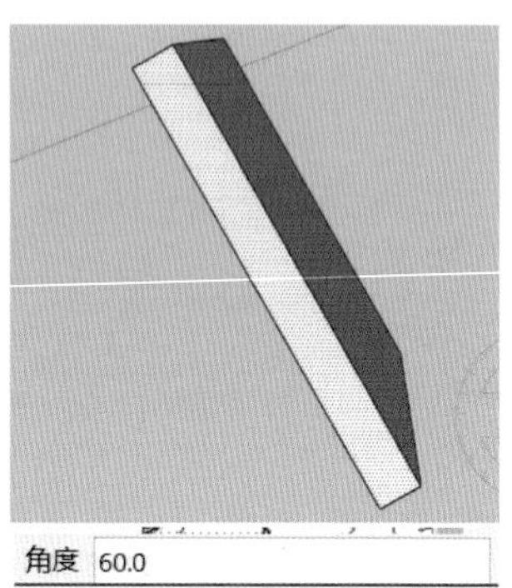

图 4.21 精确输入

激活旋转工具，利用“Ctrl”键复制一个物体，原物体保持不变。在右下角的数值框中输入“X*”可以等距离复制出指定数量的相同物体，此为阵列。

移动复制如图 4.22 所示。

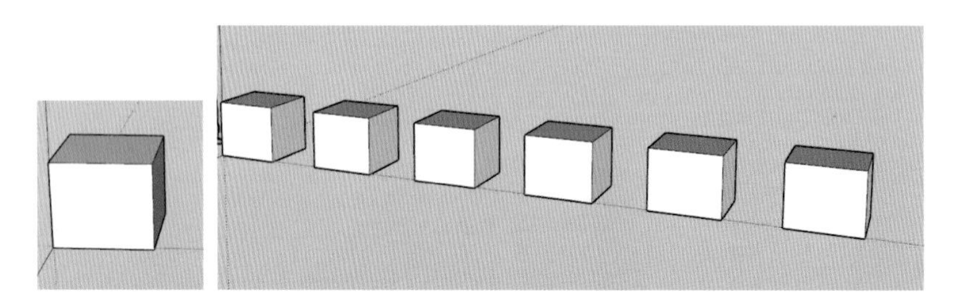

图 4.22 移动复制

旋转复制如图 4.23 所示。

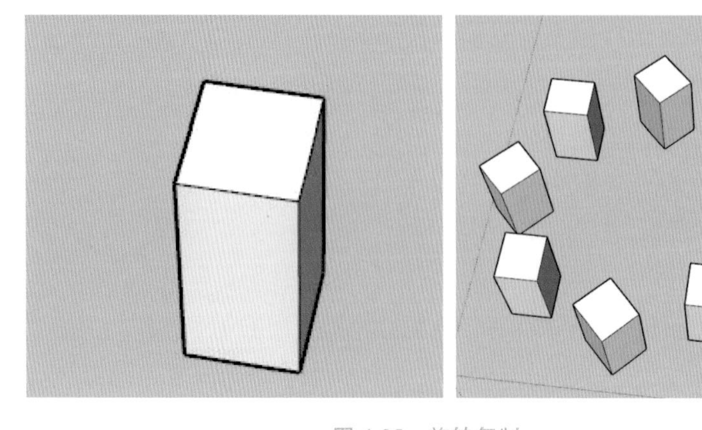

图 4.23 旋转复制

四、专业技能案例实践

绘制一个垃圾桶，如图 4.24 所示。

⑴ 首先使用圆形工具确定垃圾桶的底部形状，再使用推拉命令确定底部高度，这样垃圾桶的底部便创建完成。

⑵ 使用矩形工具确定垃圾桶主体的宽度，再使用推拉命令确定主体的高度，使用旋转命令确定旋转方向和角度，再按下 Ctrl 键，在数值框中输入“X*”（* 为数字，根据实际需求选取）即可进行旋转阵列的操作。

⑶ 最后重复第⑴步操作，绘制出垃圾桶的桶盖部分，至此垃圾桶便创建完成。

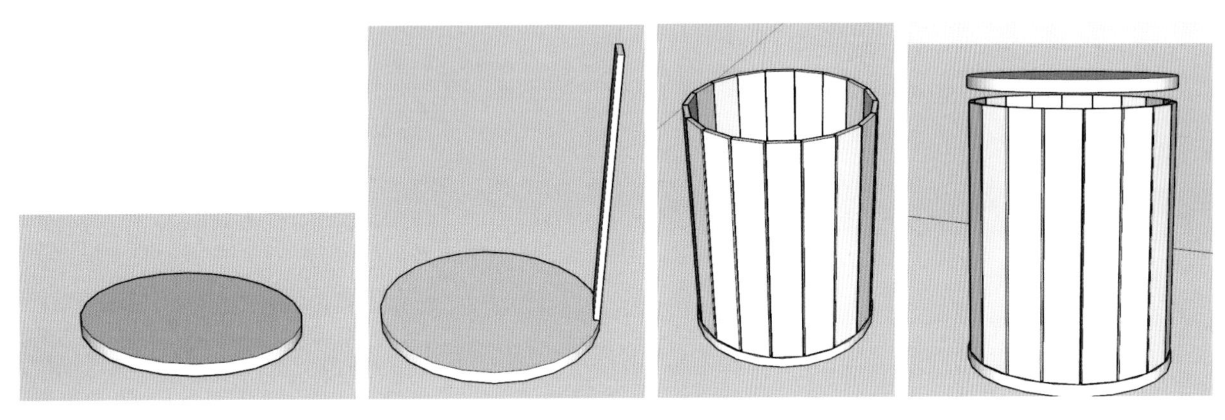

图 4.24　绘制垃圾桶

— 本阶段学习的主要思考 —

(1) 旋转工具常用的方法及步骤。

(2) 如何运用旋转工具进行模型创建。

学习情境 4.5　缩放

学习目标

知识要点	知识目标	能力目标
缩放工具基本操作常识	了解并掌握 SketchUp 缩放工具的基本操作常识，如缩放的类型、用法和用途等	在理解并掌握缩放工具的各种用法的基础上，能够在不同的情境下熟练使用缩放工具，并完成 SketchUp 效果图
操作步骤	学习如何进行缩放操作，并正确地实现物体的比例变换	
专业技能基本练习	通过一系列的实践操作，提升使用缩放工具的专业技能水平	
专业技能案例实践	通过实际的案例演练，进一步巩固和提升使用缩放工具的技能，并能将技能灵活应用于实际的工作场景中	

学习任务

(1) 缩放工具基本操作常识。

(2) 缩放工具的使用步骤。

(3) 专业技能基本练习。

(4) 专业技能案例实践。

学习方法

对于重点内容,以课堂讲授、实操为主。对于一般内容,则以学生自学为主,并在实际操作中加以深化和巩固。在教学过程中,宜采用多媒体教学或其他信息化教学手段提高教学效果。

内容分析

一、缩放工具基本操作常识

缩放工具的图标为■,可以对物体进行缩放或拉伸。

鼠标放在角点上可等比例(简称等比)缩放,放在非角点上可非等比缩放。鼠标放在非角点上,按住 Shift 键可转换成等比缩放(沿选取的方向延伸);鼠标放在角点上,按住 Shift 键可转换成非等比缩放。按住 Ctrl 键,则以整个模型轴形式上的轴心点为中心进行缩放。可配合使用 Shift 键和 Ctrl 键缩放物体的局部,若要缩放的面与红、绿坐标轴不平行,可先右击选择“对齐到轴线”,不需要此功能的时候可以“重设”轴线。选择物体,激活比例缩放命令,选择缩放方向以后输入“-1”,可以镜像物体。

二、缩放工具的使用步骤

按住 Shift 键,则将对物体进行等比缩放,而按住 Ctrl 键则对物体进行中心缩放。

输入数值代表比例系数。

输入带单位的数值代表需要缩放的具体尺寸。

输入多个数值,用逗号分隔开,代表在多个方向上不同的缩放值。

选中物体,选中“缩放”命令并执行,此时物体四周出现栅格,选择一个或者多个,即可对物体进行缩放。

边线夹点:选中边线夹点并移动可以同时在物体对边的两个方向进行非等比缩放,物体会进行形变,此时在右下角的数值框中会出现缩放比例(沿红、绿轴缩放),可以通过调整比例来调整物体沿轴缩放大小。

对角夹点:选中对角夹点并移动可以使物体沿对角方向进行等比缩放,此时右下角的数值框中会出现比例,可以通过调整比例来控制物体缩放大小。

表面夹点:选中表面夹点并移动可以使物体沿垂直方向在同一个方向进行非等比缩放,此时会改变物体的长、宽、高。在数值框中会显示比例,可以通过调整比例来调整物体大小。

三种缩放方式的示意图如图 4.25 所示。

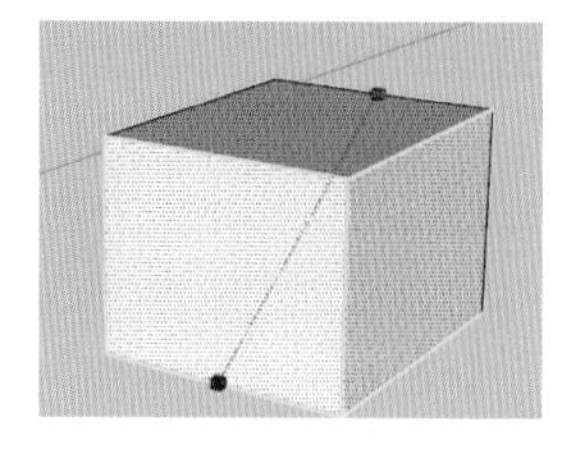

边线夹点

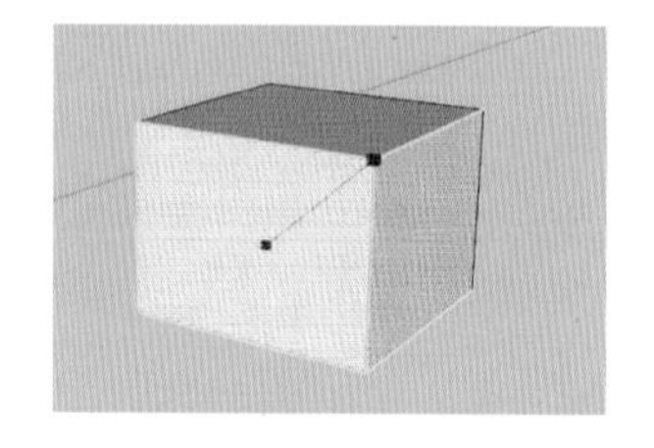

对角夹点

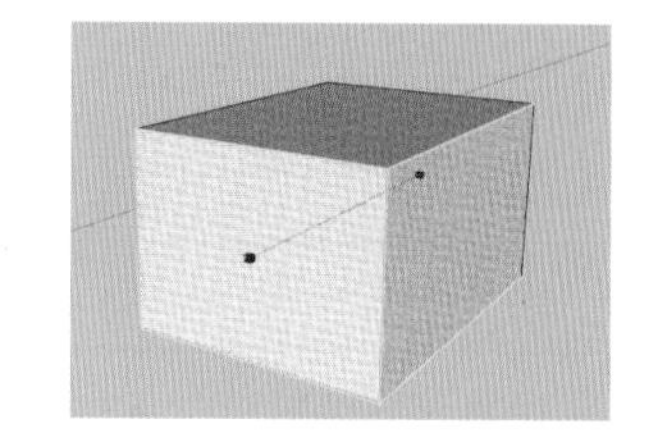

表面夹点

图 4.25 三种缩放方式

三、专业技能基本练习

利用 Alt 键与移动命令，配合使用比例缩放工具可实现几何体变形，如图 4.26 所示。

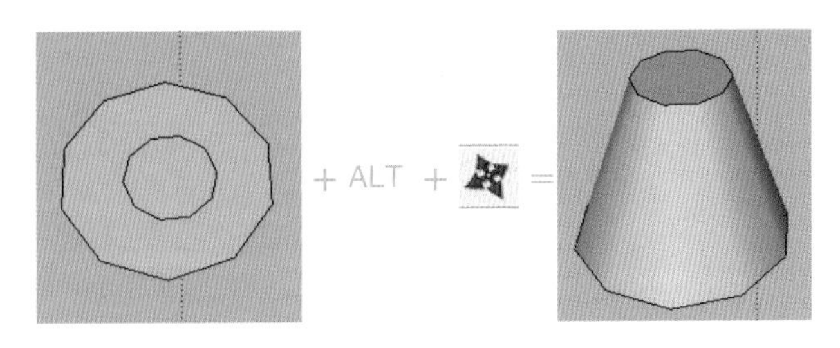

图 4.26　几何体变形

四、专业技能案例实践

1. 精确缩放

执行缩放命令后，在右下角的数值框中会出现缩放比例。

⑴ 可直接输入不带单位的数字，如输入“3”会放大 3 倍，输入“–3”会缩小为原来的 1/3。

⑵ 可输入“数值 + 单位”，如输入“3 m”，则物体会缩放到 3 m 的长度。

⑶ 可实现多重缩放，一维缩放需要一个数值，二维缩放（*XY* 方向，*XZ* 方向，…）需要两个数值，在数值框中输入时需要用“,”隔开，三维等比缩放需要一个数值，三维非等比缩放则需要三个数值（*XYZ* 方向），同样，三个数值需要用“,”隔开。

2. 与其他键相结合

⑴ 按下“Ctrl”键，可以对物体进行中心缩放。

⑵ 按下“Shift”键可进行夹点缩放，可以选择对物体进行等比缩放或非等比缩放。

⑶ 可同时使用“Ctrl”键和“Shift”键对物体进行夹点缩放，实现中心等比缩放或中心非等比缩放。

3. 示例

预选想要调整比例的项目或对象，点击平面或对象，激活缩放工具，移动光标调整项目或对象的大小或对其进行拉伸，单击完成对项目或对象的调整，如图 4.27 所示。

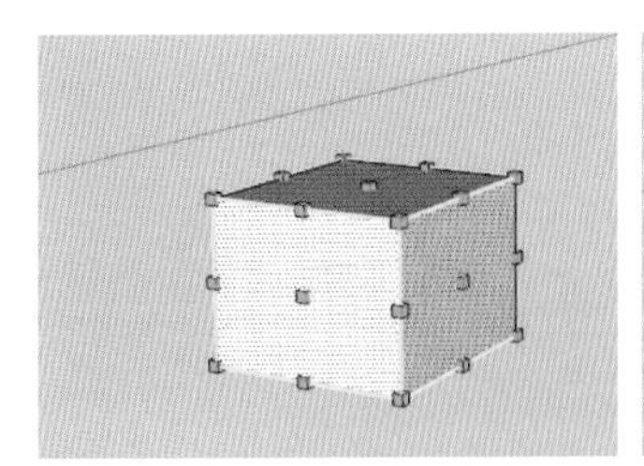
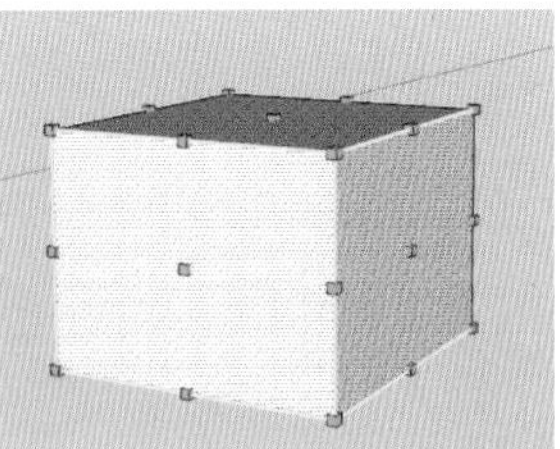
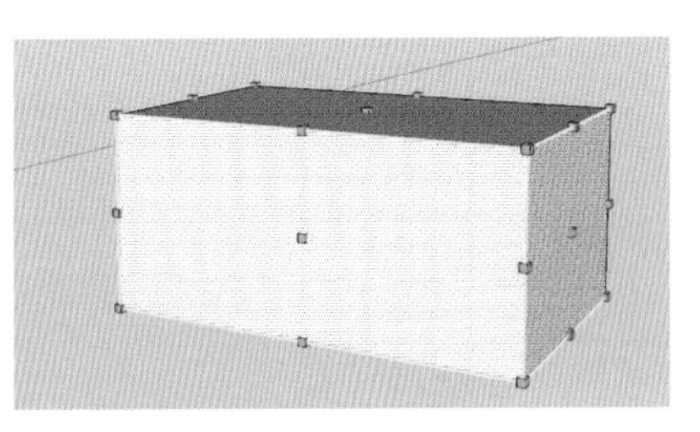
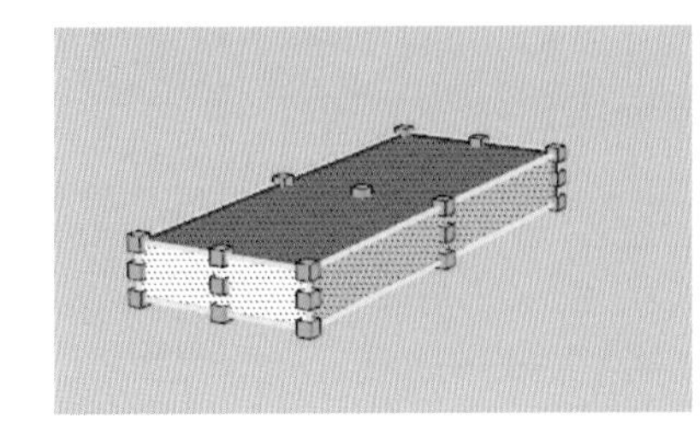
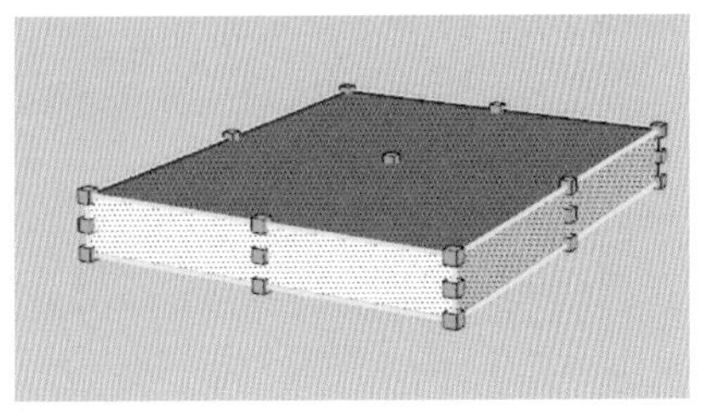

图 4.27　缩放示例

— 本阶段学习的主要思考 —

(1) 缩放工具常用的方法及步骤。

(2) 如何运用缩放工具进行模型创建。

学习情境 4.6　路径跟随

学习目标

知识要点	知识目标	能力目标
路径跟随工具基本操作常识	了解并掌握 SketchUp 路径跟随工具的基本操作常识，如路径跟随的类型、用法和用途等	在理解并掌握路径跟随工具的各种用法的基础上，能够在不同的情境下熟练使用路径跟随工具，并完成 SketchUp 效果图
操作步骤	学习如何进行路径跟随操作，并正确地实现对象沿路径的移动	
专业技能基本练习	通过一系列的实践操作，提升使用路径跟随工具的专业技能水平	
专业技能案例实践	通过实际的案例演练，进一步巩固和提升使用路径跟随工具的技能，并能将技能灵活应用于实际的工作场景中	

学习任务

(1) 路径跟随工具基本操作常识。

(2) 路径跟随工具的使用步骤。

(3) 专业技能基本练习。

(4) 专业技能案例实践。

学习方法

对于重点内容，以课堂讲授、实操为主。对于一般内容，则以学生自学为主，并在实际操作中加以深化和巩固。在教学过程中，宜采用多媒体教学或其他信息化教学手段提高教学效果。

内容分析

一、路径跟随工具基本操作常识

路径跟随工具可以对截面沿已知路径进行放样，这样可以创建一些较为复杂的几何体和物体。

二、路径跟随工具的使用步骤

先选择路径跟随工具，再指定截面，然后手动指定路径，接着选择指定路径线或面，最后选择路径跟随工具，指定截面，示例如图 4.28 所示。

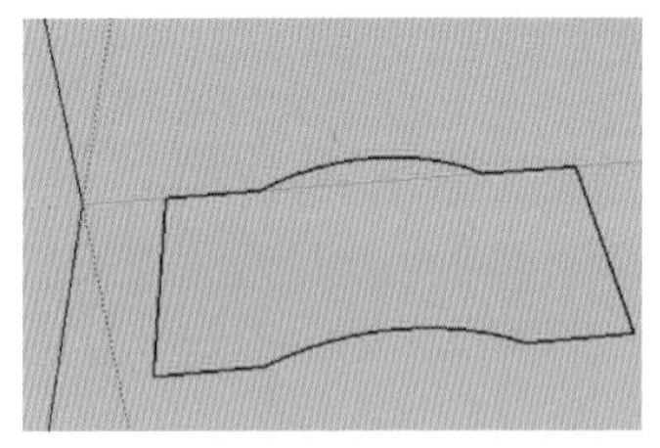
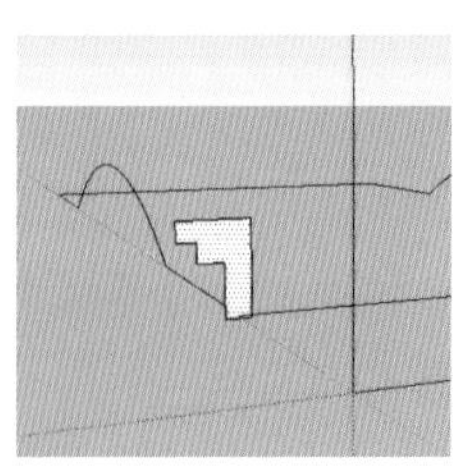
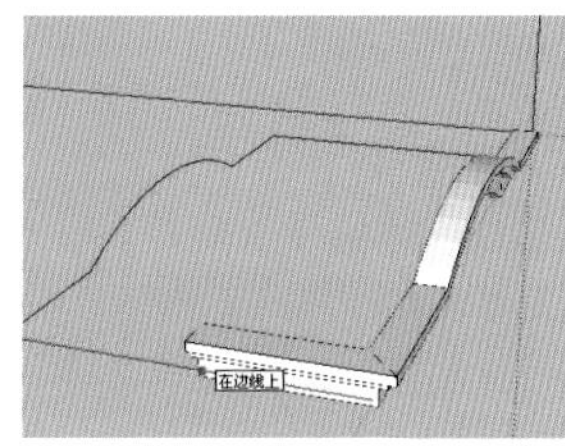
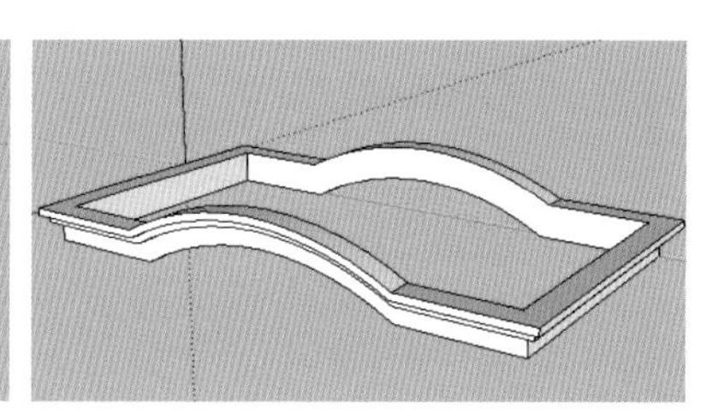

图 4.28　路径跟随示例

三、专业技能基本练习

路径跟随有两种放样形式：第一种是手动放样，首先要绘制出截平面，再绘制出路径边线，这样准备工作就完成了，然后将鼠标移动到工具栏，单击路径跟随工具，再单击绘制好的截平面，然后沿着路径边线移动鼠标，在此过程中路径边线会变成红色，当鼠标到达放样端点时，单击鼠标左键完成操作；第二种是自动放样，相比于第一种形式，这种形式便捷许多，先使用鼠标点击路径边线，再选择路径跟随工具，再单击截面，便会自动放样出所需要的几何体。

具体练习如下。

⑴ 使用选择工具预选一个连续边线集以定义路径（或者预选一个平面将该平面的周长定义为路径）。

⑵ 激活 “跟随路径” 工具。

⑶ 点击想要挤压的轮廓线的平面。

示例如图 4.29 所示。

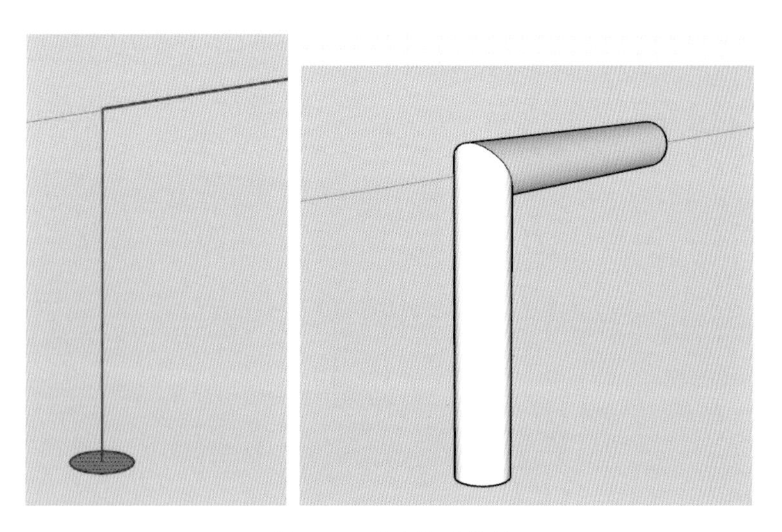

图 4.29　基本练习示例

四、专业技能案例实践

案例实践一如图 4.30 所示。

⑴ 绘制出两个一模一样且互相垂直的圆。

⑵ 选择任意一个圆作为路径，单击工具栏中的路径跟随工具。

⑶ 选择另一个圆作为截平面，单击截面，该截面将自动沿路径平面的边线进行挤压，至此，球体创建完成。

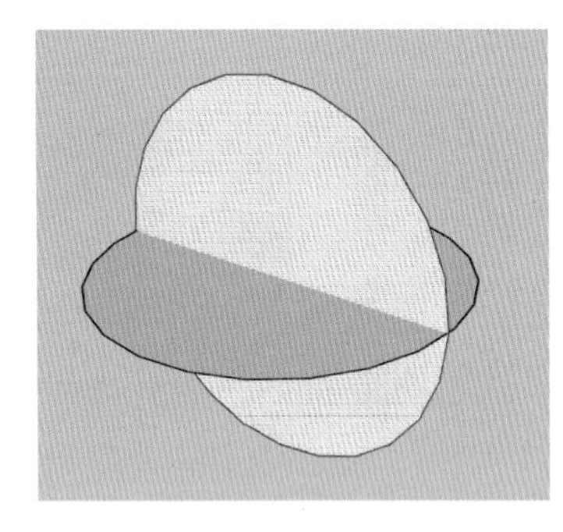
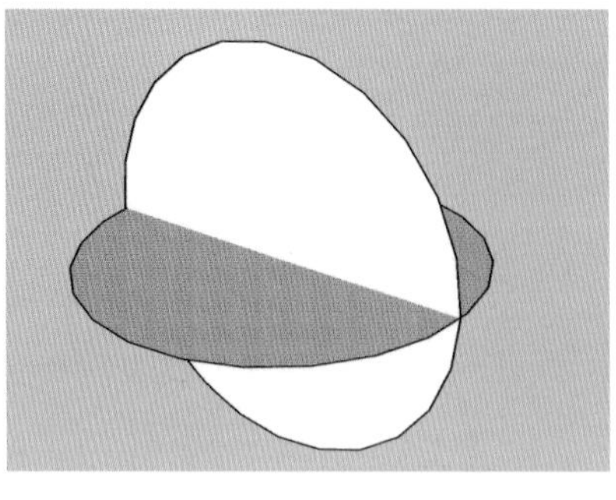
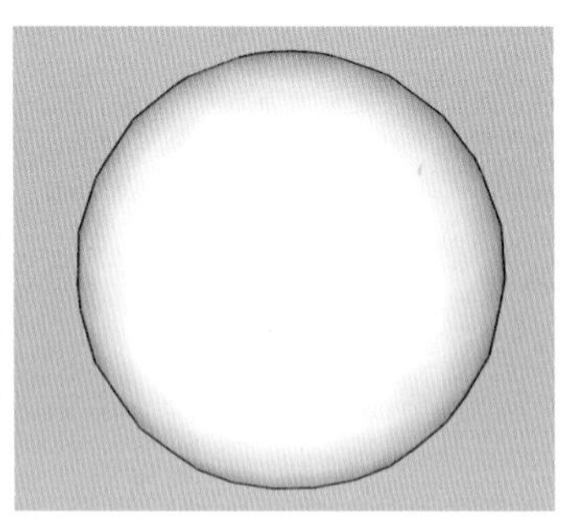

图 4.30　球体创建

案例实践二如图 4.31 所示。

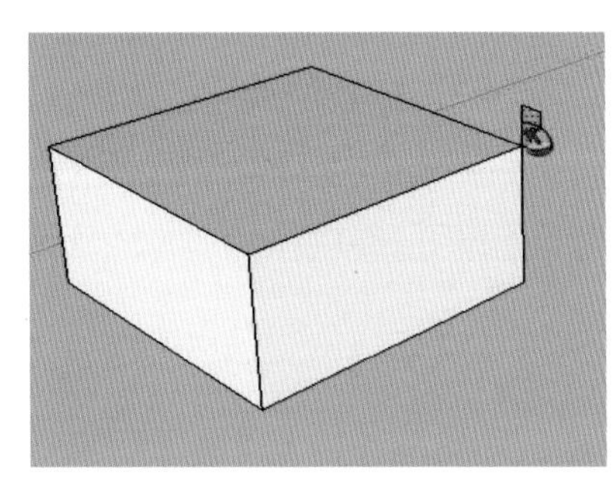
选择跟随面

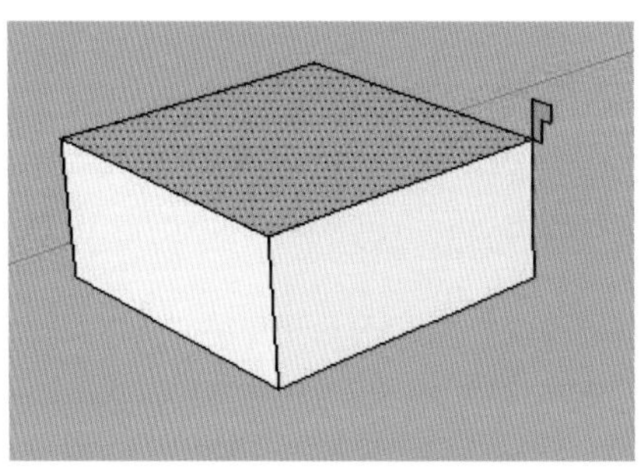
选择路径（按住 Alt 键跟随所选平面一周）

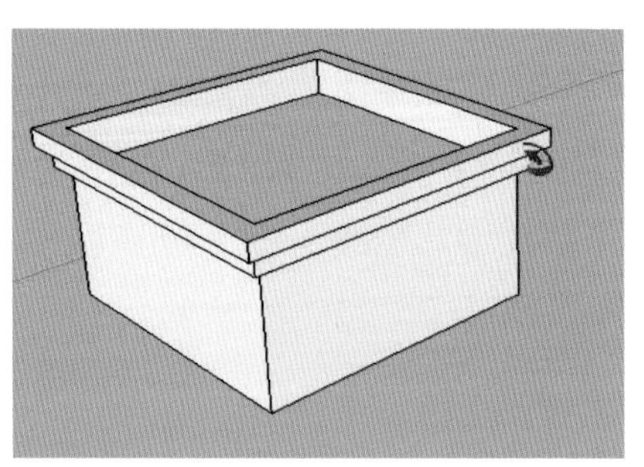
跟随结果

图 4.31　选择跟随面创建图形

— 本阶段学习的主要思考 —

⑴ 路径跟随工具常用的方法及步骤。

⑵ 如何运用路径跟随工具进行模型创建。

学习领域五

组件与群组

学习领域概述

学会使用组件与群组功能，通过一系列的实践操作，提升使用组件与群组的专业技能水平，并能将技能灵活应用于实际的室内、室外场景的创建中。

学习情境 5.1　组件

学习目标

知识要点	知识目标	能力目标
组件的基本常识	了解并掌握 SketchUp 组件的基础概念，如什么是组件以及它的作用	在理解并掌握组件的概念和用法的基础上，能够在不同的情境下熟练使用组件功能，以及通过创建和编辑组件，实现 SketchUp 效果图中的模型组织和管理工作
组件的创建步骤	学习如何创建组件	
专业技能基本练习	通过一系列的实践操作，提升使用组件的专业技能水平	
专业技能案例实践	通过实际的案例演练，进一步巩固和提升使用组件的技能，并能将技能灵活应用于实际的工作场景中	

学习任务

(1) 组件的基本常识。

(2) 组件的创建步骤。

(3) 专业技能基本练习。

(4) 专业技能案例实践。

学习方法

对于重点内容，以课堂讲授、实操为主。对于一般内容，则以学生自学为主，并在实际操作中加以深化和巩固。在教学过程中，宜采用多媒体教学或其他信息化教学手段提高教学效果。

内容分析

一、组件的基本常识

1. 组建组件库

(1) “获取模型”：单击该命令可以自动连接网站上的 SketchUp 模型库。在模型库中可以下载网友上传的模型并将其导入 SketchUp 中使用，如图 5.1 所示。在 SketchUp 模型库中选择想要下载的模型，单击模型窗口下的“下载模型”按钮，将弹出“是否直接将它载入您的 SketchUp 模型？”对话框，单击“是”按钮即可将模型下载到 SketchUp 中，如图 5.2 所示。

(2) “共享模型”：此命令用于将用户自己制作的模型上传到网站上的 SketchUp 模型库中，用来与其他 SketchUp 用户分享，如图 5.3 所示。

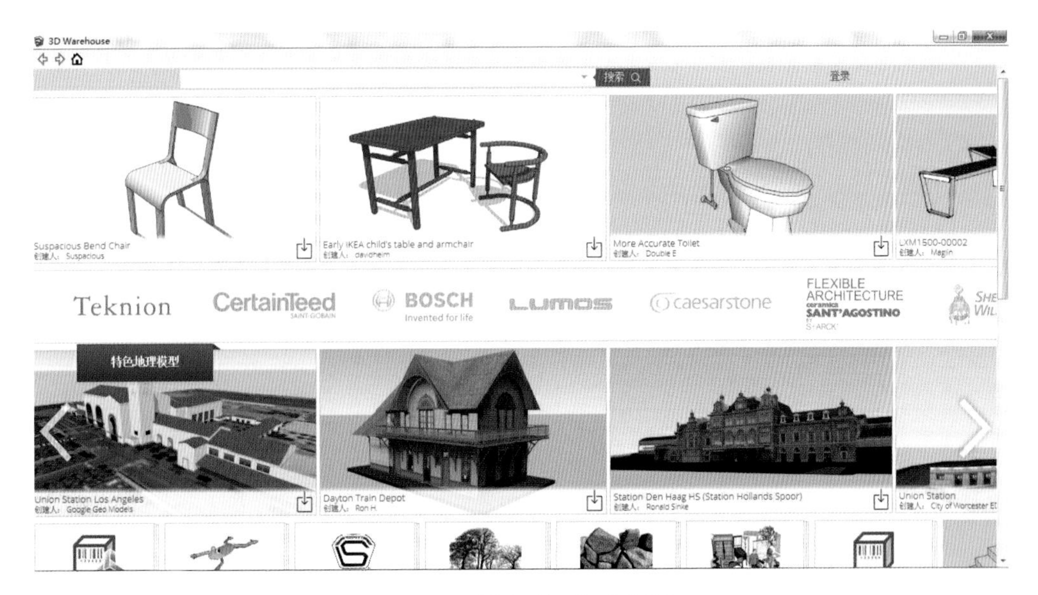

图 5.1 “获取模型”的界面

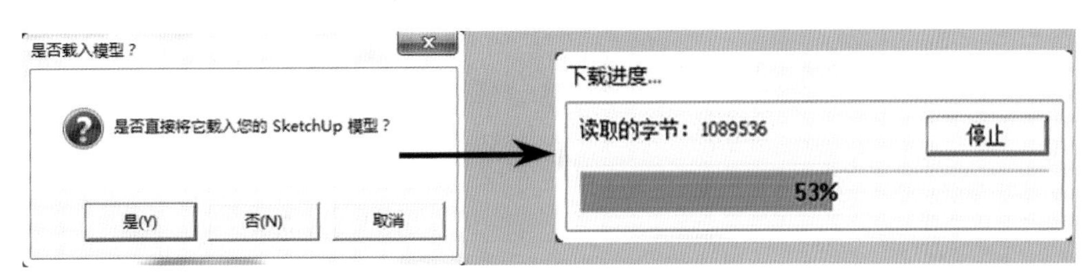

图 5.2 从 SketchUp 模型库中下载模型

3D Warehouse
搜索
登录
上载一个模型
*私有 公开 私人
*标题
说明
URL
标记
上载
简体中文

图 5.3 上传自己制作的模型到 SketchUp 模型库

【温馨提示】

组件为统一模型，修改任意组件，可以让所有组件同时联动修改。 此关联性一般多用于大量重复出现的物体中。

右击组件，重载保存过的组块，可以实现组件的替换。

2. 插入组件

⑴ 在 SketchUp 软件中点击“窗口”→“组件”，会弹出组件对话框。

⑵ 组件对话框中有自带的或是以前下载的组件。如果没有符合要求的组件，可自行进行创建或下载。如图 5.4 所示，可在搜索框内搜索对应组件，比如输入“喷泉”进行搜索。

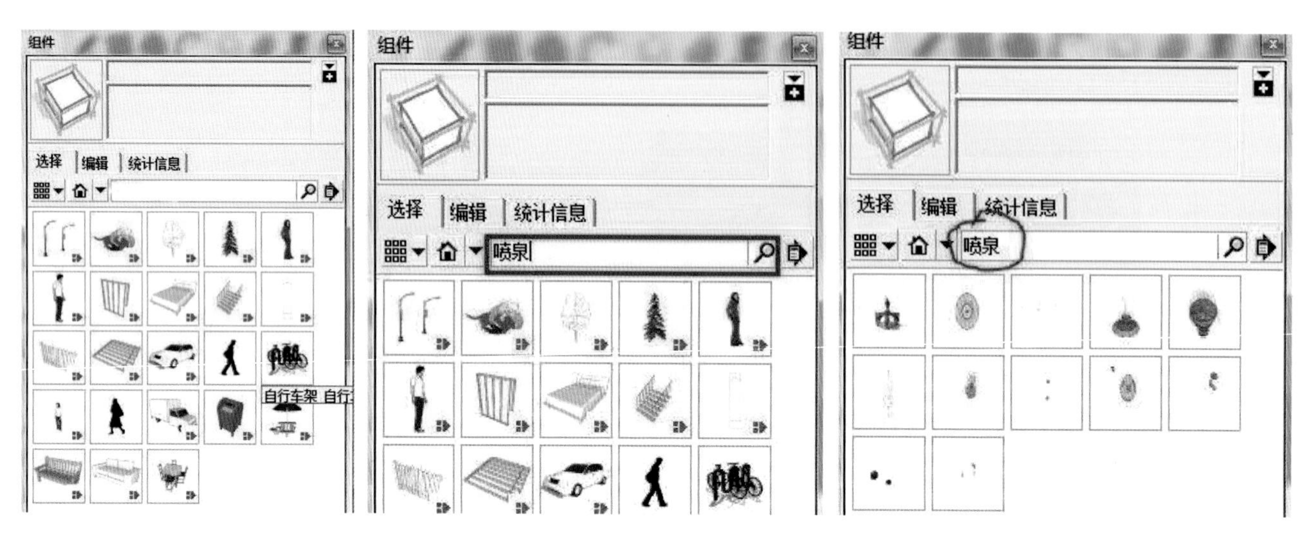

图 5.4 插入组件的步骤

⑶ 点击“放大镜”图标进行搜索(此过程需要连接网络)后，会显示“3D 模型库”，此时可点击一个需要的组件，该组件就会插入你的模型中。

⑷ 插入组件后，可使用移动和缩放工具调整组件的位置和大小。

3. 选择动态组件

点击“查看”→“工具栏”，可勾选动态组件。此外，在“窗口”→“组件属性”中也可以勾选动态组件功能。

组件属性中的数值可以由模型读取，也可以自定义，还可以由公式计算得出。

动态组件的界面如图 5.5 所示。

图 5.5 动态组件的界面

动态组件的基本属性如下。

⑴ 固定参数。

当你缩放一扇带边框的门窗时，你并不希望边框也随之变化，固定参数功能可以实现门(窗)框尺寸不变，而门(窗)整体尺寸变化。在缩放过程中，门的总体尺寸变化了，但是门框尺寸却没有变。

⑵ 重复。

如对于楼梯踏步，当你想加高楼梯时，踏步数会随之增加，此时可重复使用组件。

⑶ 可配置。

如对于一个篱笆组件，你可在面向用户的对话框中自行配置篱笆的高度、杆件及桩的尺寸、杆件之间的间距等。

⑷动态。

如对于一个门扇组件，可以实现门扇开启、关闭的效果，用特定的工具按钮点击门的时候，门就可以转动，具体设置如图 5.6 所示。

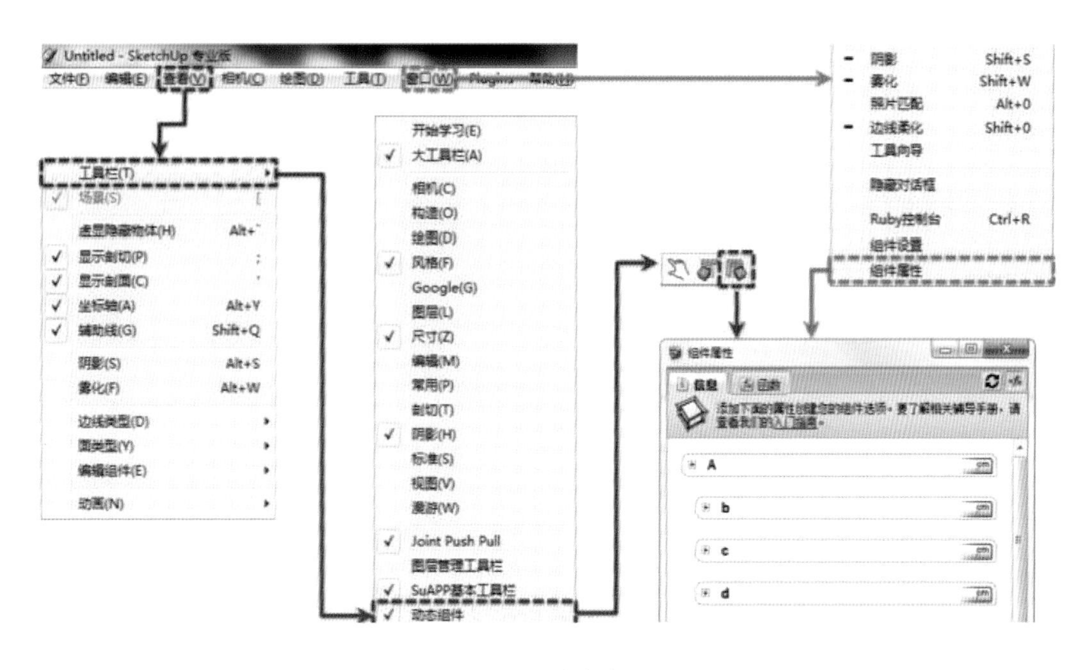

图 5.6　动态实现

二、组件的创建步骤

选中模型，右击鼠标，点击“创建组件”，系统弹出“创建组件”对话框，可在此设置组件名称等，点击“创建”即可创建组件，如图 5.7 所示，此时点击模型会出现大的立方体边框，表示组件创建完成。

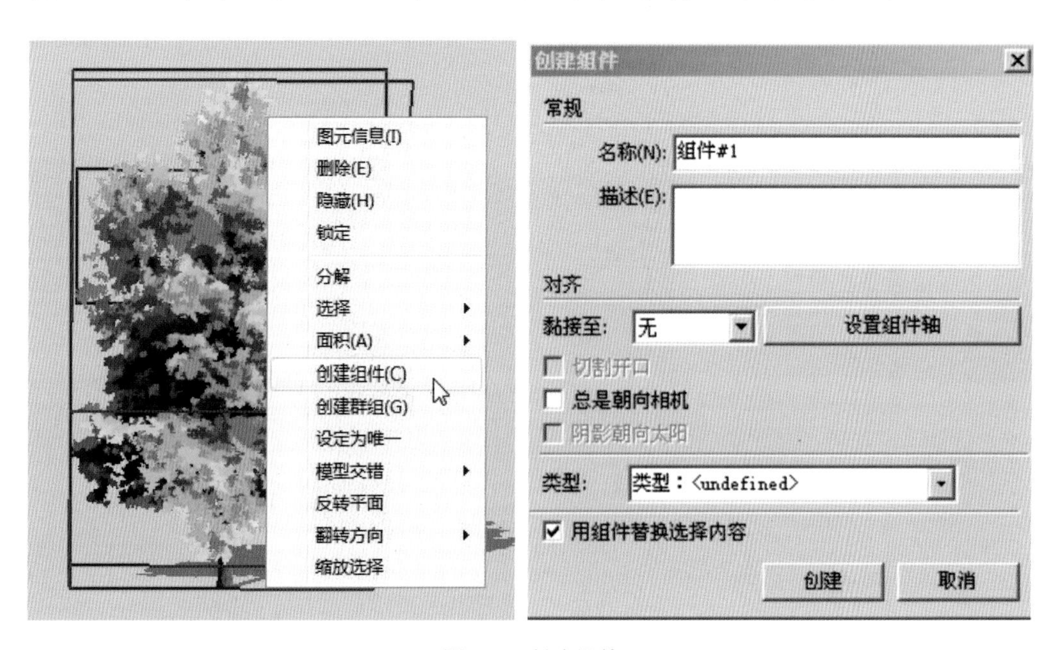

图 5.7　创建组件

三、专业技能基本练习

1. 组件基本编辑

组件创建完成后，并没有编辑组件。可选择“编辑组件”，也可以双击组件进入组件的编辑状态，在编辑状态中可以对组件进行编辑。

完成编辑后可以右击选择退出组件或点击选择工具并双击组件外部退出。当退出组件后，再在组件上绘制图元就不会和组件发生关系。

【温馨提示】

右键锁定组件后，组件不可编辑。想要进行编辑需要先进行右键解锁。右键也可用于隐藏或显示组件。制作好的组件可以右键锁定，并另存为单独文件以备使用。

2. 分解组件

选择组件后，右击选择“分解”即可分解组件。分解后的组件和一般的图元一致。

3. 复制组件

按住 Ctrl 建移动组件，可复制组件。移动时可输入需移动的距离，以控制复制组件的位置。编辑复制后的组件中的一个，其他组件也会一起变化，如不想其他组件一起变化，可将组件分解或将目标组件设定为唯一（单独处理）后再编辑。

四、专业技能案例实践

创建一个篱笆组件，过程如图 5.8 所示。

首先制作出一个篱笆所需要的几个基本构件，分别为标杆、上横杆、下横杆、栅栏。制作完成后，将每个构件组成组件（注意不是群组，只有组件才具有相应的属性，而群组没有）。

注意要给每个组件起不同的名字。

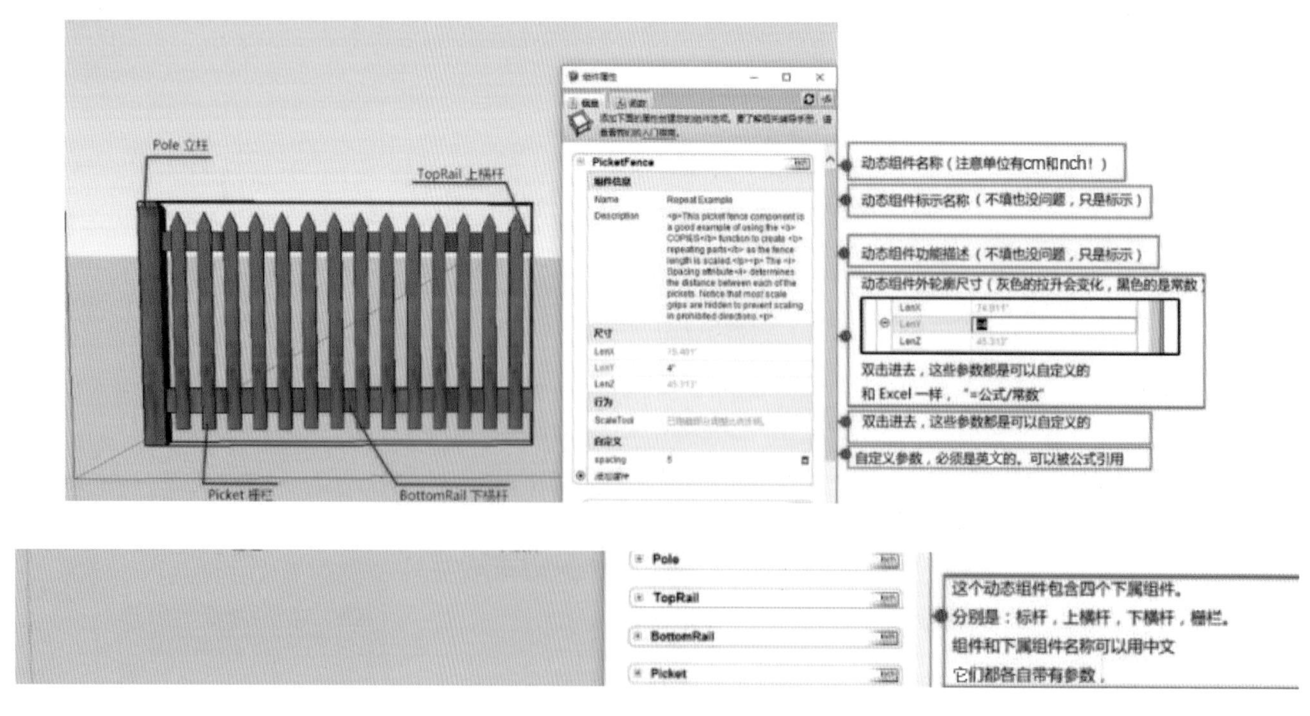

图 5.8　篱笆组件创建的基本过程

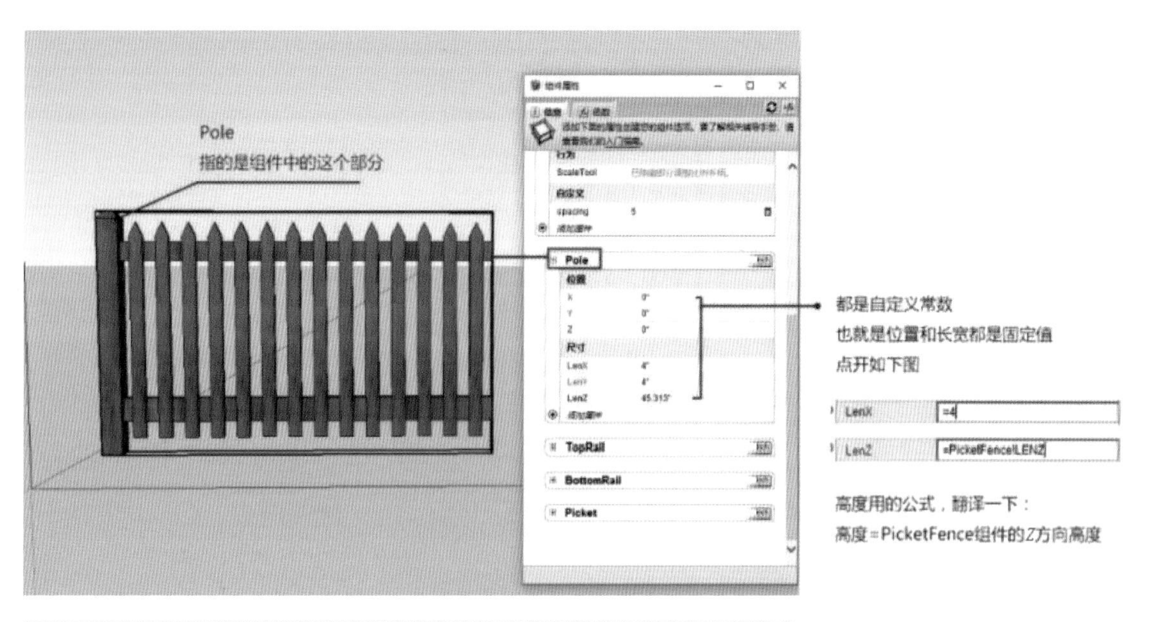
Pole
指的是组件中的这个部分
都是自定义常数
也就是位置和长宽都是固定值
点开如下图
LenX =4
LenZ =PicketFence!LENZ
高度用的公式，翻译一下：
高度=PicketFence组件的Z方向高度

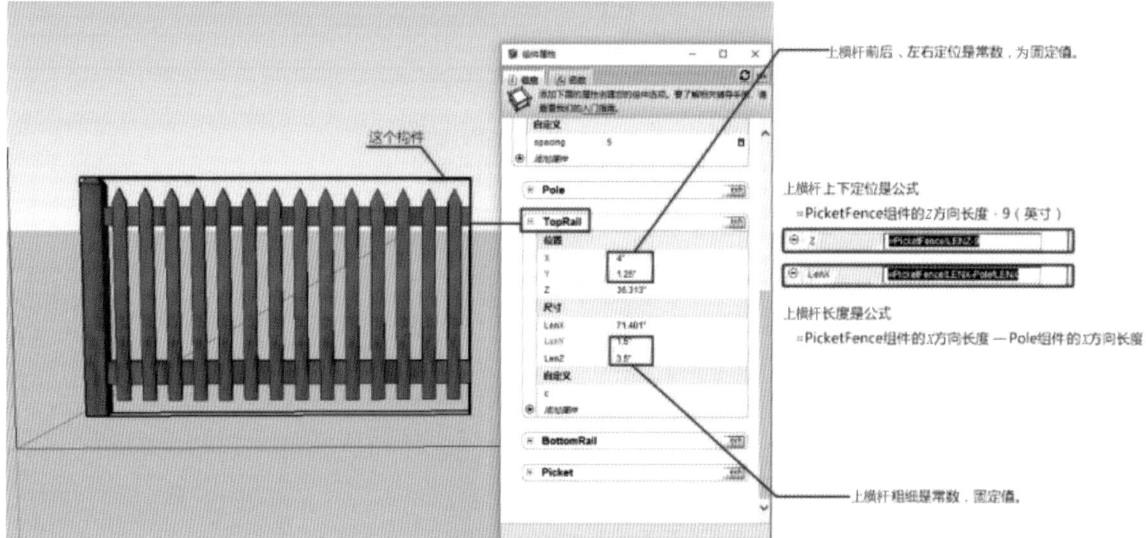
这个构件
上横杆前后、左右定位是常数，为固定值。
上横杆上下定位是公式
=PicketFence组件的Z方向长度-9（英寸）
上横杆长度是公式
=PicketFence组件的X方向长度—Pole组件的X方向长度
上横杆粗细是常数，固定值。

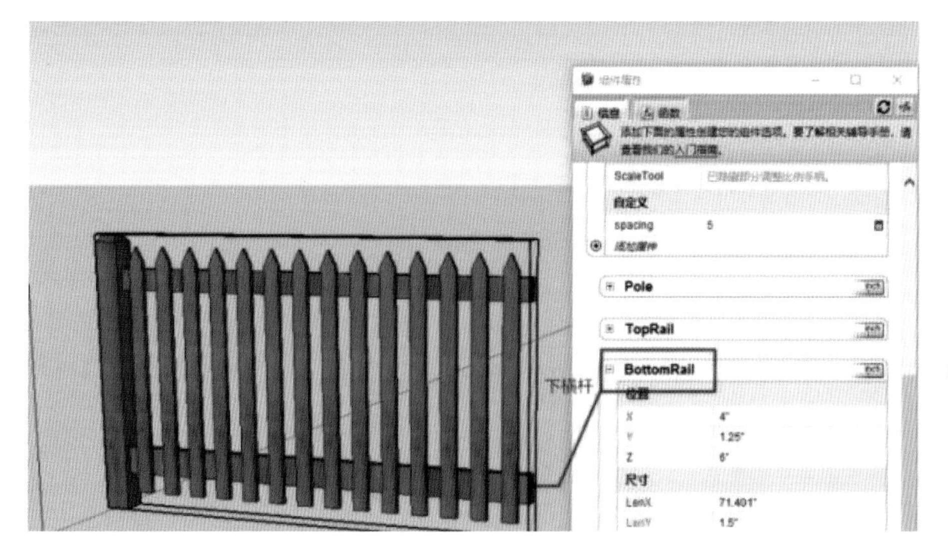
下横杆
与上横杆一样，不再赘述。

续图 5.8

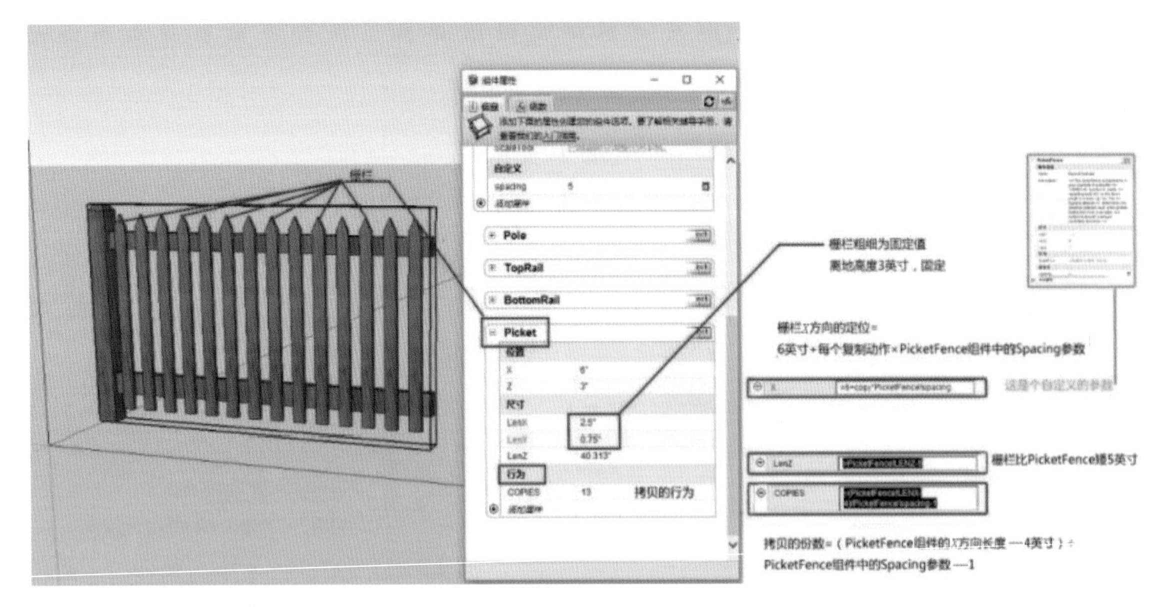

续图 5.8

— 本阶段学习的主要思考 —

(1) 组件库的作用。

(2) 插入合适的组件进行模型创建。

(3) 编辑模型需要的组件。

学习情境 5.2 群组

学习目标

知识要点	知识目标	能力目标
群组的基本常识	了解并掌握 SketchUp 群组的基础概念，如什么是群组以及它的作用	在理解并掌握群组的概念和用法的基础上，能够在不同的情境下熟练使用群组功能，以及通过创建和编辑群组，实现 SketchUp 效果图中的模型组织和管理工作
群组的创建步骤	学习如何创建群组	
专业技能基本练习	通过一系列的实践操作，提升使用群组的专业技能水平	
专业技能案例实践	通过实际的案例演练，进一步巩固和提升使用群组的技能，并能将技能灵活应用于实际的工作场景中	

学习任务

(1) 群组的基本常识。

(2) 群组的创建步骤。

(3) 专业技能基本练习。

(4) 专业技能案例实践。

学习方法

对于重点内容,以课堂讲授、实操为主。对于一般内容,则以学生自学为主,并在实际操作中加以深化和巩固。在教学过程中,宜采用多媒体教学或其他信息化教学手段提高教学效果。

内容分析

一、群组的基本常识

将散置的物体创建成一个整体,形成群组,可方便编辑管理,在做整体模型时,基本上每进行一步都需要制作群组。

二、群组的创建步骤

(1) 启动 SketchUp,进入需要编辑的三维模型,此时模型中的所有单位都是独立的,可以单独选中。

(2) 在 SketchUp 软件中按住鼠标左键,框选需要创建群组的所有模型图形。

(3) 选中所有模型后,使用鼠标右键点击模型,系统将弹出一系列菜单选项,点击选择“创建群组”。也可按图 5.9 所示的步骤进行创建。

(4)群组创建完成后,再次点击模型,可以看到,所有的模型都被选中,并且系统默认该模型为一个整体模型。

(5) 可在原有模型上进行其他体块的建立,创建好的群组可以完全独立于原始体块,可进行相对独立的模型拉取,可以轻松准确选中后续的模型。

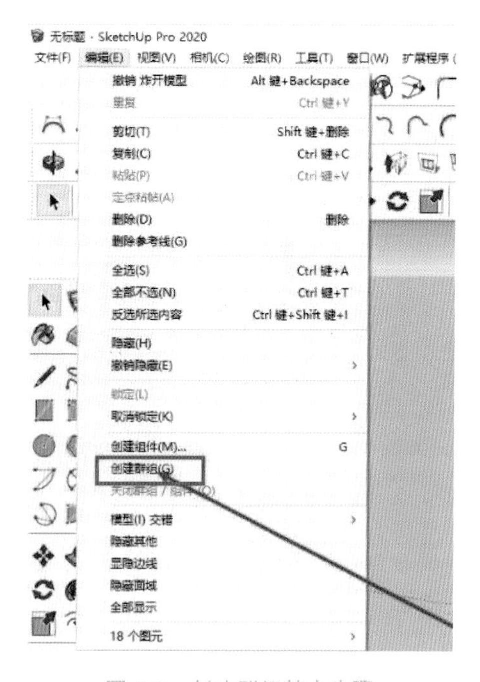

图 5.9　创建群组基本步骤

三、专业技能基本练习

1. 炸开模型

选中需要关闭群组的模型，鼠标右击模型，在弹出的窗口中点击“炸开模型”选项即可，如图 5.10 所示。

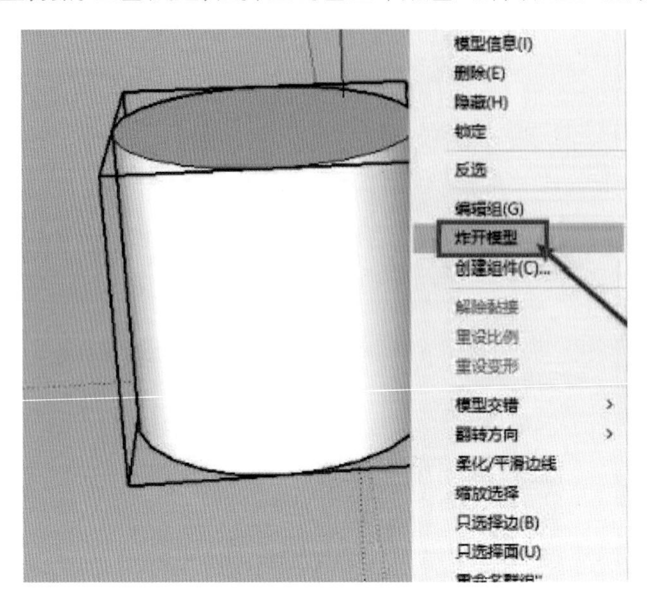

图 5.10　炸开模型示例

2. 群组增减

双击群组和点击“编辑 / 群组”都可进入群组编辑界面。此后可删除群组中的物体。

如想要增加物体，可先选中需要增加的物体，按下“Shift+Delete”，再双击群组，将该物体粘贴入群组。同理，可将群组中的物体移出群组。

右键锁定群组后，不可移动或删除群组。想要进行编辑需要先进行右键解锁。

四、专业技能案例实践

示例如图 5.11 所示。

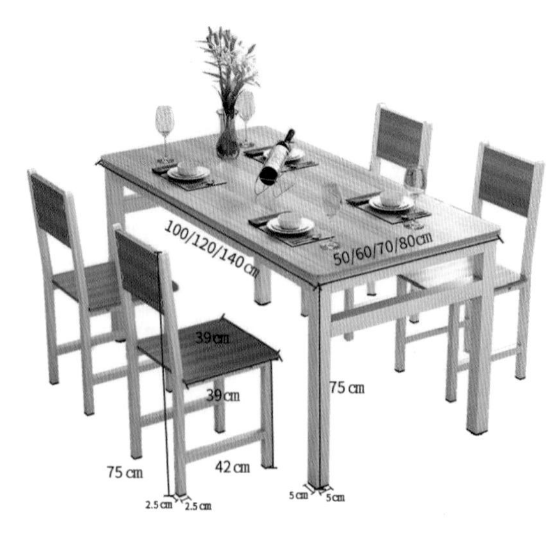

图 5.11　案例实践示意

1. 餐桌的群组创建

⑴ 桌面的创建。

使用卷尺工具创建引导线，接着在引导线上方画出一个矩形，使用推 / 拉工具得到桌面。全选，右击，创建群组。再创建一个矩形，使用偏移工具向内进行偏移，选择偏移出来的外框，向上推拉出形状，选中框内的平面并删除。全选，右击，创建群组。使用移动工具将物体移动到一起，得出想要的效果模型。过程如图 5.12 所示。

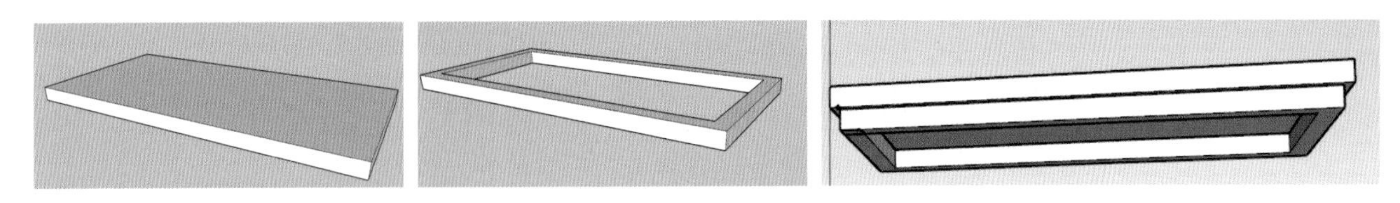

图 5.12 桌面的创建

⑵ 桌腿的创建。

创建一个矩形，使用推拉工具得到桌腿，用移动工具将桌腿分别复制到其他 3 个角。

全选，右击，创建好整个餐桌组件，效果如图 5.13 所示。

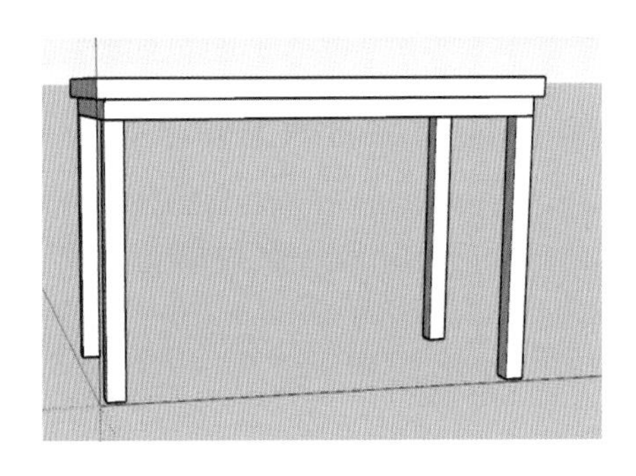

图 5.13 餐桌整体效果

2. 餐椅的群组创建

⑴ 创建椅面，全选，右击，创建群组。

⑵ 创建左侧的椅腿，复制后，全选，右击，创建群组。

⑶ 在后面椅腿的下面创建引导线，在引导线上面创建矩形，将矩形与下面的椅腿用线连接起来，全选，右击，创建群组。

⑷ 创建椅背，全选，右击，创建群组。

⑸ 选择整把椅子，右击，创建组件，效果如图 5.14 所示。

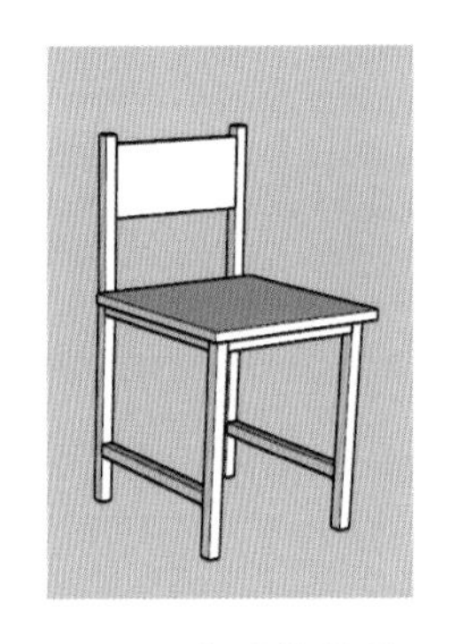

图 5.14 餐椅整体效果

3. 群组管理后的最终效果

群组管理后的最终效果如图 5.15 所示。

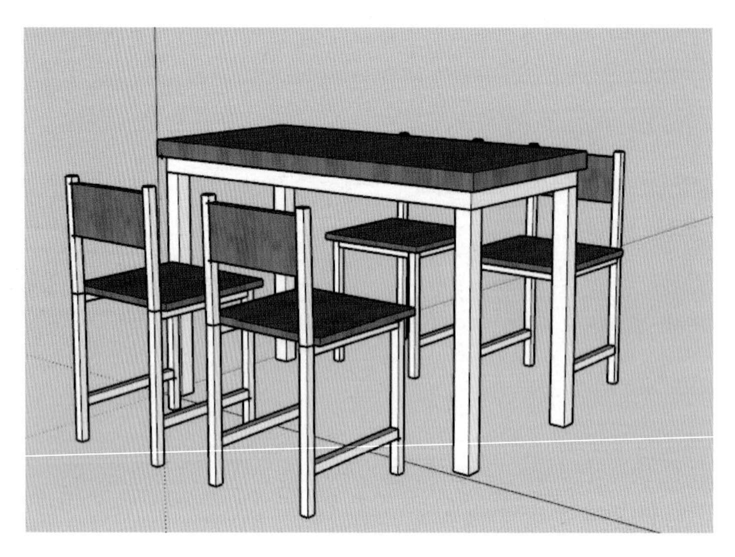

图 5.15　群组管理后的最终效果

— 本阶段学习的主要思考 —

(1) 群组的作用。

(2) 群组的基本创建方法及步骤。

(3) 群组的编辑与建模。

学习领域六

材质与贴图

学习领域概述

认识选项卡，学习材料的填充及贴图的运用。通过一系列的实践操作，提升使用材质与贴图工具的专业技能水平，进一步巩固和提升使用材质与贴图工具的能力。

学习情境 材质与贴图

学习目标

知识要点	知识目标	能力目标
材质与贴图的基本常识	了解并掌握 SketchUp 材质与贴图的基本知识，包括它们的作用和使用方式	能够理解并掌握 SketchUp 中的材质与贴图概念，并能有效地利用这些知识和技能，创建出逼真的 SketchUp 效果图
材质与贴图的使用方法及步骤	学习如何将贴图应用到对象上，使对象具有材质效果	
专业技能基本练习	通过一系列的实践操作，提升使用材质与贴图工具的专业技能水平	
专业技能案例实践	通过实际的案例演练，进一步巩固和提升使用材质与贴图工具的技能，并能将技能灵活应用于实际的工作场景中	

学习任务

⑴ 材质与贴图的基本常识。

⑵ 材质与贴图的使用方法及步骤。

⑶ 专业技能基本练习。

⑷ 专业技能案例实践。

学习方法

对于重点内容，以课堂讲授、实操为主。对于一般内容，则以学生自学为主，并在实际操作中加以深化和巩固。在教学过程中，宜采用多媒体教学或其他信息化教学手段提高教学效果。

内容分析

一、材质与贴图的基本常识

首先认识和了解“材质”面板，如图 6.1 所示。

1. 选择面板

⑴ 在默认面板中，找到“材质”一栏，点击“材质”（快捷键 B），可以看到材质下方的“选择”选项。

⑵ 在列表框中，我们可以选择材质的类型，例如木质纹、水纹、地毯、织物等不同的材质类型。

⑶ 点击“点按开始使用这种颜料绘画”选项，即可激活材质工具，使用当前材质。

⑷ 在浏览材质库时，点击“前进”、“后退”按钮，可以进行翻页。

⑸ 点击“在模型中”按钮可以返回到“模型中”的材质列表，显示当前场景中使用的所有材质。

⑥利用“提取材质”工具可以从场景中吸取材质，并将其设置为当前材质。

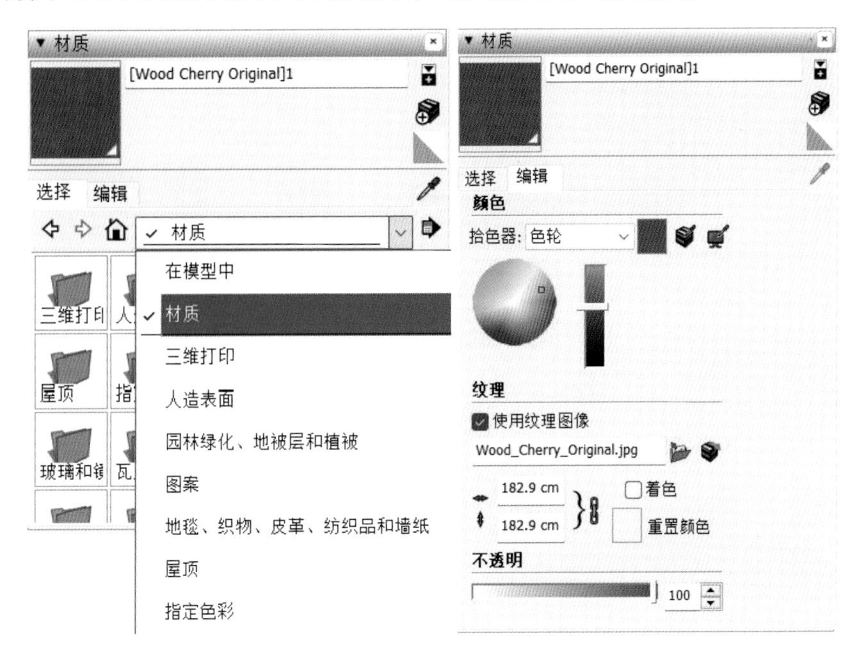

图 6.1 “材质”面板

2. 编辑面板

⑴在默认面板中，找到“材质”一栏，点击“材质”，可以看到材质下方的“编辑”选项。

⑵在编辑中，我们选择任意一种材质，或创建一个新的材质，可以对材质的属性进行修改。

⑶在“拾色器”选项中可以选择色轮、HLS、HSB、RGB 四种颜色体系。

⑷利用“匹配模型中对象的颜色”选项可以从模型中取样。利用“匹配屏幕上的颜色”选项可以从屏幕中取样。

⑸利用“宽度和高度”文本框可以修改贴图的大小，默认的高宽比为锁定状态，单击“锁定 / 解除锁定高宽比”按钮即可解锁。

⑹在编辑面板中还可以设置材质的透明度，其阈值为 1~100，值越小越透明。

二、材质与贴图的使用方法及步骤

1. 材料的填充

⑴单个填充。

①在默认面板中找到“材质”，点击“点按开始使用这种颜料绘画”选项，为模型赋予材质。

②激活材质工具后，在单线或表面上点击鼠标左键即可为对象赋予材质，若事先选中了多个物体，即可为多个物体上色，如图 6.2 所示。

⑵领接填充。

①在默认面板中找到“材质”，点击“点按开始使用这种颜料绘画”选项，为模型赋予材质。

②激活材质工具后，按住 Ctrl 键，即可给所选表面及与所选表面相邻的所有表面填充材质，如图 6.3 所示，图标右下角会变为横放的三个小方块。

③若事先选中了多个方块，则领接填充会被限制在所选范围内。

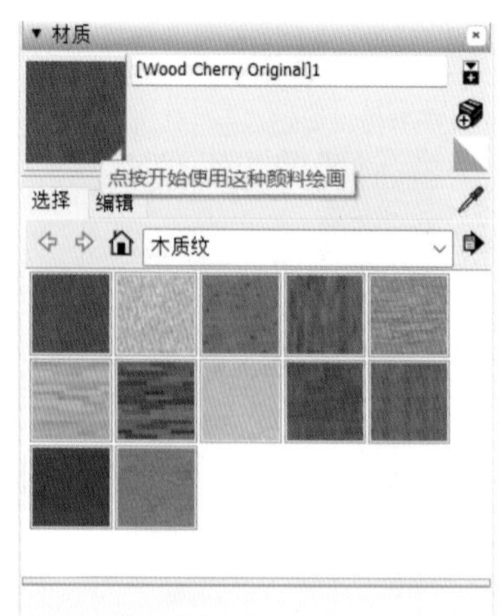

图 6.2　单个填充

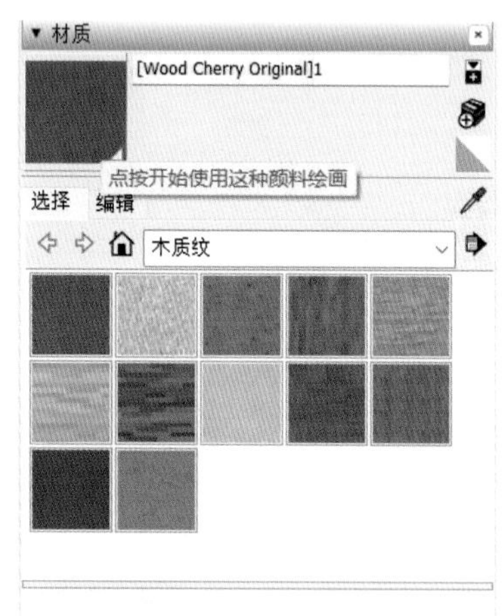

图 6.3　领接填充

⑶ 替换填充。

①在默认面板中找到 “材质”，点击 “点按开始使用这种颜料绘画” 选项，为模型赋予材质。

②激活材质工具后，按住 Shift 键，即可使用当前材质替换所选表面的材质，如图 6.4 所示，模型中所有使用该材质的物体都会同时改变材质，图标右下角会变为直角排列的三个小方块。

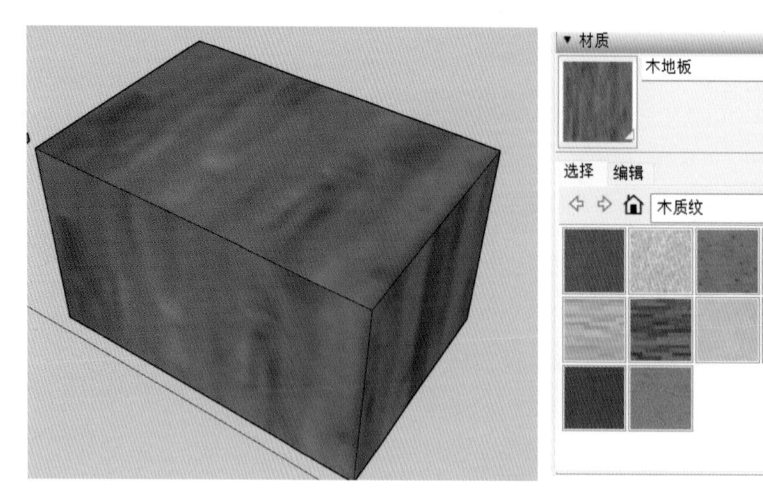

图 6.4　替换填充

⑷ 领接替换。

①在默认面板中找到 “材质”，点击 “点按开始使用这种颜料绘画” 选项，为模型赋予材质。

②激活材质工具后，同时按住 Shift 键与 Ctrl 键，可以实现“替换填充”和“领接填充”的效果。在这种情况下，单击即可替换所选表面及领接表面的材质，如图 6.5 所示。图标右下角会变为竖直排列的三个小方块。

⑸ 提取材质。

①在默认面板中找到 “材质”，点击 “点按开始使用这种颜料绘画” 选项，为模型赋予材质。

②激活材质工具后，按住 Alt 键，图标会变为吸管工具，单击模型中的实体拾取其材质，此时提取出的材质会被设置为当前材质，可直接用于填充材质，如图 6.6 所示。

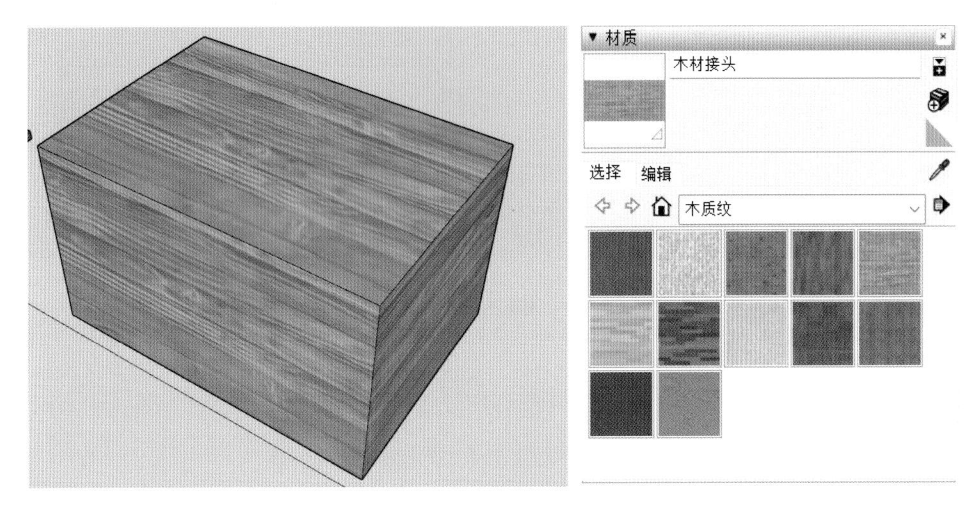

图 6.5 领接替换

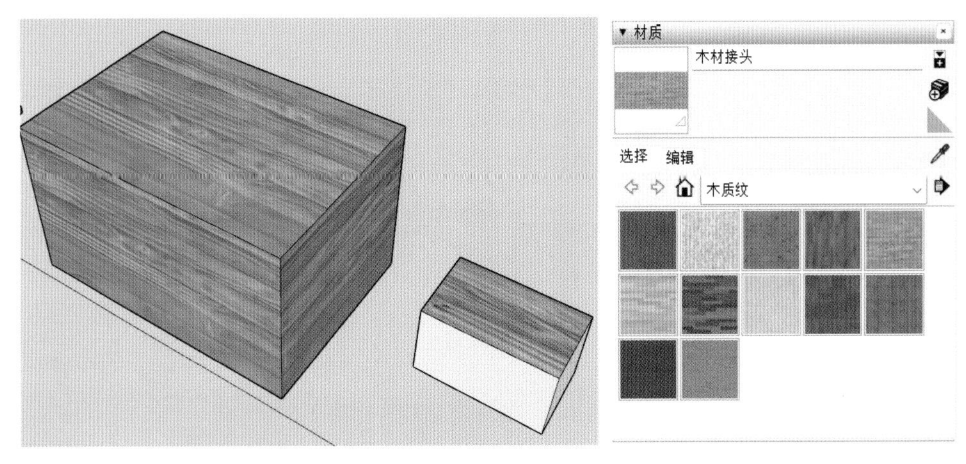

图 6.6 提取材质

2. 贴图的基本运用

⑴ 材质贴图运用。

①在 “材质” 面板的 “选择” 面板中，找到 “材质”，可以看到软件中自带的材质贴图，点击 “木质纹”，选择其中一项贴图，将其赋予图型，如图 6.7 所示。

②在 “编辑” 面板中可以调整图形的宽度、高度、亮度，在最下方可以调整贴图的不透明度。

③在贴图时，可以在选择窗口选择一个面，或者按住 Ctrl 键选择多面，回到填充界面进行一个或多个面的填充。

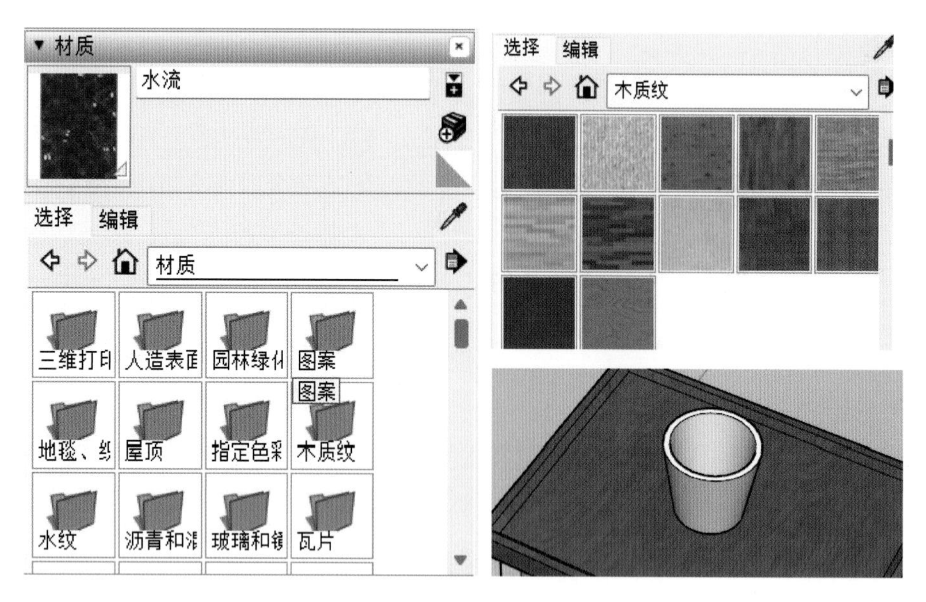

图 6.7　材质贴图运用

⑵ 文件贴图运用。

①在“材质”面板的“编辑”面板，重新创建一个新材质，在“纹理”中点击“使用纹理图像”，在文件夹中找到所需的贴图，点击“打开”，将材质赋予图形。

②在“创建材质”面板中同样可以修改贴图的高度、宽度、亮度，以及不透明度，如图 6.8 所示。

③在赋予材质时，可以按住 Ctrl 键进行单个物体的多面填充。

⑶ 添加贴图运用。

在“材质”面板中，如果想要将材质添加进软件的材质库中，可以在“选择”下方的右侧箭头处点击一下，选择“打开和创建材质库”，就可以将文件夹中的贴图文件加入到材质库中了，如图 6.9 所示。

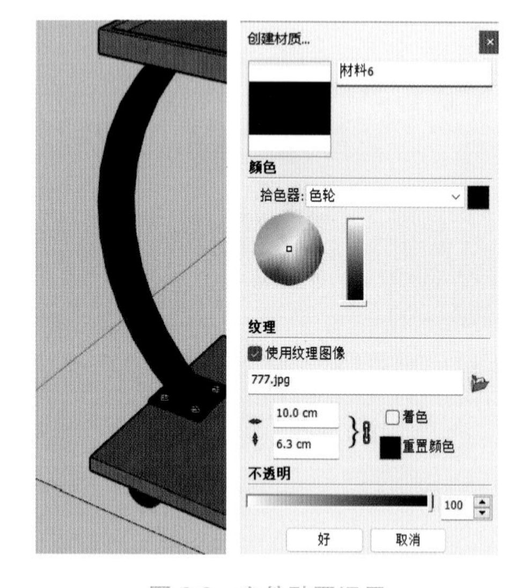

图 6.8　文件贴图运用

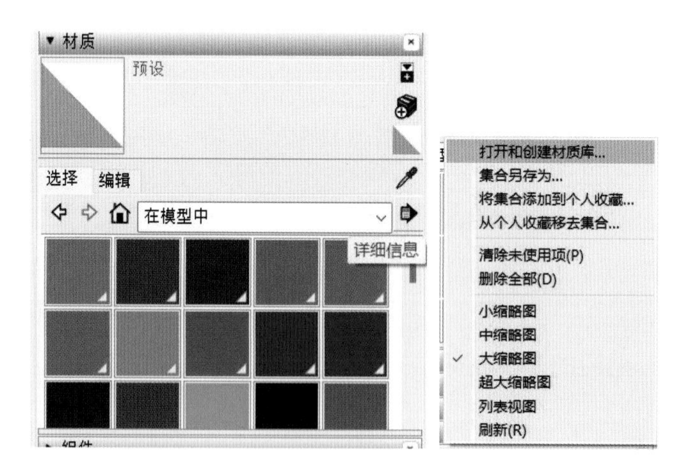

图 6.9　添加贴图运用

【温馨提示】

贴图技巧：在赋予曲面贴图时，曲面贴图经常不符合曲面形状，此时我们只需要在“视图”中打开“隐藏物体”，选择其中一个面，右击，选择“纹理”→“位置”，如图 6.10 所示，调整好这一面的位置，随后使用吸管工具吸取这一面，按住 Ctrl 键全选其他面，将其赋予至其他面，最后关闭“隐藏物体”即可。

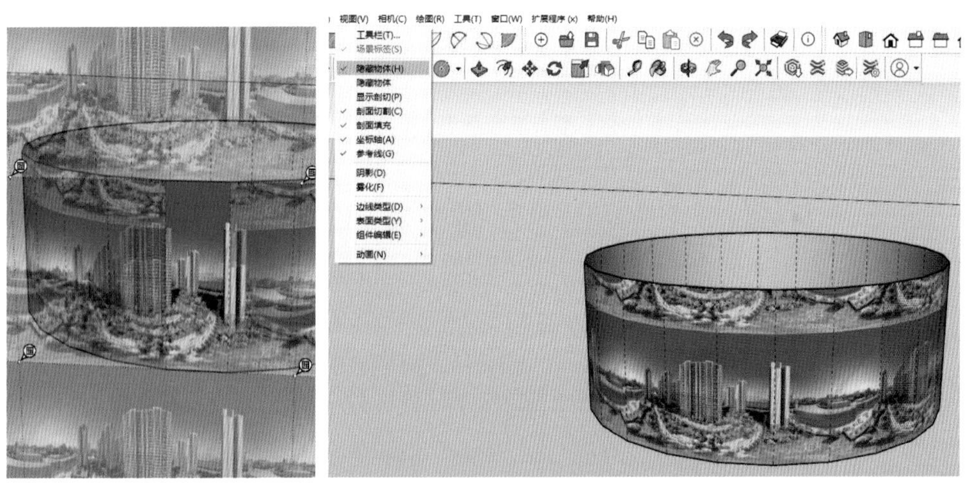

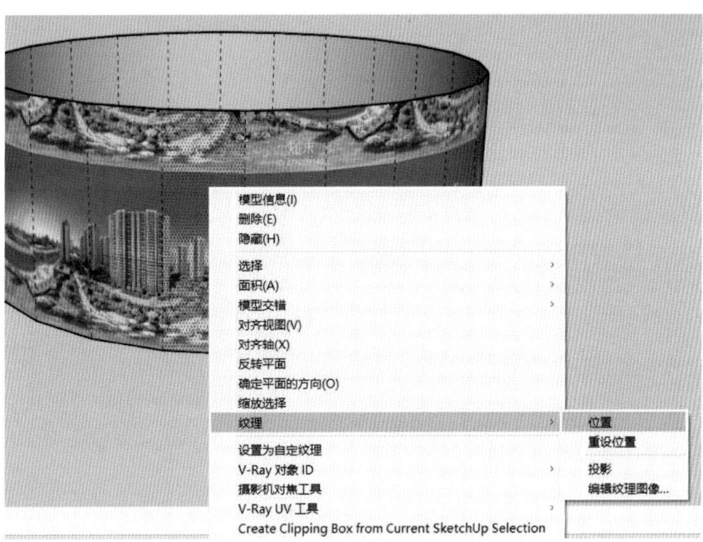

图 6.10　贴图技巧

三、专业技能基本练习

专业技能练习的步骤如图 6.11 所示。

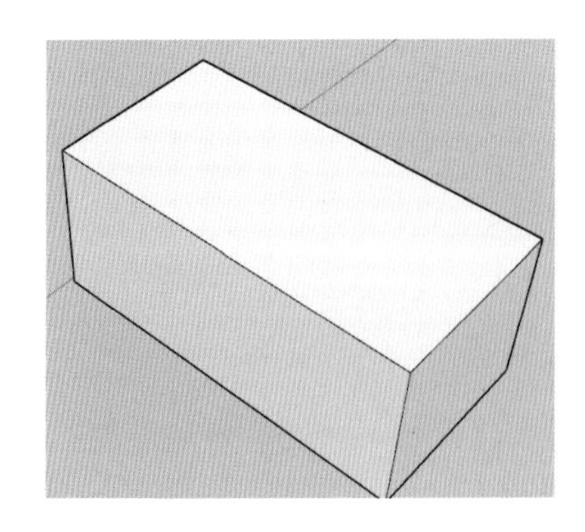

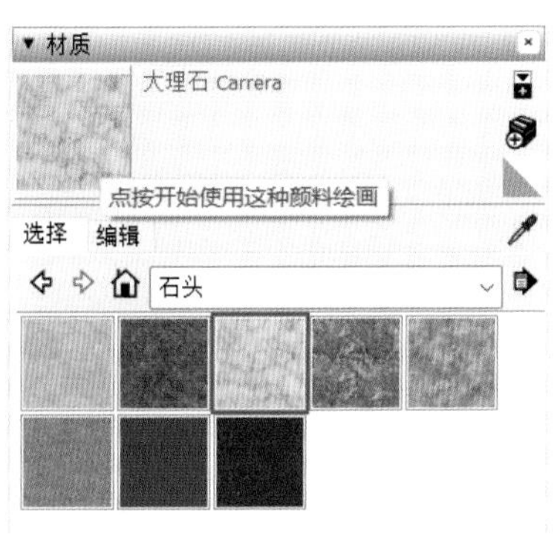

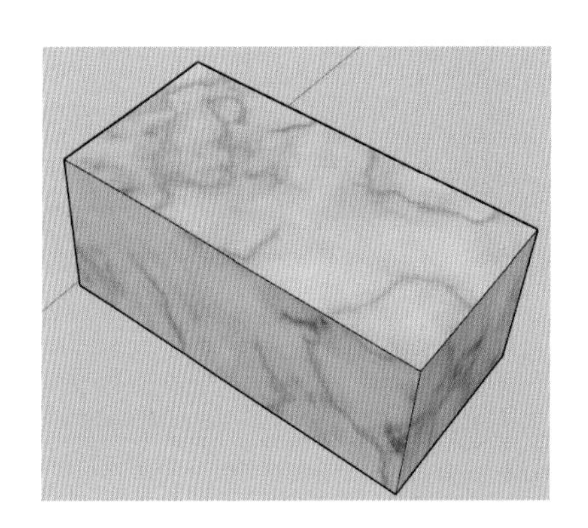

使用画图工具
画出矩形

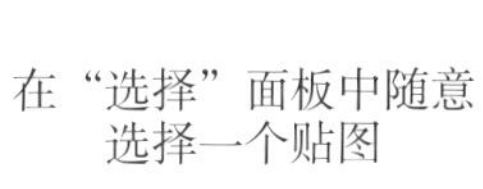

在“选择”面板中随意
选择一个贴图

对矩形进行单个填充、
邻接填充或替换填充

图 6.11　专业技能练习的步骤

需要进一步学习的是贴图坐标的调整。

1. 锁定别针模式

⑴ 在“材质”面板中创造出一个新的材质，使用“纹理贴图”功能在文件中打开书本贴图，将其填充至某书本封面。

⑵ 在“材质”面板中修改贴图的高度，以贴近书本封面的真实尺寸。

⑶ 随后回到“选择”面板，选择书本封面，右击封面，选择“纹理”→“位置”，如图 6.12 所示，贴图就平铺于封面上了。

⑷ 在贴图上会出现四个彩色别针，蓝色代表平行四边形变形，红色代表移动，绿色代表旋转缩放，黄色代表梯形变形，使用这四个别针将贴图调整到合适的位置即可，如图 6.12 所示。

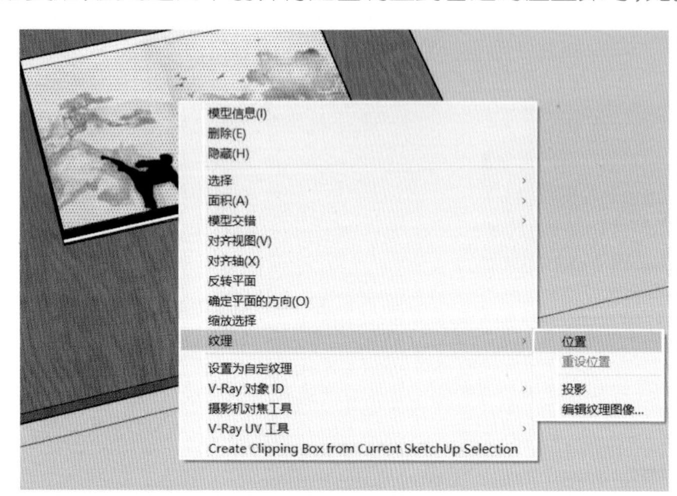

图 6.12　锁定别针模式

2. 自由别针模式

⑴在“选择”面板中选择书本封面，右击封面，选择“纹理”→“位置”，如图6.13所示，贴图就平铺于封面上了。

⑵ 贴图上会出现四个彩色别针，在贴图上点击鼠标右键将“固定图钉”取消，如图 6.13 所示。

⑶ 自由别针模式下，别针之间无限制，可随意拖拽至任何位置。

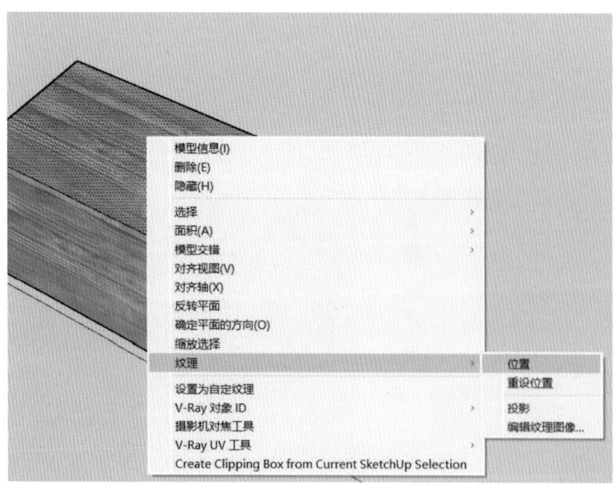

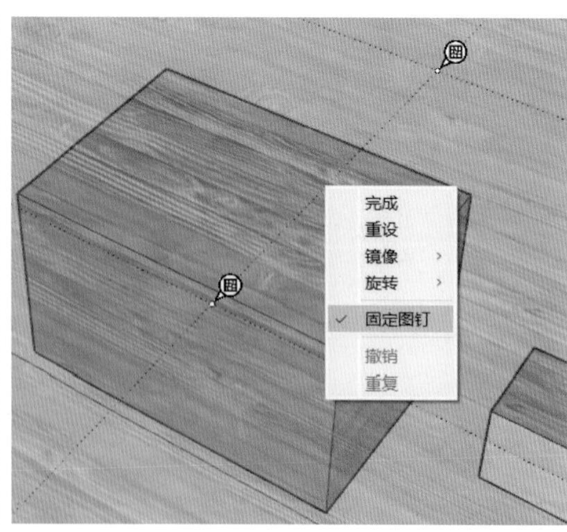

图 6.13　自由别针模式

四、专业技能案例实践

绘制如图 6.14 所示的移动小茶几，尺寸及形状不必完全一致，可自行进行设计。

1. 底座创建

⑴ 画出一个长宽各为 45 cm、35 cm 的底座，拉出 2 cm 的高度。

⑵ 在底部画出一个圆，拉出 3 cm 的距离，调整好位置。

⑶ 将底部的圆复制出三个，摆放在合适的位置。

过程如图 6.15 所示。

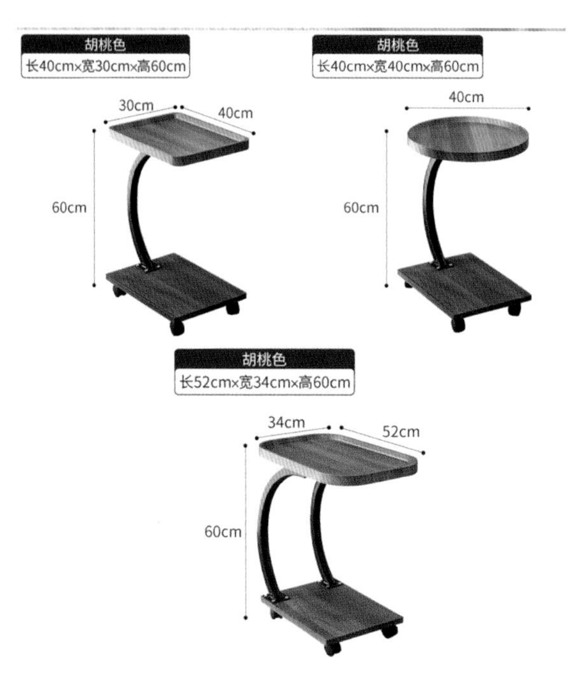

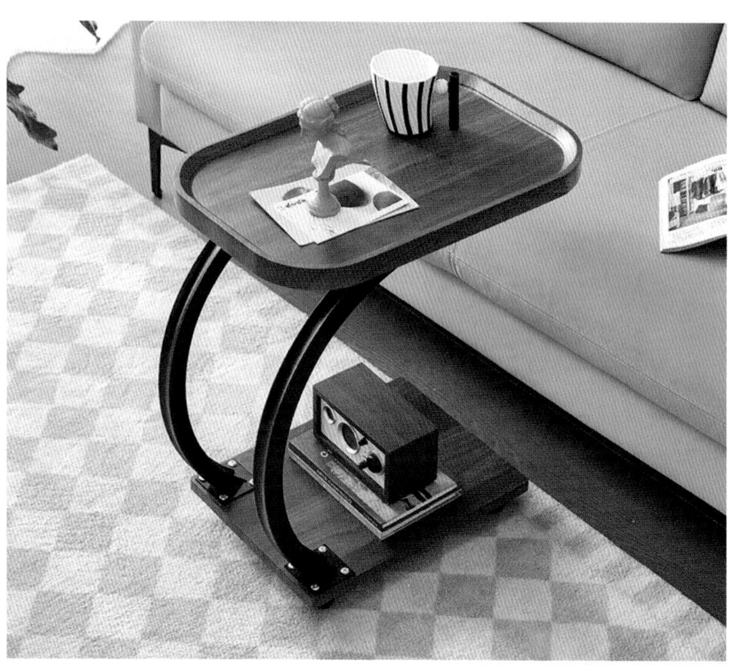

图 6.14 移动小茶几

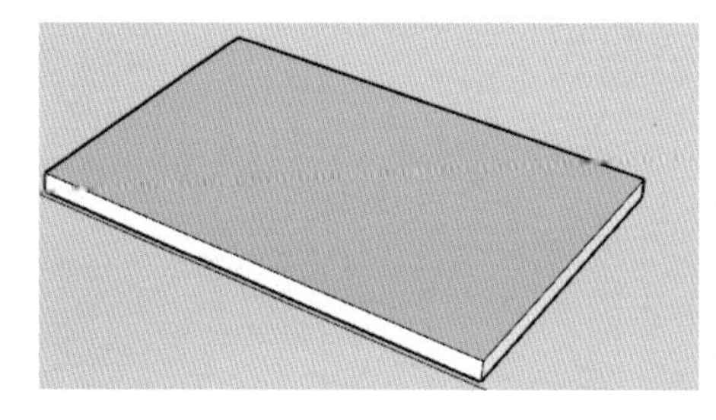

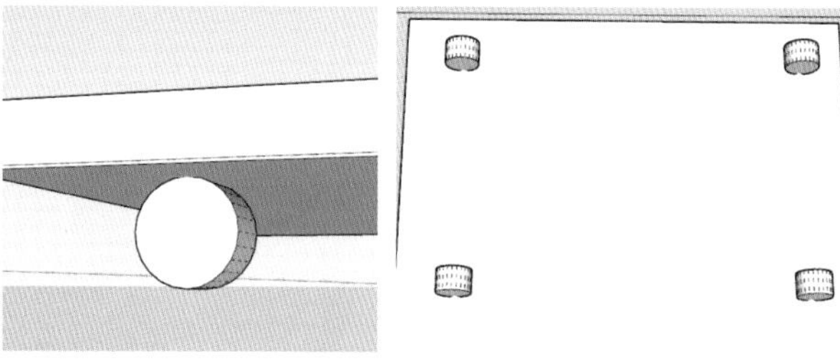

图 6.15 底座创建

2. 撑杆创建

⑴ 在底座左侧拉出一个小正方体，在上面画一条弧线。

⑵ 复制出一条弧线，连接弧线四边，形成面。

⑶ 将弧形面推拉出合适的位置即可。

过程如图 6.16 所示。

3. 顶部创建

⑴ 在顶部拉出一个长宽分别为 40 cm、30 cm 的矩形，拉出 2 cm 的厚度。

⑵ 在矩形两边偏移出一个小矩形，拉出形状，调整位置。

⑶ 将矩形放置在撑杆上方。

过程如图 6.17 所示。

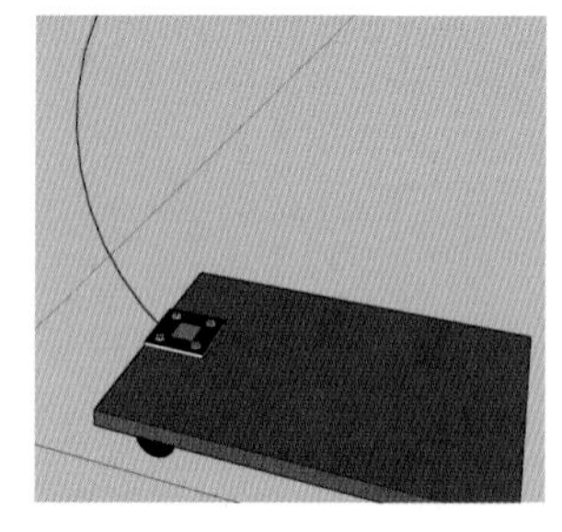

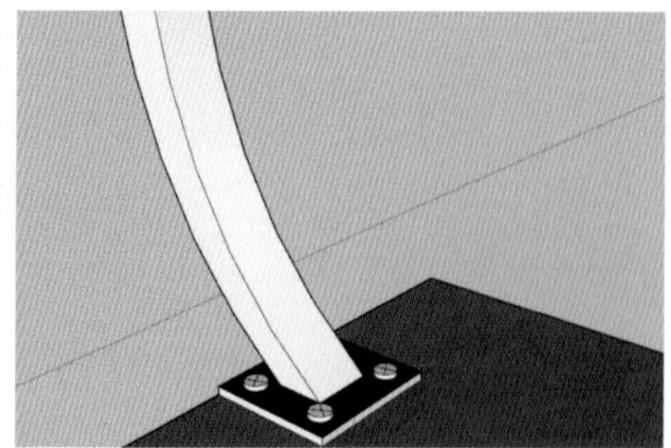

图 6.16 撑杆创建

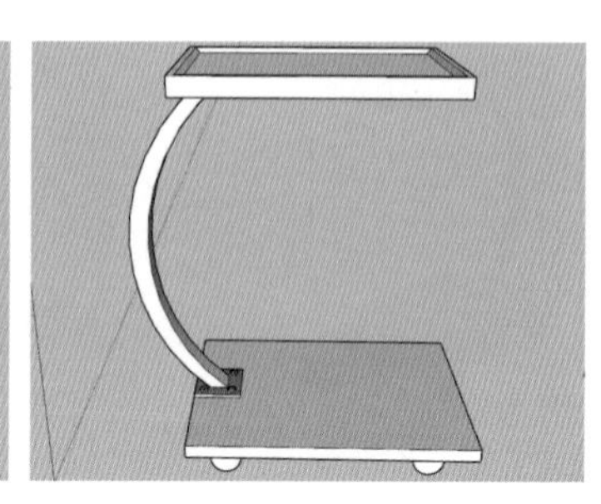

图 6.17 顶部创建

4. 材质赋予

⑴ 在“材质”面板中重新创建出一种材质，点击“使用纹理图形”，在文件中找到金属撑杆的材质，点击“确定”，修改好撑杆的高度与宽度，将其赋予撑杆。

⑵ 在“材质”面板的“选择”面板中找到木质纹，使用第一个木头材质，将其修改至合适的高度，使木质纹清晰。

⑶ 还可创建书本与水杯，赋予书本封面材质，赋予水杯玻璃材质。

过程如图 6.18 所示。

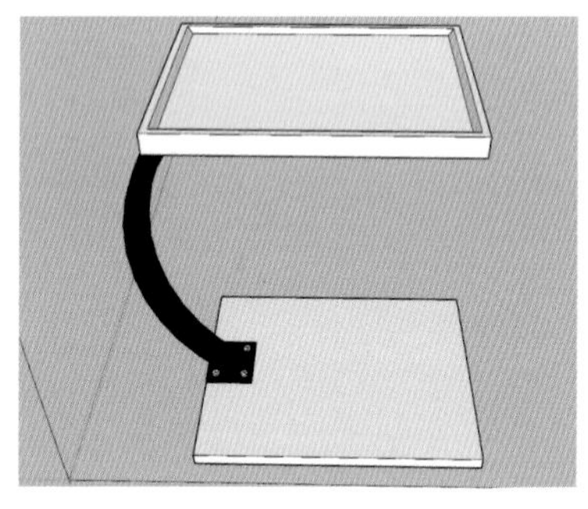
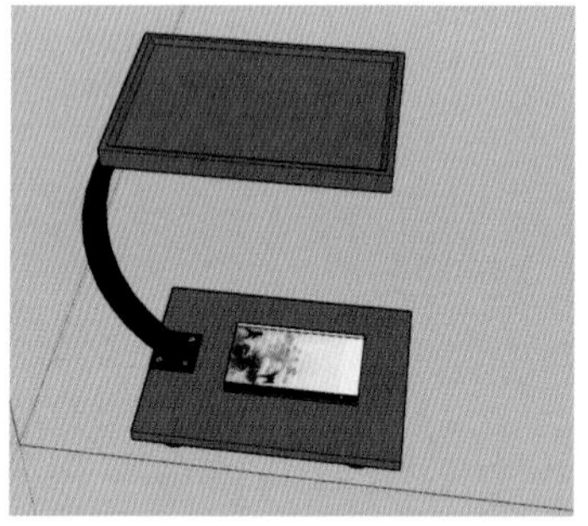
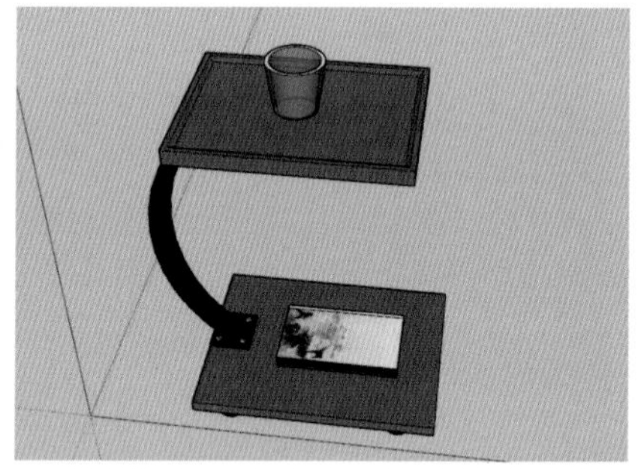

图 6.18 材质赋予

— 本阶段学习的主要思考 —

(1) 材质与贴图的基本常识。

(2) 填充与贴图技巧。

(3) 如何进行贴图坐标的调整。

学习领域七

场景、阴影与动画

学习领域概述

认识场景管理器，进行阴影设置及动画生成。熟练掌握场景管理和创建技能，能够在不同的工作场景中运用相关技能完成 SketchUp 效果图的绘制任务，能够灵活处理多视图的需求。

学习情境 7.1 场景

学习目标

知识要点	知识目标	能力目标
场景管理器基本知识	理解 SketchUp 场景管理器的概念及其作用	在理解并掌握 SketchUp 场景和页面管理功能的基础上，能够在不同的工作场景中运用相关技能完成 SketchUp 效果图的绘制任务，能够灵活处理多视图的需求，并在不同的场景间切换自如
页面的创建方法及步骤	学会如何创建和管理多个场景，并能够切换不同的视角和视图进行观察	
专业技能基本练习	通过一系列的实践操作，熟练掌握场景管理和创建技能	
专业技能案例实践	通过具体的实际案例，学习运用场景管理器创建和管理多个场景，并能将相关技能运用于现实项目中	

学习任务

(1) 场景管理器基本知识。

(2) 页面的创建方法及步骤。

(3) 专业技能基本练习。

(4) 专业技能案例实践。

学习方法

对于重点内容，以课堂讲授、实操为主。对于一般内容，则以学生自学为主，并在实际操作中加以深化和巩固。在教学过程中，宜采用多媒体教学或其他信息化教学手段提高教学效果。

内容分析

一、场景管理器基本知识

SketchUp 中，场景功能主要用于保存视图和创建动画，场景页面有“储存显示设置”、“图层设置”、“阴影和视图”等功能，通过绘图窗口上方的场景标签或“Ctrl + 左 / 右箭头”可以快速切换场景显示。

单击“窗口”→“默认面板”→“场景”，即可打开场景面板，通过场景面板可对场景进行更新、添加或删除，也可以对场景进行属性修改等，如图 7.1 所示。

1. 添加场景

单击场景面板中的⊕，可以添加一个新的场景，也可以在场景标签上单击鼠标右键，然后在弹出的菜单中选择“添加”选项，如图 7.2 所示。

图 7.1　SketchUp 的界面

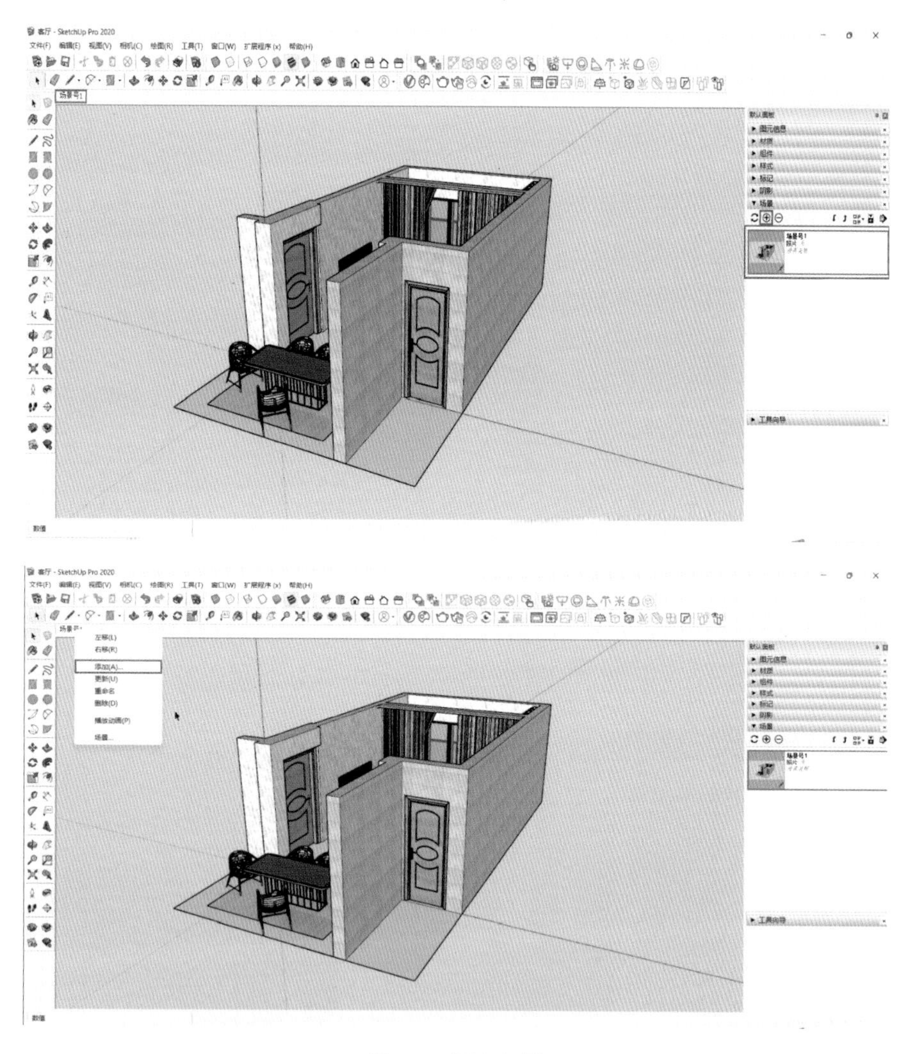

图 7.2　添加场景

2. 删除场景

可以单击删除场景按钮⊖删除所选择的场景，也可以在场景标签上单击鼠标右键，然后在弹出的菜单中选择“删除”选项，如图 7.3 所示。

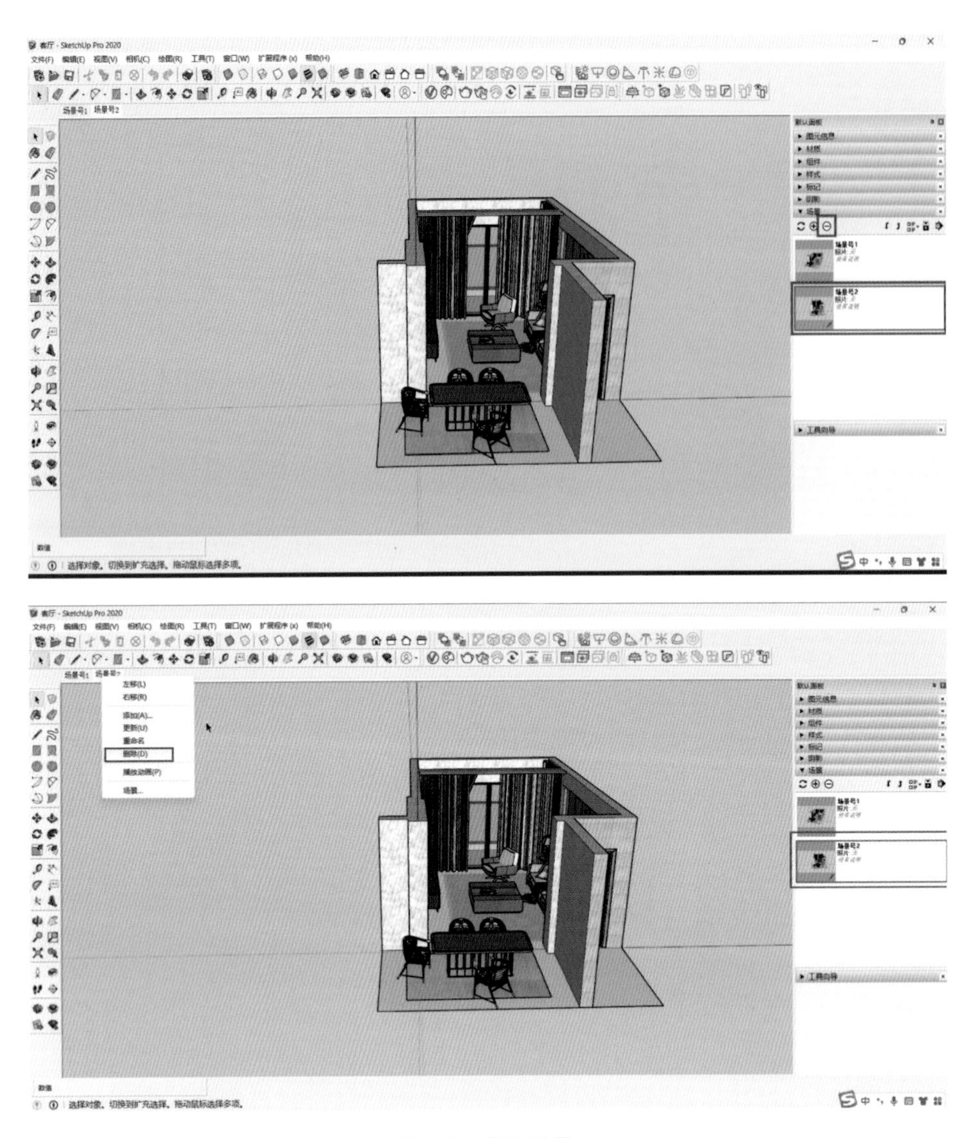

图 7.3　删除场景

3. 场景下移

单击场景下移按钮 可将所选择的场景的位置向后移动一位，也可以在场景标签上单击鼠标右键，然后在弹出的菜单中选择“左移”选项，如图 7.4 所示。

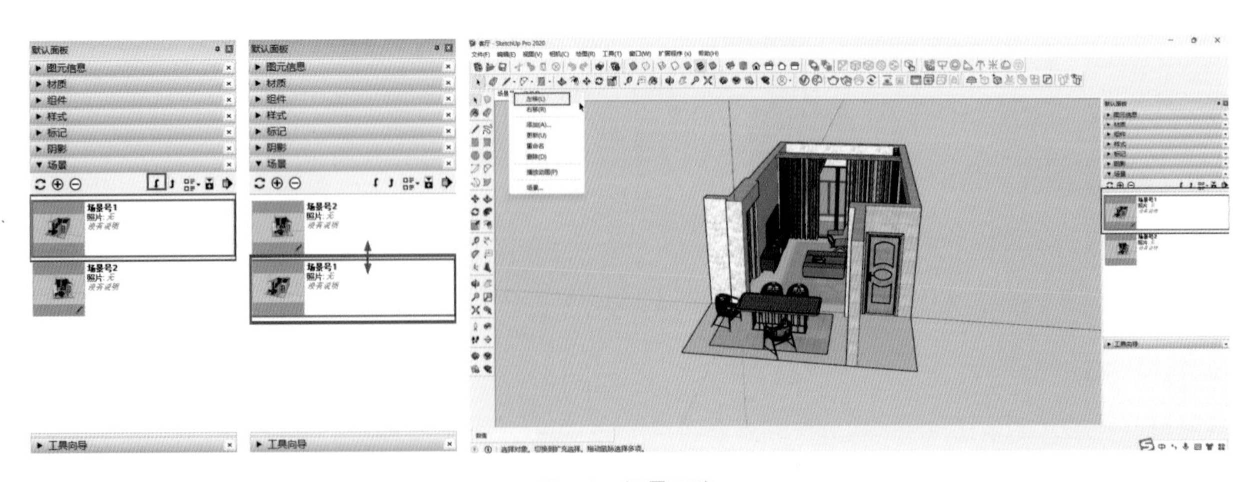

图 7.4　场景下移

4. 场景上移

单击场景上移按钮 ↑ 可将所选择的场景的位置向前移动一位，也可以在场景标签上单击鼠标右键，然后在弹出的菜单中选择“右移”选项，如图 7.5 所示。

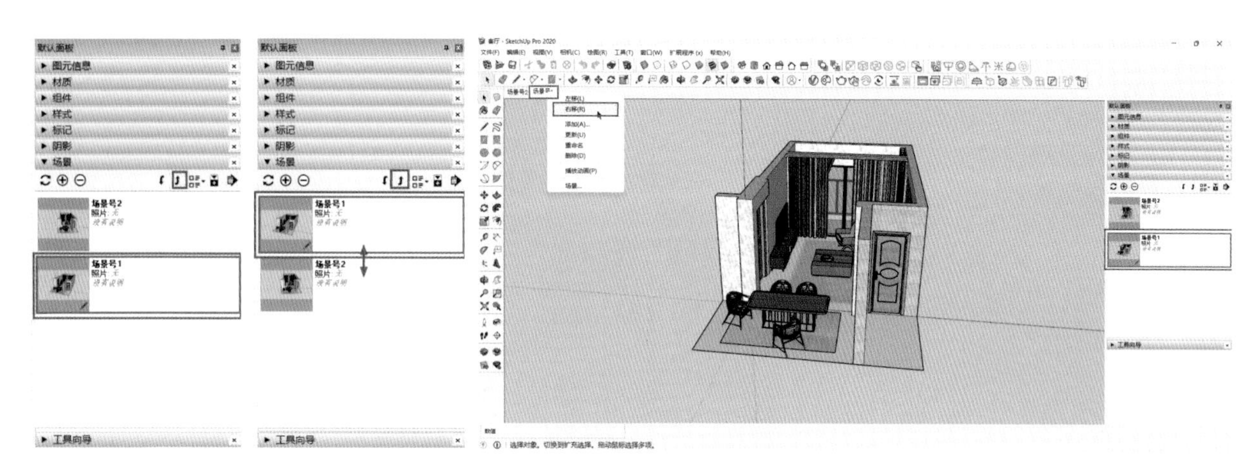

图 7.5　场景上移

5. 更新场景

如果改变了场景，则需要单击更新场景按钮 ↻ 进行更新，也可以在场景标签上单击鼠标右键，然后在弹出的菜单中选择“更新”选项，如图 7.6 所示。

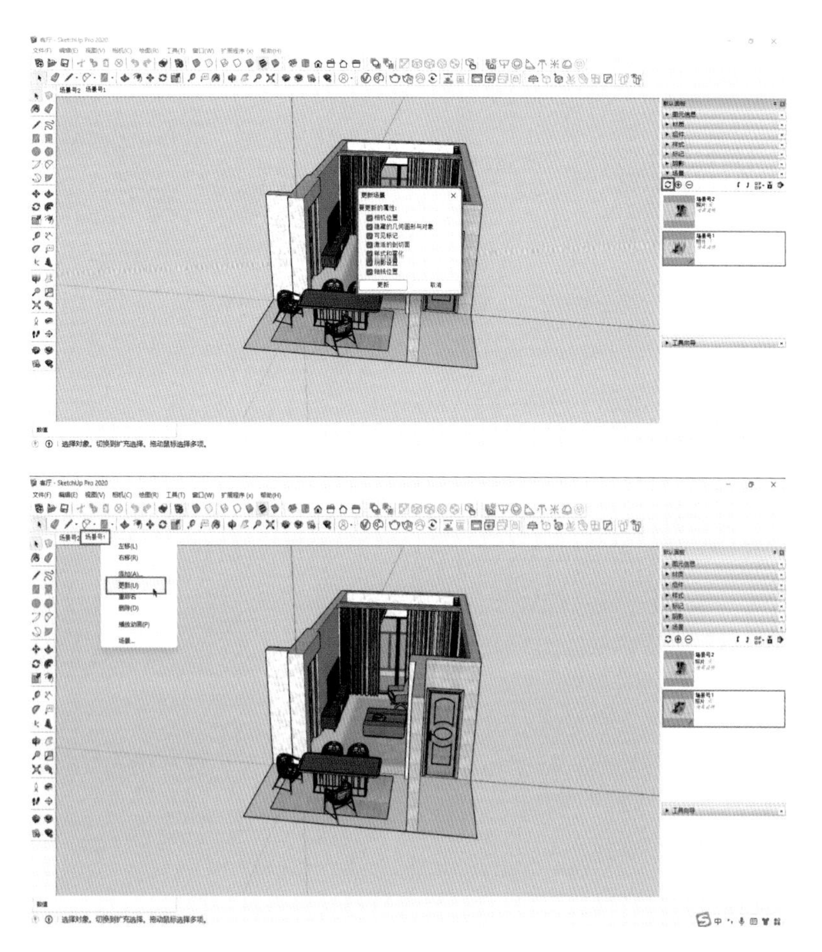

图 7.6　更新场景

6. 查看选项

单击查看选项按钮可以改变场景视图的显示方式，在缩略图的右下角有一个铅笔图标，表示为当前场景，便于在场景数量多的情况下快速地找出当前的场景，如图 7.7 所示。

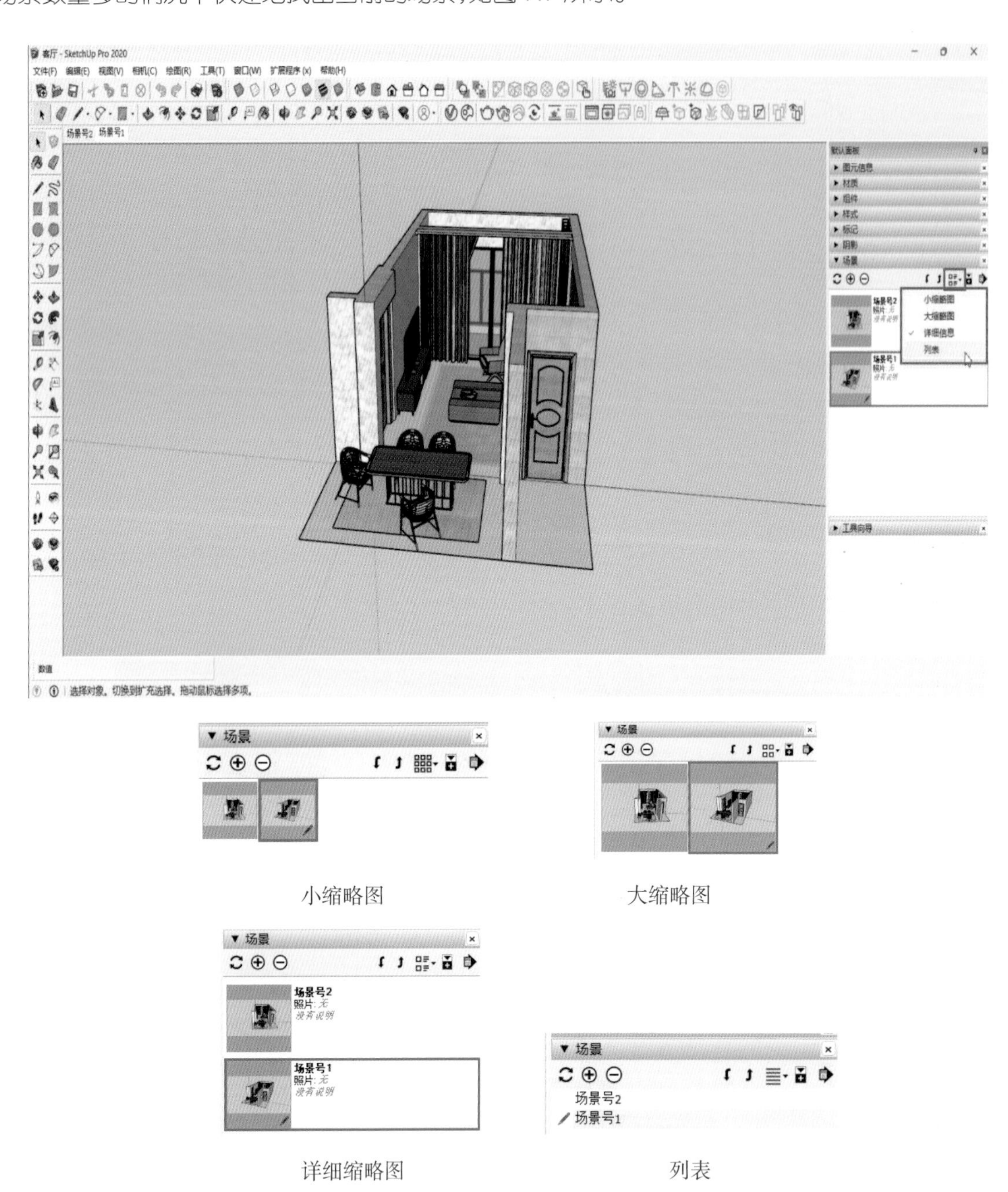

图 7.7 查看选项

7. 显示 / 隐藏详细信息

每一个场景都包含了很多的属性设置，单击按钮可显示或隐藏这些属性，如图 7.8 所示。

⑴ 包含在动画中。

进行动画播放时，选中此选项会连续播放，但会跳过没有选中该选框的场景。

⑵ 名称。

用于给新场景命名，可以使用默认的名称，也可以定义一个新的场景名称。

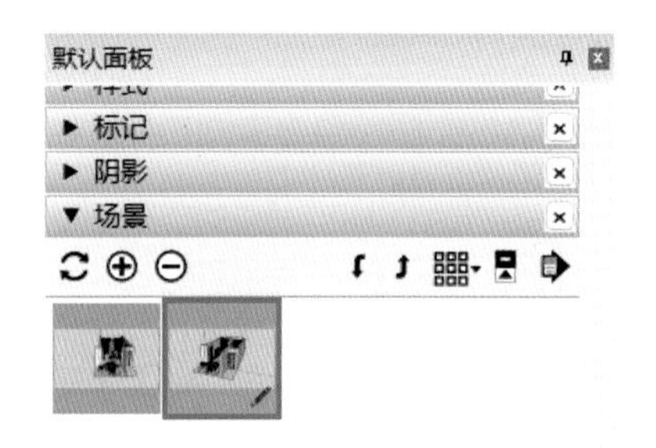

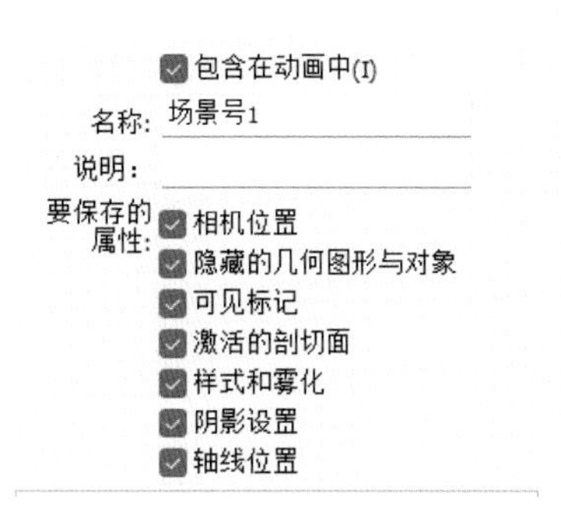

图 7.8 显示/隐藏详细信息

⑶ 说明。

可以给场景添加注释说明。

⑷ 相机位置。

勾选该选项可记录当前镜头的视角、视距等信息。

⑸ 隐藏的几何图形与对象。

勾选该选项可记录几何图形的隐藏/显示状态。

⑹ 可见标记。

勾选该选项可记录图层的显示和隐藏状态。

⑺ 激活的剖切面。

勾选该选项可记录截平面的激活状态。

⑻ 样式和雾化。

勾选该选项可记录显示样式和雾化效果等。

⑼ 阴影设置。

勾选该选项可记录有关阴影的信息，包括类型、时间、日期等。

⑽ 轴线位置。

勾选该选项可记录绘图坐标的位置和显示情况。

【温馨提示】

⑴对于场景数量较多的情况，可以根据场景类型对场景名称进行分类，便于后期调整与选择，如图7.9所示。

图 7.9　对场景名称进行分类

⑵ 单击绘图窗口左上方的场景号标签，可以快速切换记录的视图窗口，如图 7.10 所示。

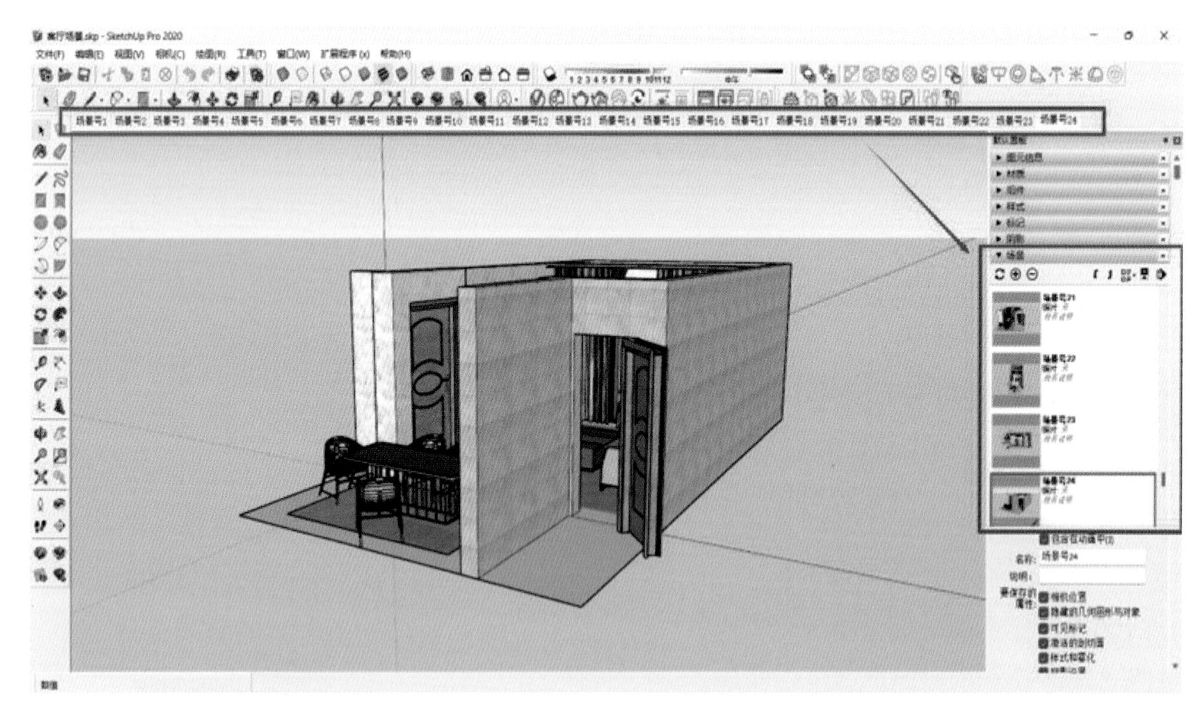

图 7.10　快速切换记录的视图窗口

二、页面的创建方法及步骤

打开场景文件，执行相应的命令为场景添加多个场景页面，操作步骤如下。

(1)启动 SketchUp 软件,点击“文件”→“打开”,打开所需要的 SketchUp 文件,如图 7.11 所示。

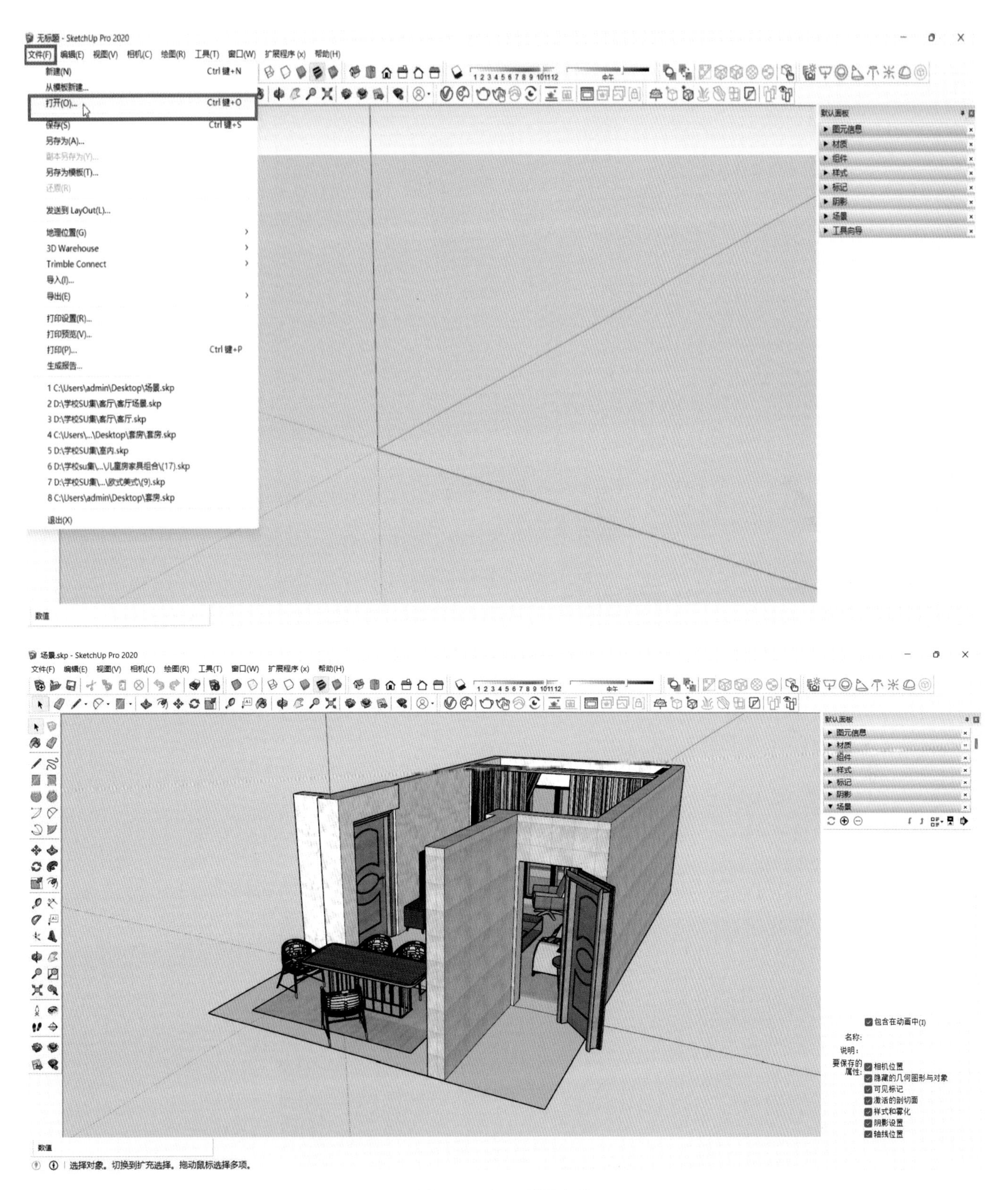

图 7.11 打开所需文件

(2)点击“窗口”→“默认面板”→“场景”,接着在弹出的场景面板中单击添加场景按钮⊕,完成“场景号 1”的添加,如图 7.12 所示。

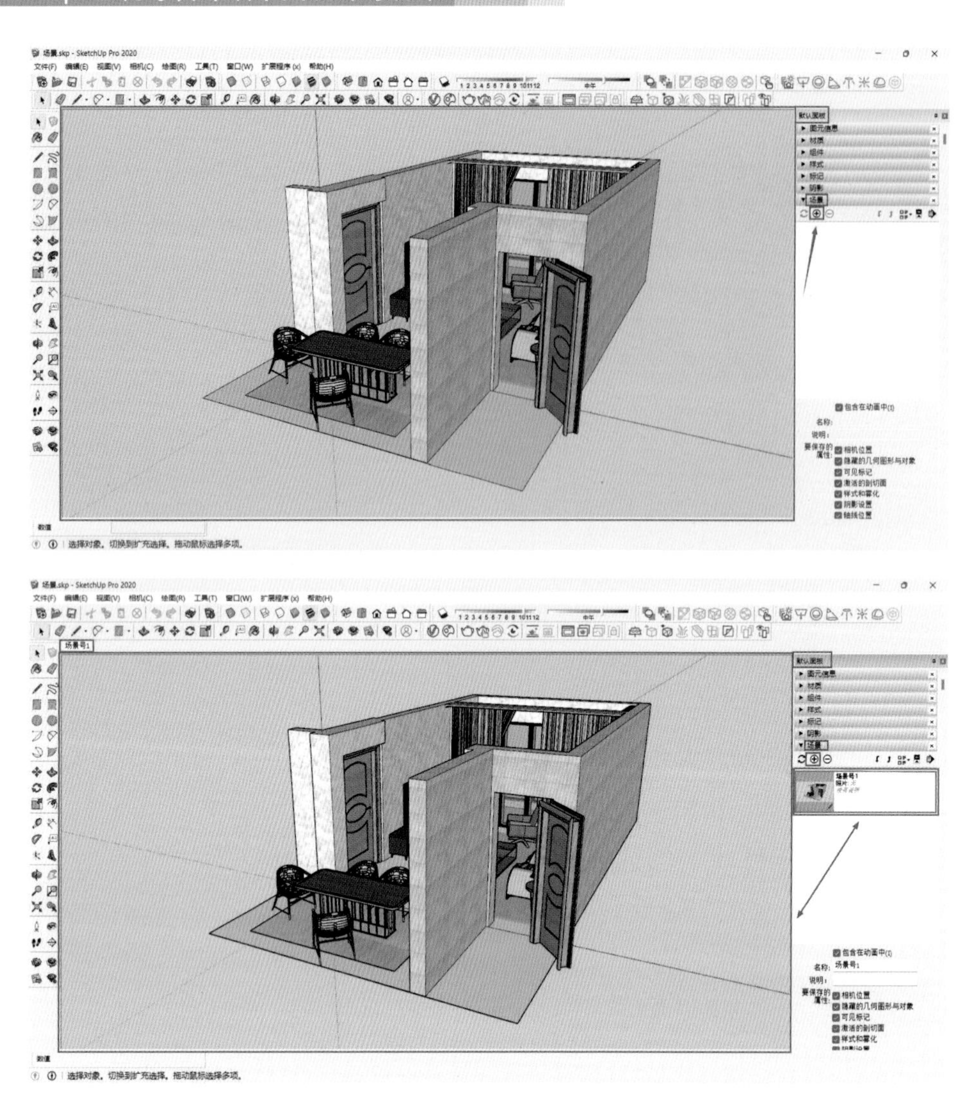

图 7.12　添加场景页面

③利用环绕观察及平移工具调整视图效果，采用相同的方法完成其他场景页面的添加，如图7.13所示。

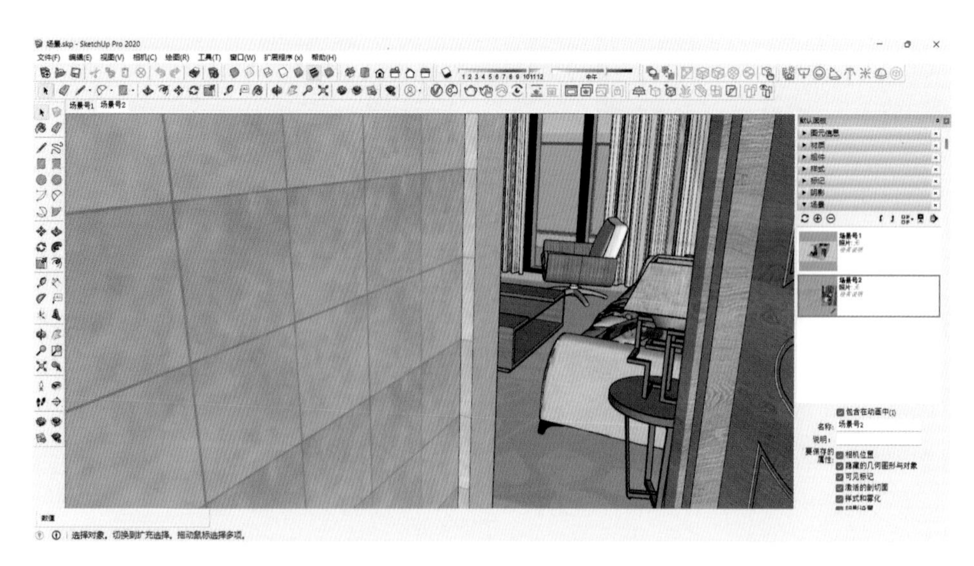

图 7.13　添加其他场景页面

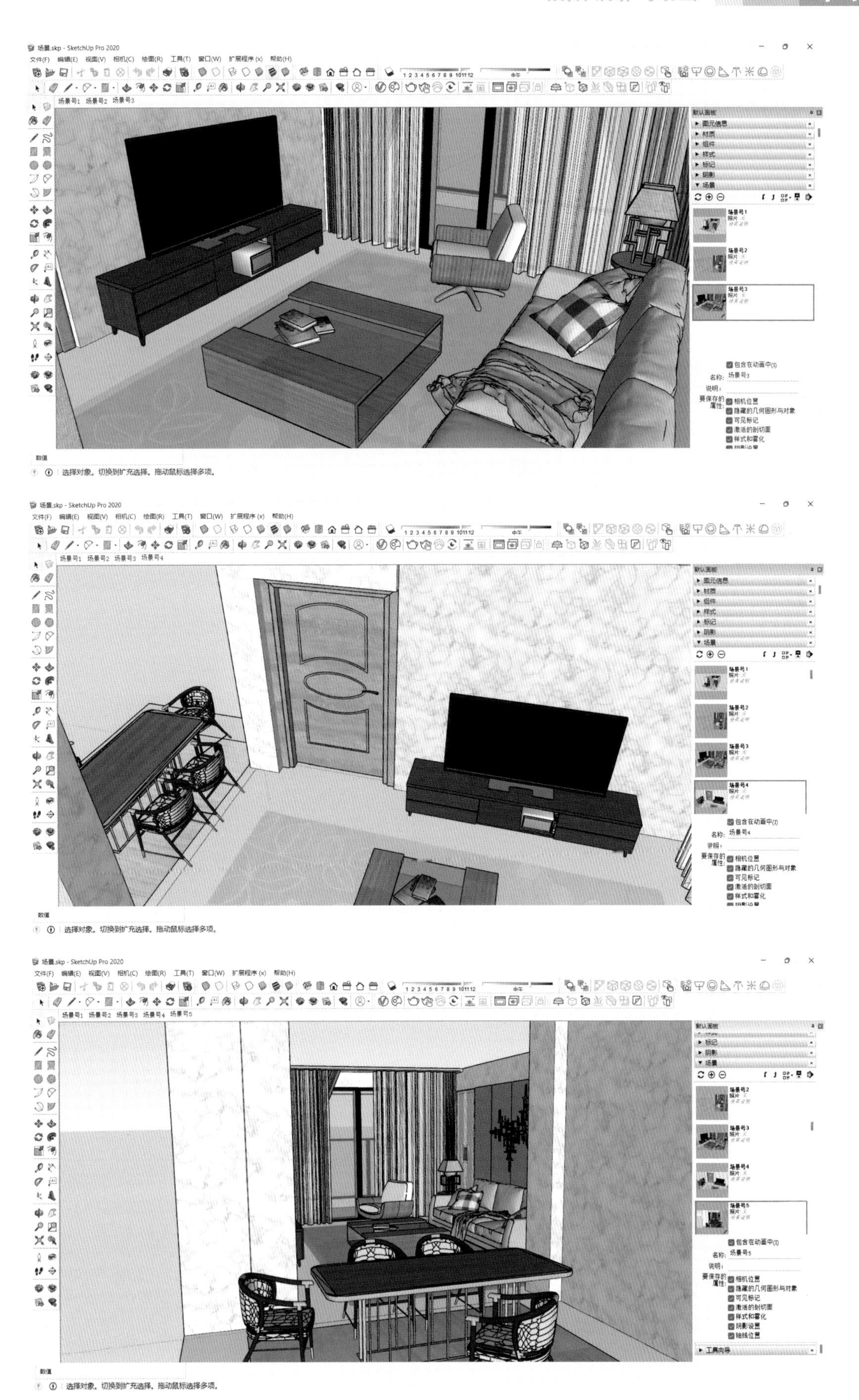

续图 7.13

三、专业技能基本练习与案例实践

可以通过删除、上下移动等方式调整场景页面，如图 7.14 所示。

图 7.14 调整场景页面

— 本阶段学习的主要思考 —

(1) 场景管理器基本知识。
(2) 页面设置的技巧。

学习情境 7.2 阴影

学习目标

知识要点	知识目标	能力目标
阴影的基本知识	了解 SketchUp 阴影的概念及其作用	能够在 SketchUp 中独立地设置阴影效果，使得最终的效果图更贴近真实情况，并且能在工作中有效应用阴影效果
阴影的创建方法及步骤	学会创建合适的阴影样式，并令模型产生立体效果	
专业技能基本练习	通过一系列的实践操作，熟练掌握阴影的使用技巧，能够准确调整阴影的方向、强度、位置等	
专业技能案例实践	通过实际的案例演练，进一步巩固和提升使用阴影工具的技能，并能将技能灵活应用于实际的工作场景中	

学习任务

⑴ 阴影的基本知识。

⑵ 阴影的创建方法及步骤。

⑶ 专业技能基本练习。

⑷ 专业技能案例实践。

学习方法

对于重点内容，以课堂讲授、实操为主。对于一般内容，则以学生自学为主，并在实际操作中加以深化和巩固。在教学过程中，宜采用多媒体教学或其他信息化教学手段提高教学效果。

内容分析

一、阴影的基本知识

1. 阴影设置面板

在阴影设置面板中可以设置对象的阴影特性，包括时间、日期、地理位置等信息。可以利用场景保存不同的设置，以方便快速地查看不同季节和时间段的光影效果。

执行“窗口”→“阴影”命令打开阴影设置面板，如图 7.15 所示。

显示 / 隐藏阴影按钮用于控制阴影的显示与隐藏，如图 7.16 所示。

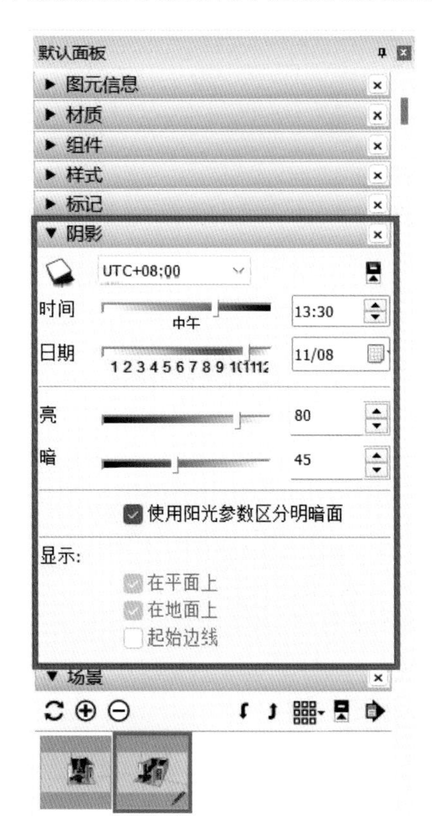

图 7.15 阴影设置面板

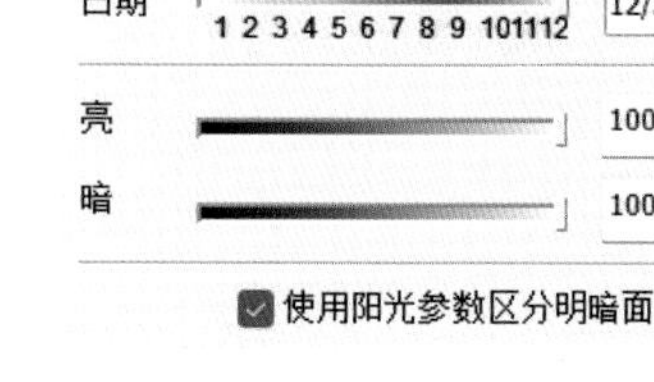

图 7.16 显示 / 隐藏阴影按钮

可以自行选择时间，通过拖动滑块可以调整时间和日期，也可在右侧直接输入时间和日期，如图 7.17 所示。

图 7.17　设置时间和日期

阴影会随着时间和日期的改变而改变，如图 7.18 所示。

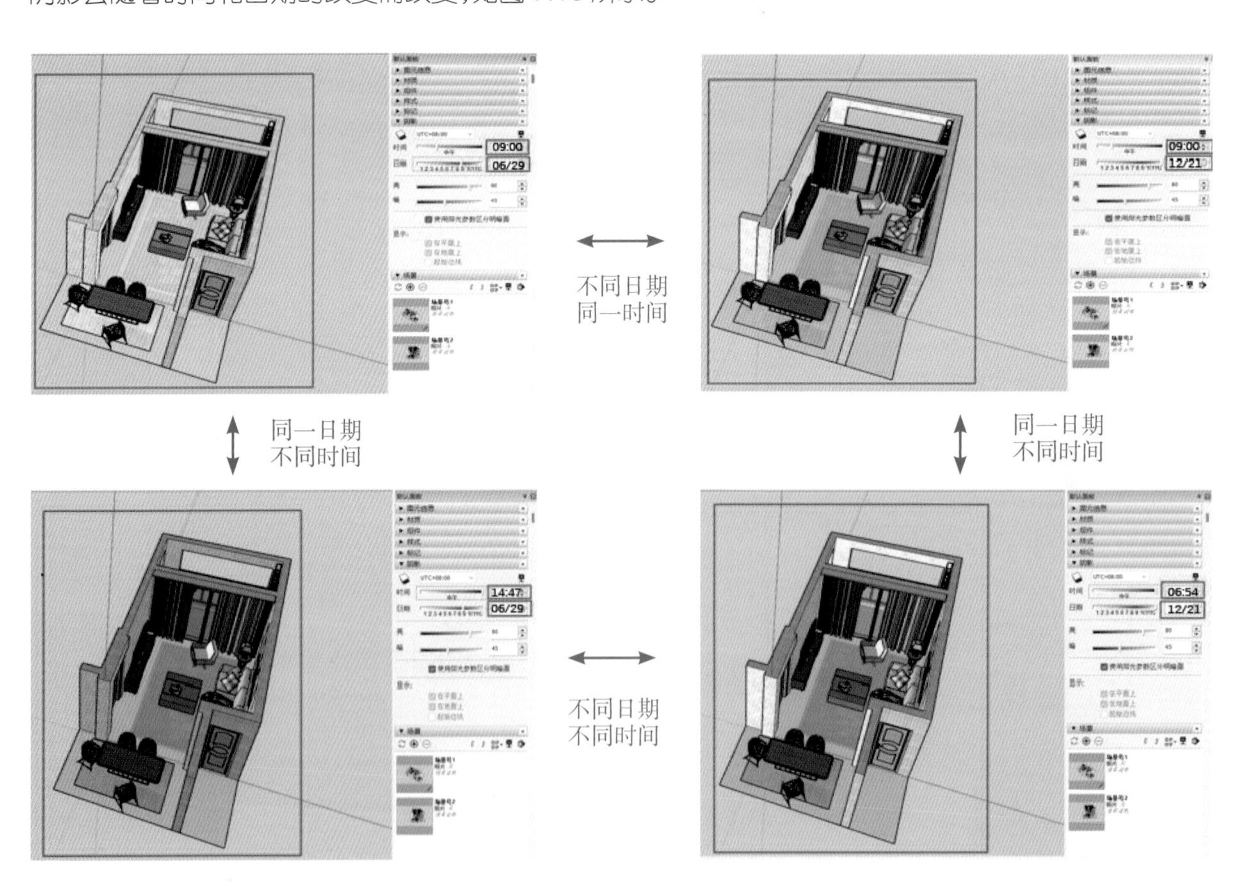

图 7.18　阴影会随着时间和日期的改变而改变

“亮”“暗”可以用于调整光的亮度数值、调整模型及阴影的明暗程度，如图 7.19 所示。

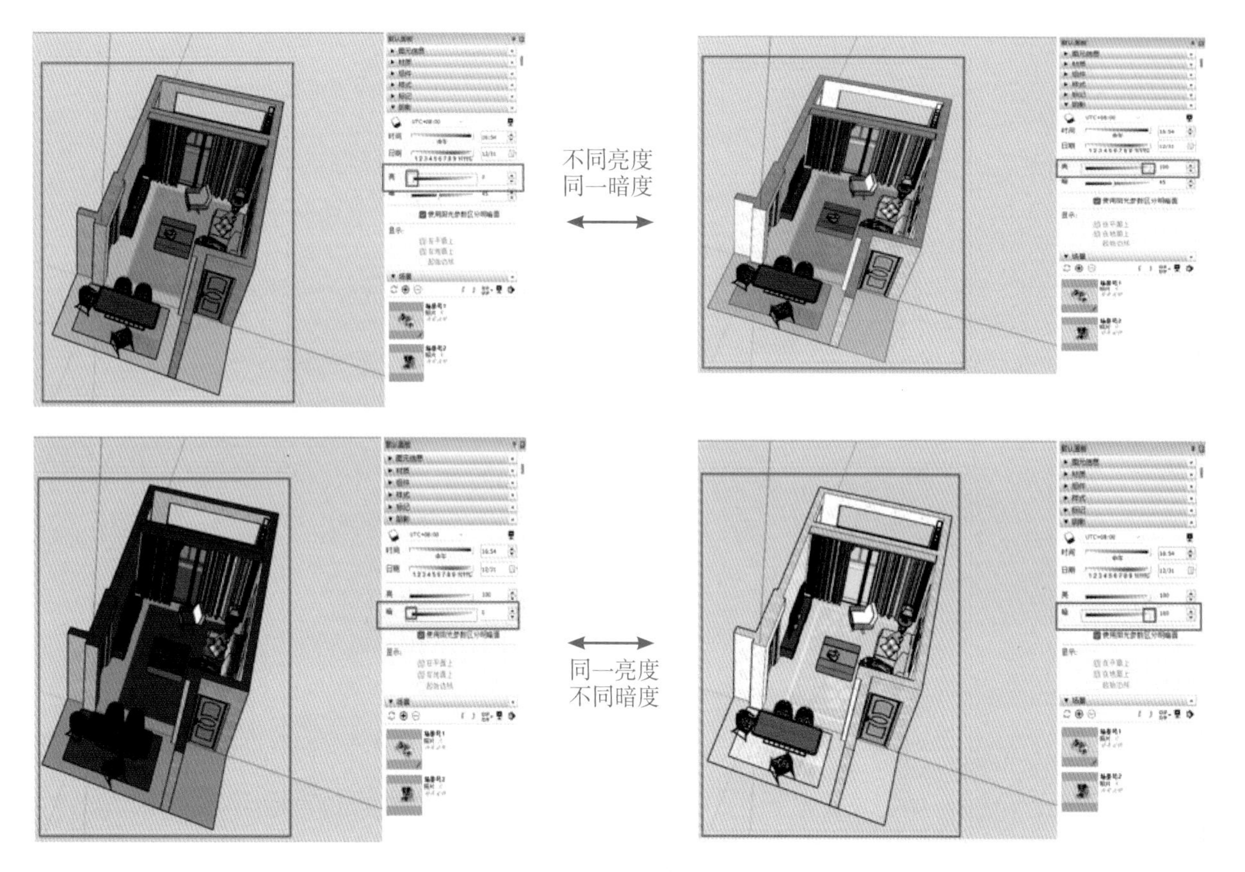

图 7.19　亮度与暗度调整

勾选“使用阳光参数区分明暗面”可在不显示阴影的情况下，仍能按照场景中的光照显示物体表面的明暗关系，如图 7.20 所示。

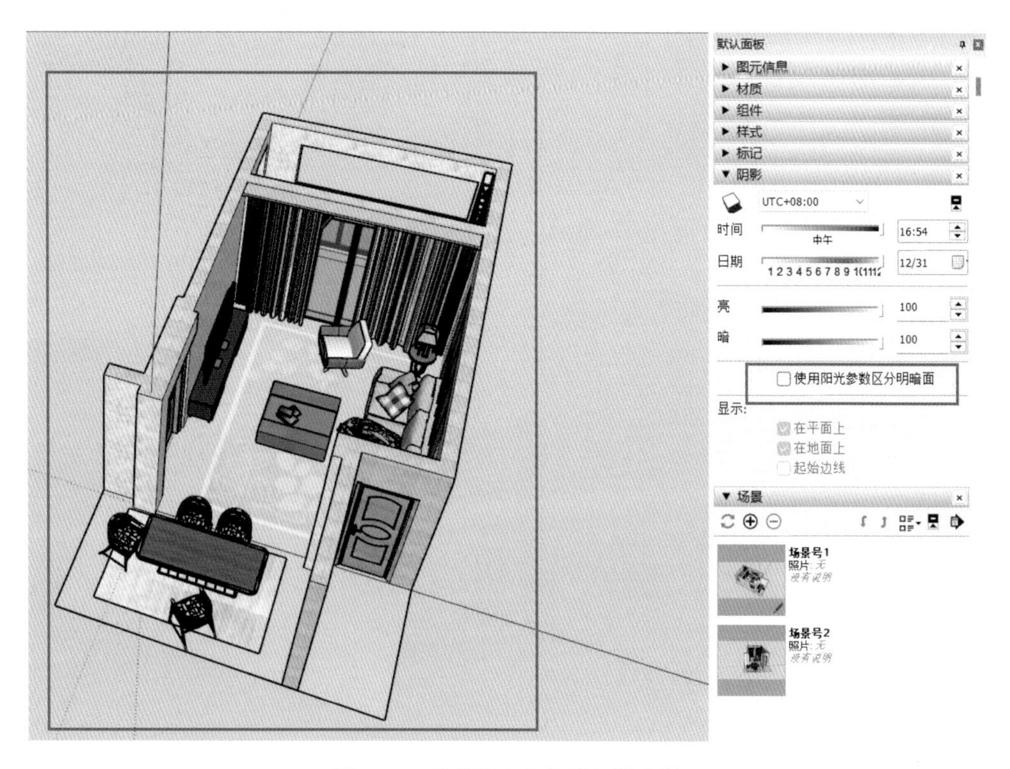

图 7.20　使用阳光参数区分明暗面

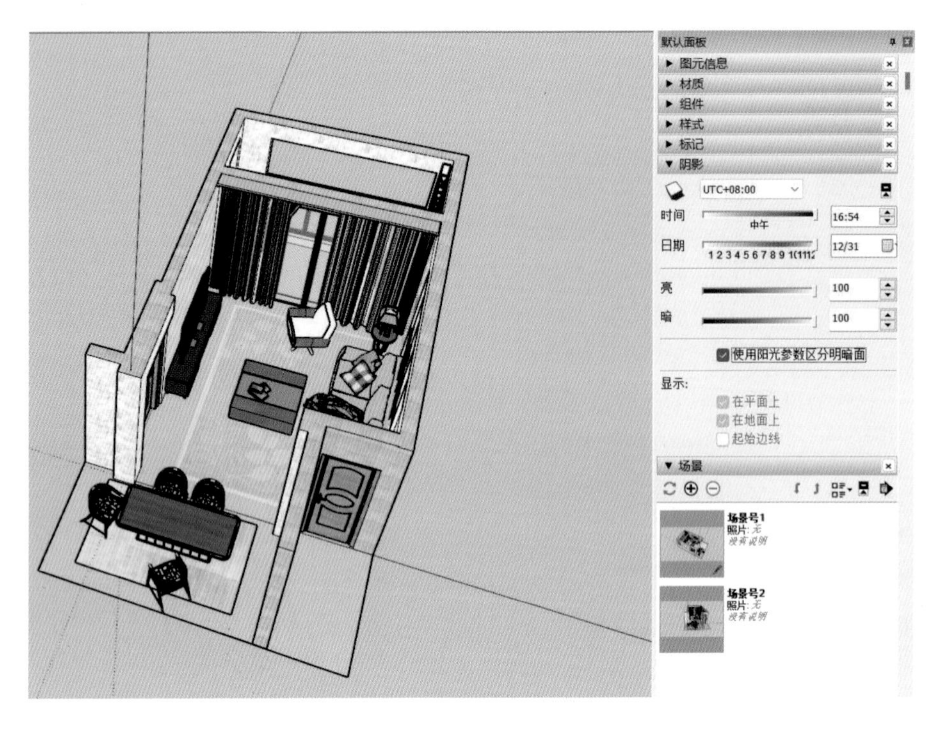

续图 7.20

勾选“在平面上”时会在模型表面上产生投影，取消勾选则不会在模型表面上产生投影，如图 7.21 所示。

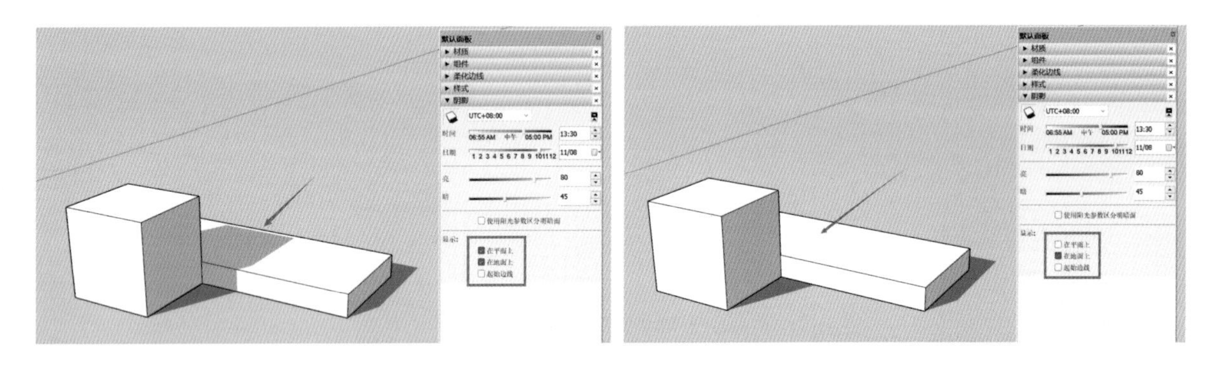

图 7.21　在平面上

勾选“在地面上”时会在地平面上产生投影，取消勾选则不会在地平面上产生投影，如图 7.22 所示。

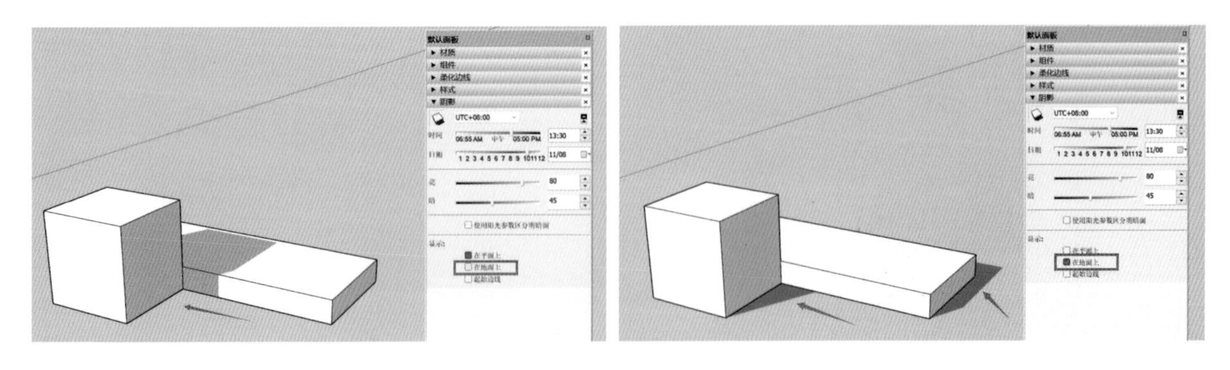

图 7.22　在地面上

勾选“起始边线”可从单独的边线产生投影，不用于定义表面的边线，一般很少使用该选项。

2. 阴影工具栏

执行“视图”→“工具栏”→“阴影”命令，如图 7.23 所示，打开阴影工具栏，在该工具栏中可以调整时间和日期、显示或隐藏阴影等。

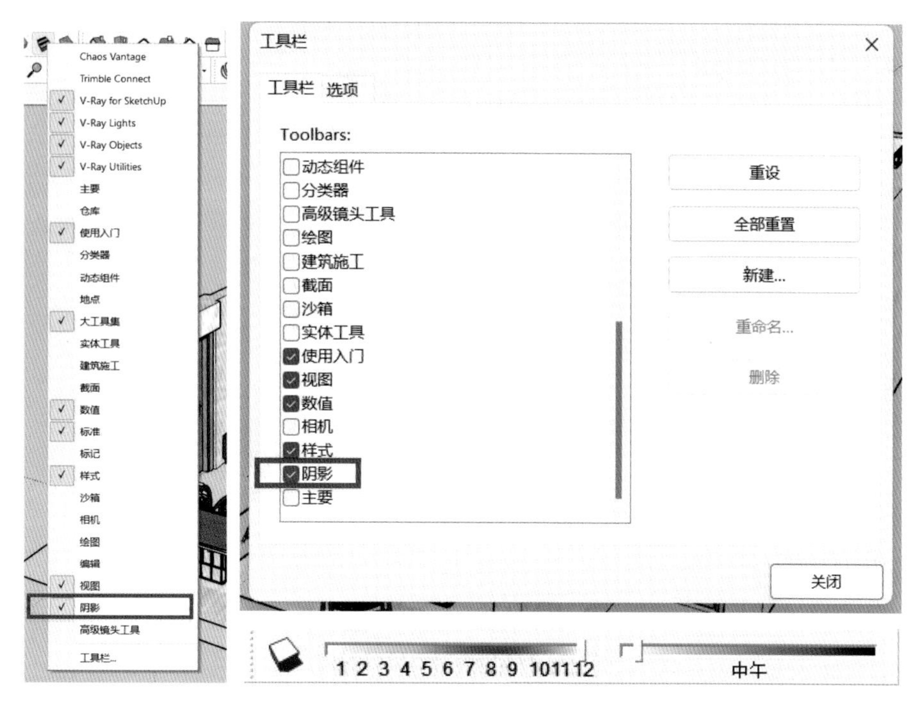

图 7.23 打开阴影工具栏

用鼠标右键单击物体的边线、表面、组，在弹出的菜单中选择“图元信息”选项，弹出图元信息面板，如图 7.24 所示。

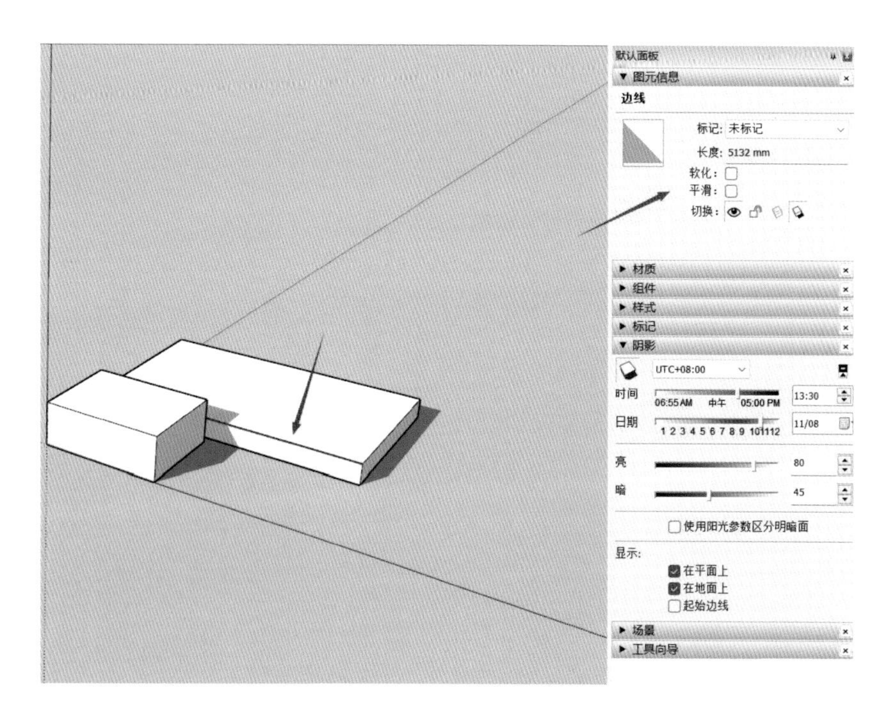

图 7.24 图元信息面板

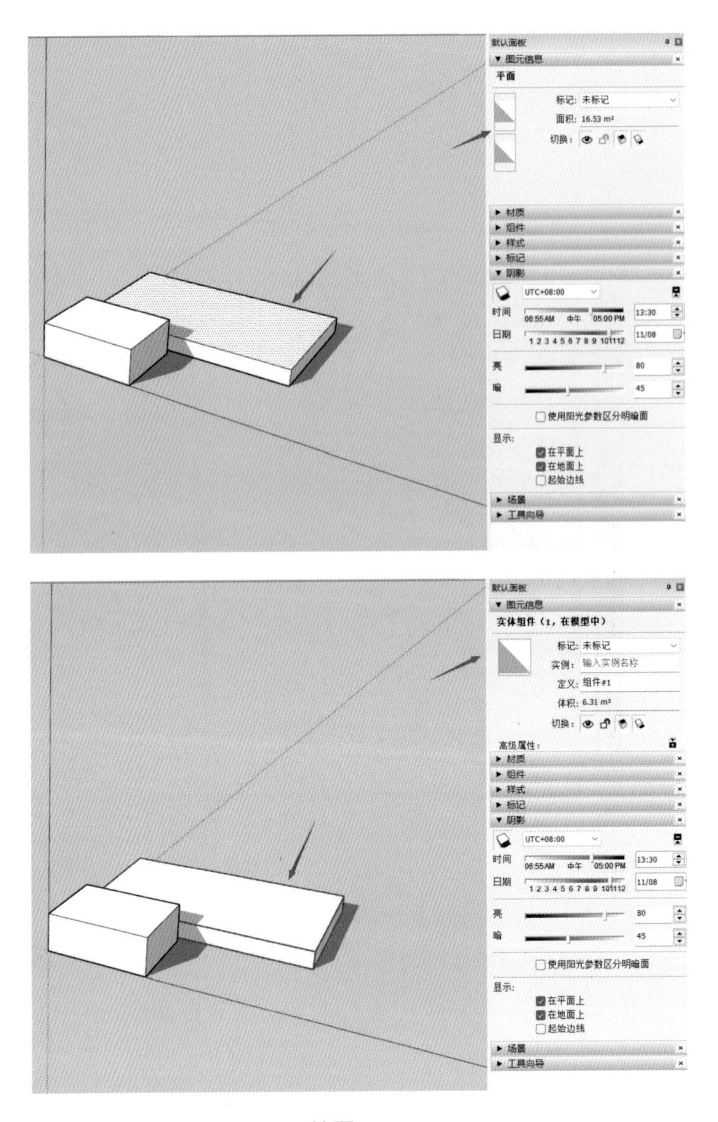

续图 7.24

隐藏按钮用于将物体隐藏起来，如图 7.25 所示。

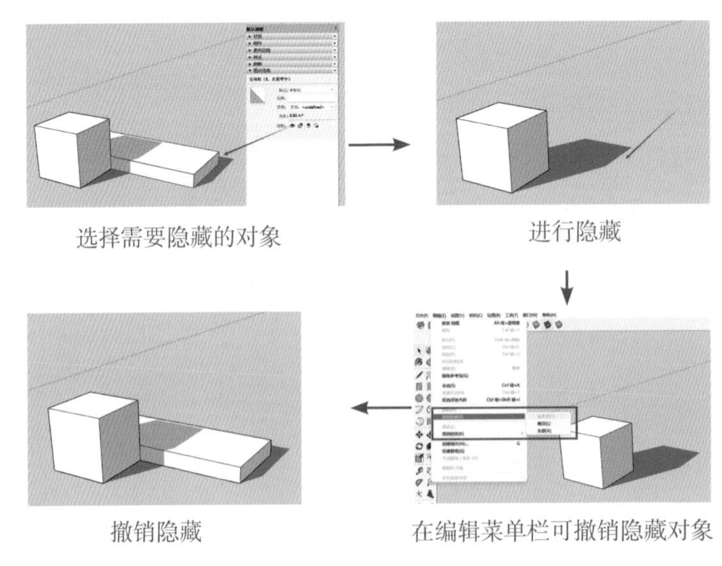

图 7.25　隐藏对象的步骤

锁定按钮用于将物体锁定，此时被锁定物体将不能被执行隐藏等其他命令，如图 7.26 所示。

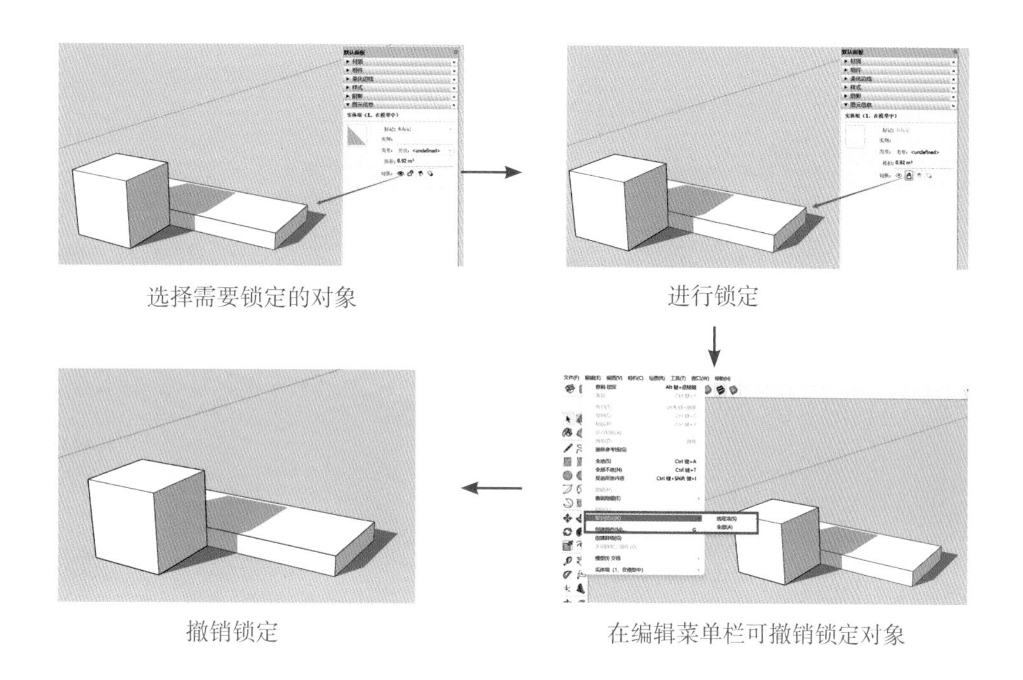

图 7.26　锁定对象的步骤

不接受阴影的操作如图 7.27 所示。

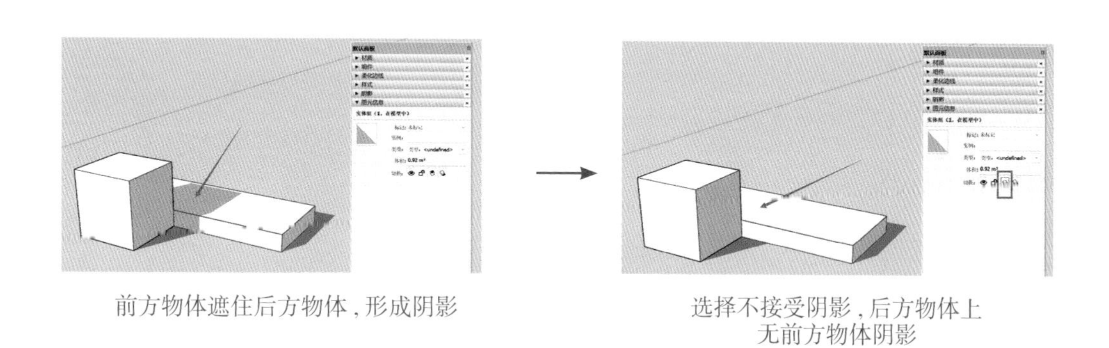

图 7.27　不接受阴影的操作

不投射阴影的操作如图 7.28 所示。

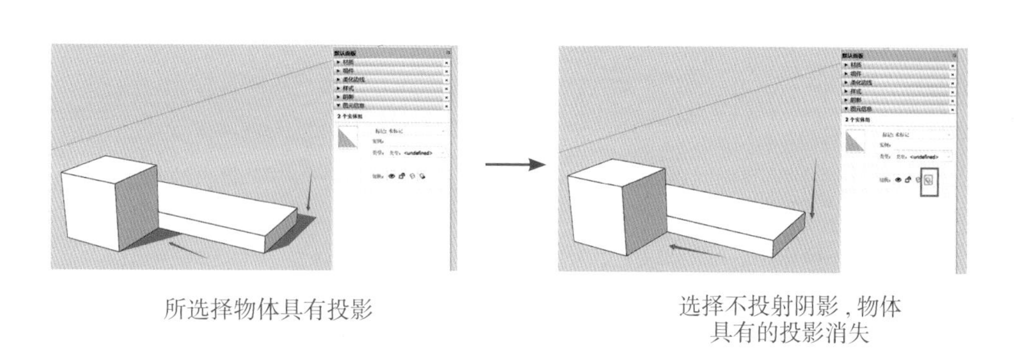

图 7.28　不投射阴影的操作

【温馨提示】

在 SketchUp 中，如果“显示 / 隐藏阴影”按钮不打开，则不管如何调整日期、时间等，物体都不会显示阴影，如图 7.29 所示。

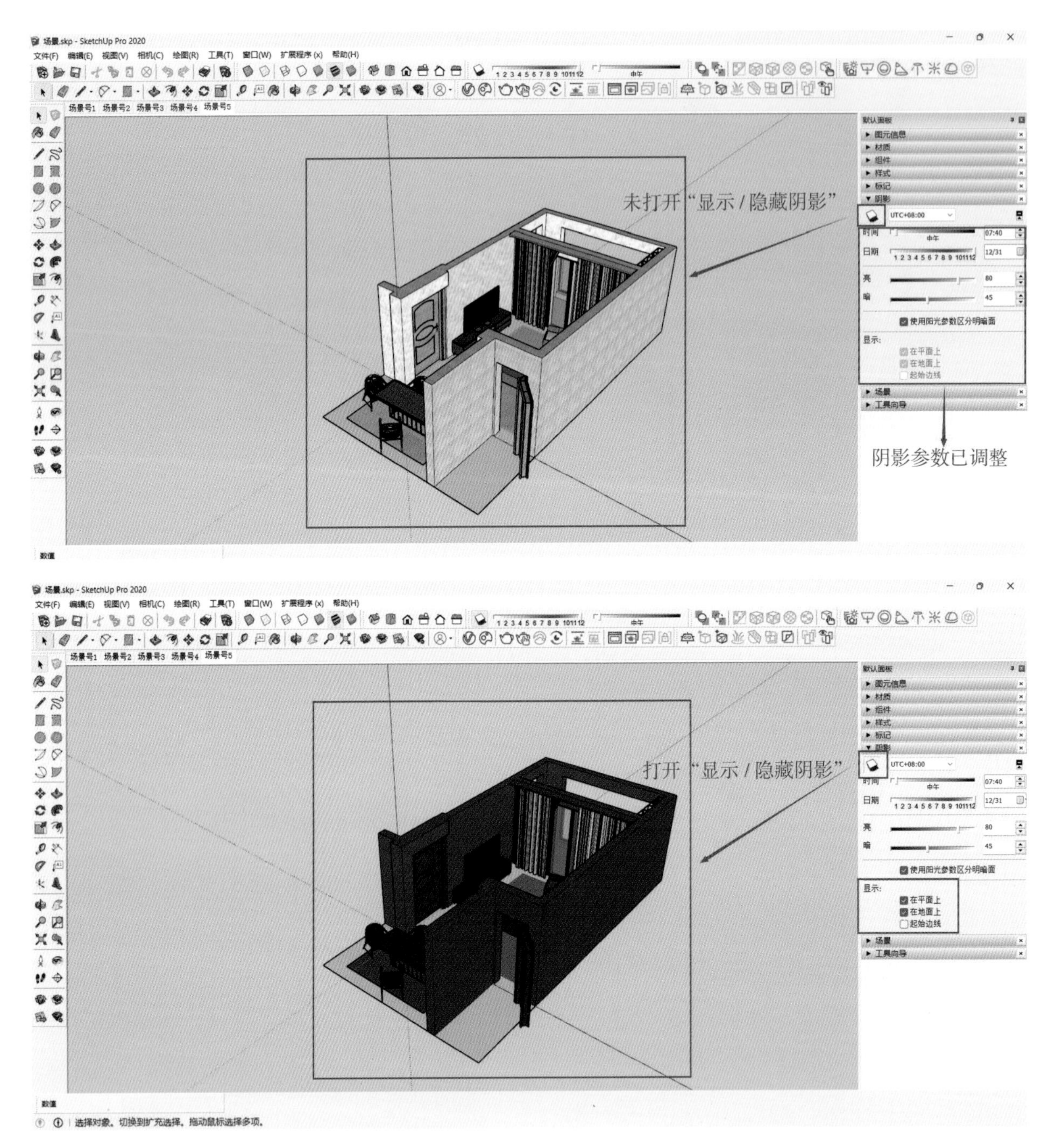

图 7.29 显示 / 隐藏阴影

二、阴影的创建方法及步骤

使用阴影功能可以使模型更具有立体感，下面通过一个阴影动画来表现阴影的变化，具体操作步骤如下。

(1) 启动 SketchUp 软件，执行“文件”→“打开”命令，打开所需要的 SketchUp 文件，如图 7.30 所示。

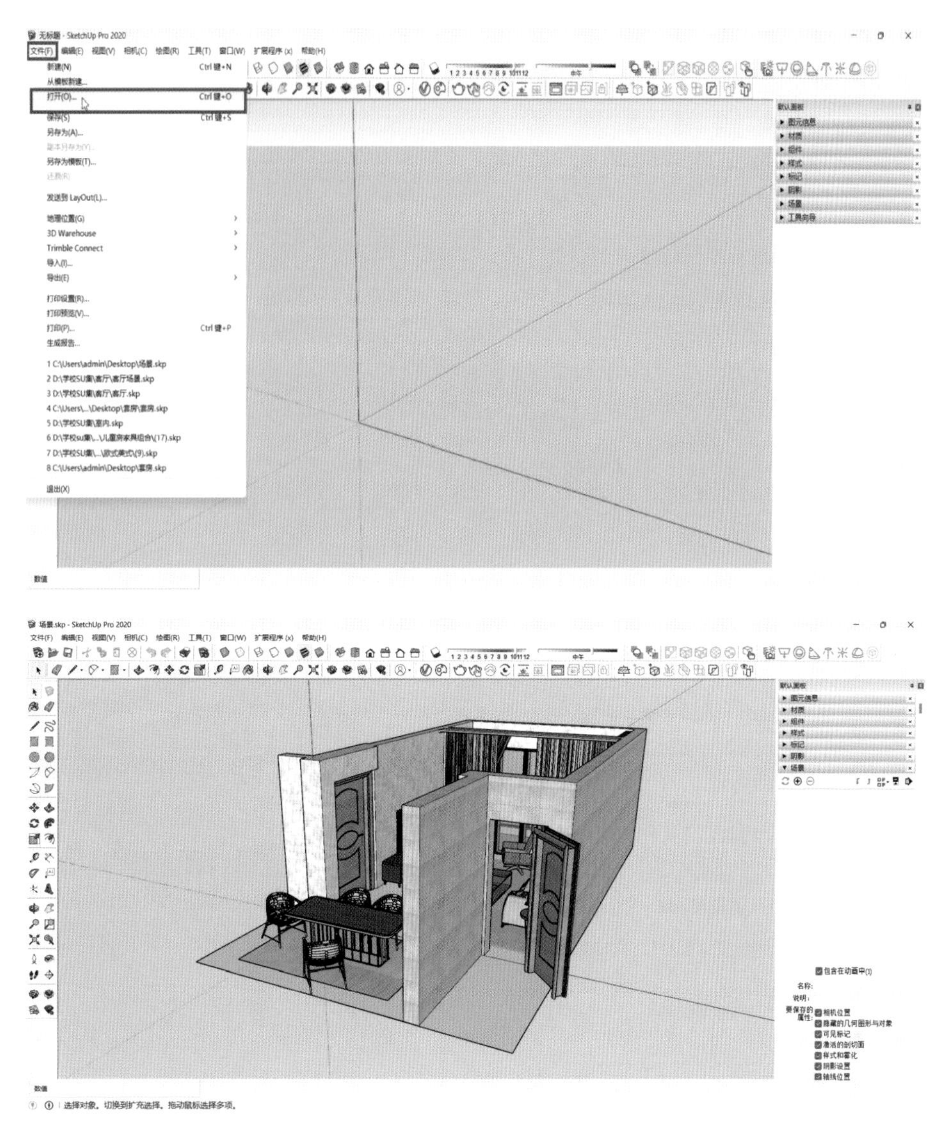

图 7.30　打开文件

② 单击 “窗口” → “默认面板” → “阴影”，打开阴影面板，如图 7.31 所示。

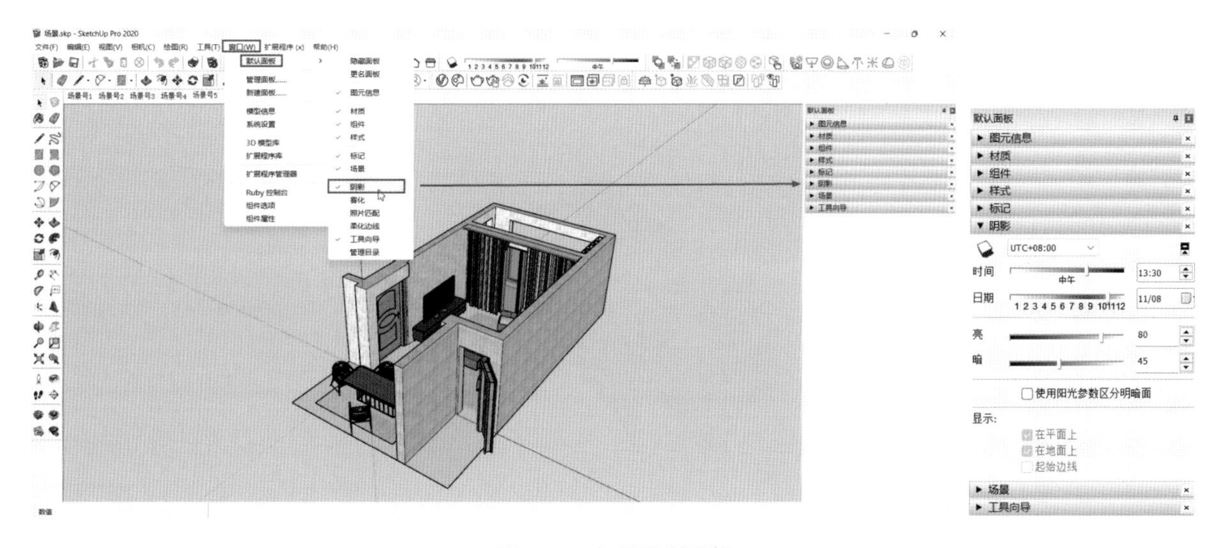

图 7.31　打开阴影面板

⑶ 在窗口中单击“显示 / 隐藏阴影”按钮，开启阴影显示，将“日期”设置为 2020 年 12 月 31 日，将“时间”滑块拖动到左端 07:40 处，则模型显示 12 月 31 日 07:40 分时的阴影状态，如图 7.32 所示。

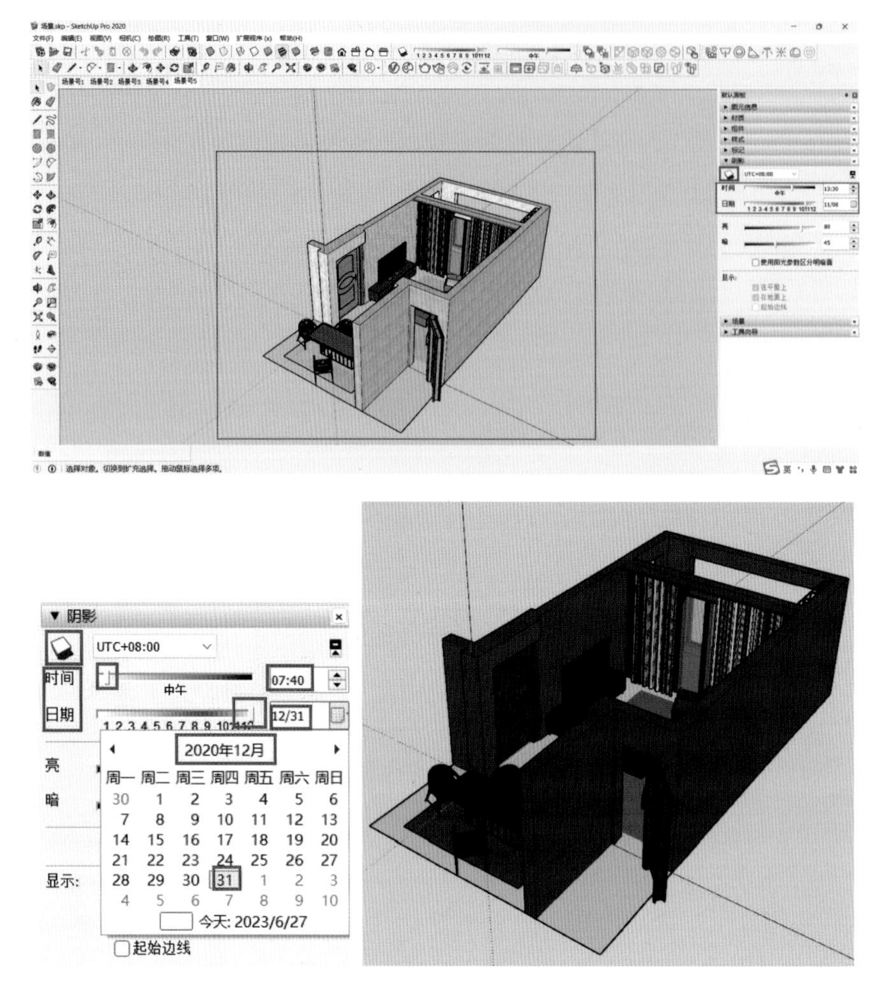

图 7.32　开启阴影显示

⑷ 在“窗口”的“默认面板”中打开场景面板，单击“添加场景”按钮，为当前场景添加一个页面，如图 7.33 所示。

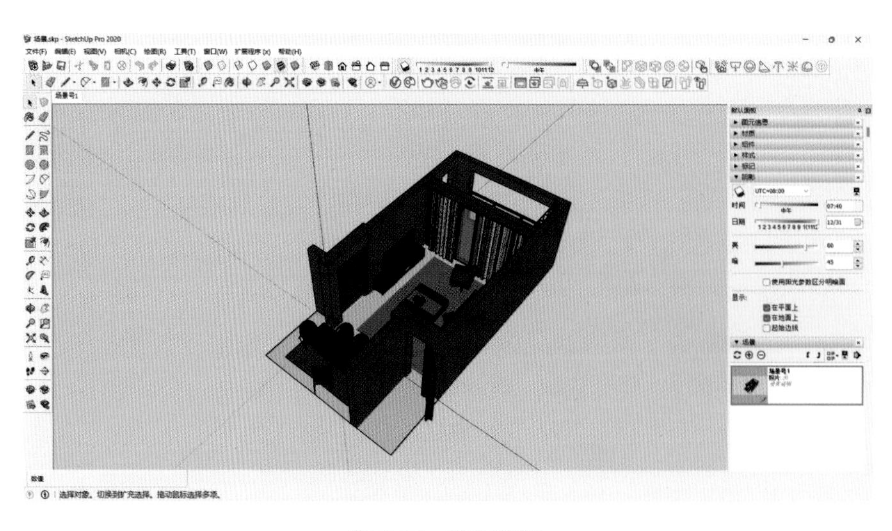

图 7.33　添加页面

⑸ 通过前文所述的方法，将时间设置为 10:00，并添加一个新的页面，如图 7.34 所示。

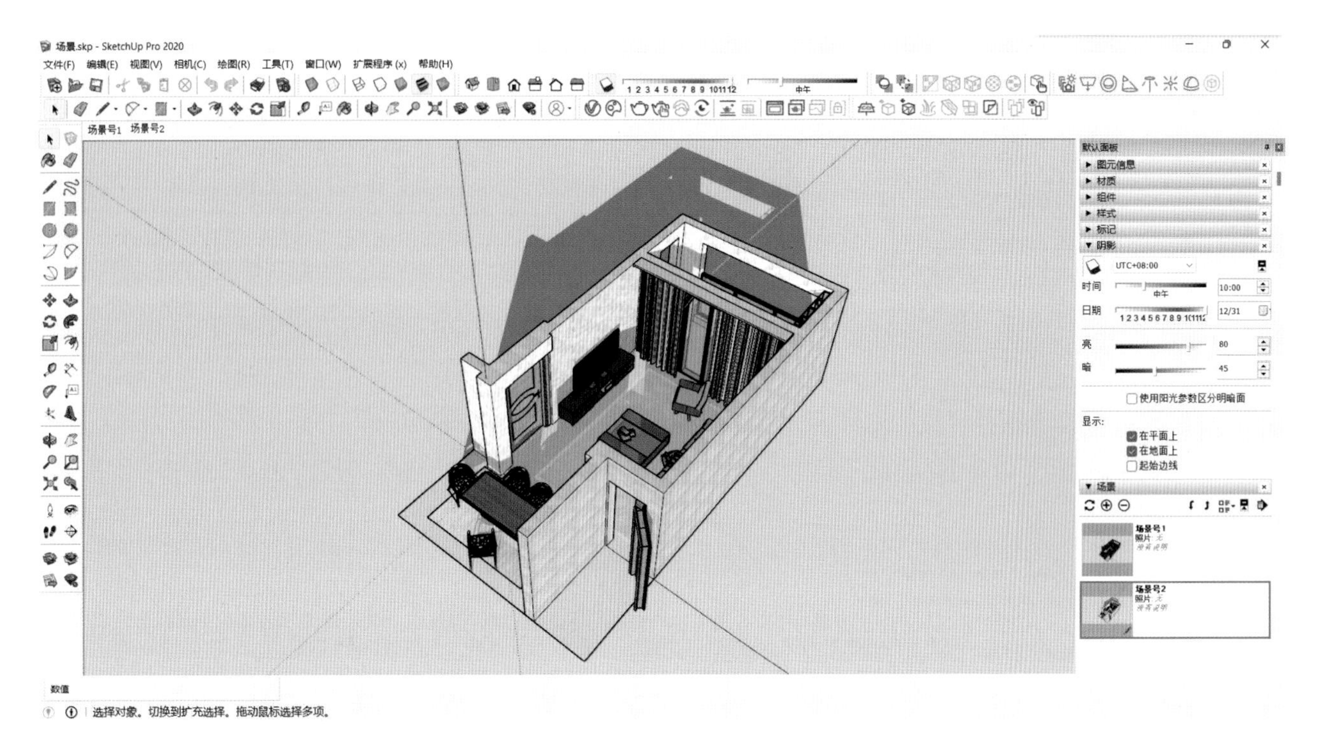

图 7.34　继续添加页面

⑹ 以此类推，分别在 12:00、14:00、16:00、16:53 添加场景页面。

⑺ 点击“视图”→“动画”→“设置”，弹出“模型信息”窗口，设置场景转换时间为 1 秒，场景暂停时间为 0，并开启场景过渡，如图 7.35 所示。

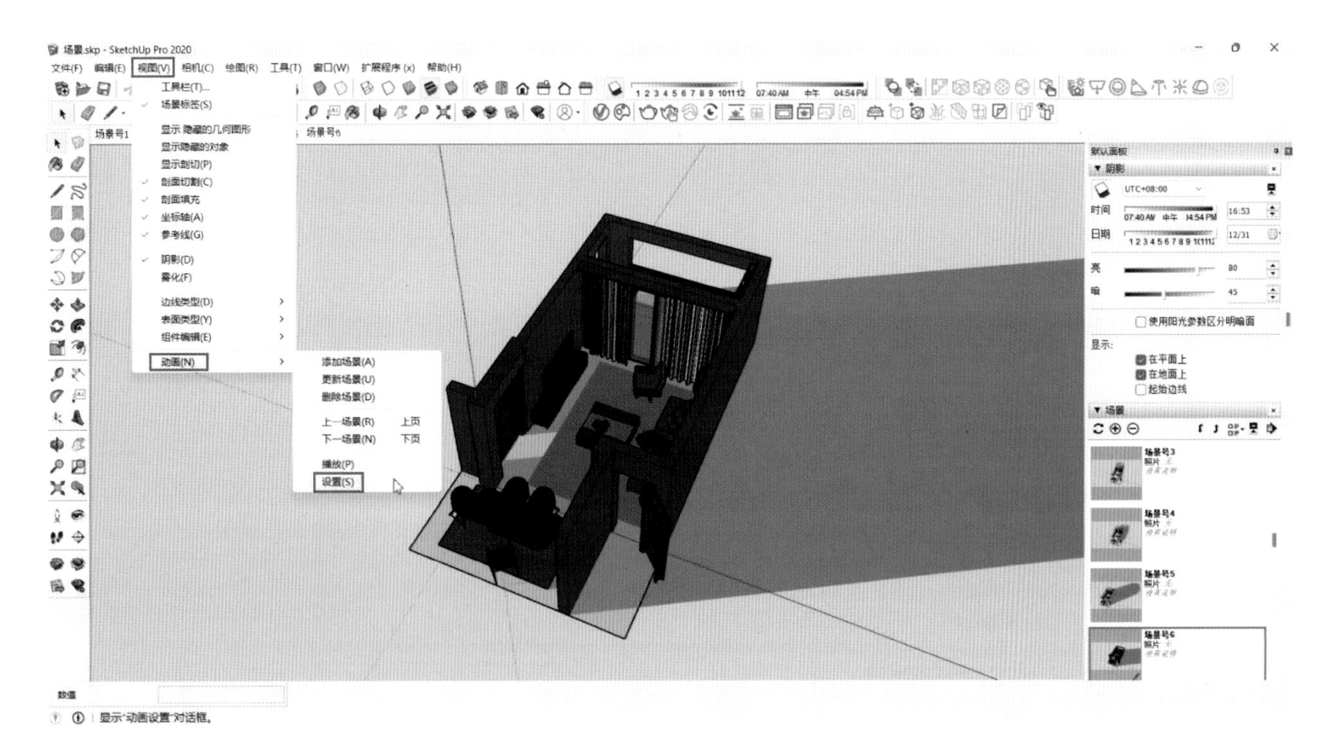

图 7.35　设置模型信息

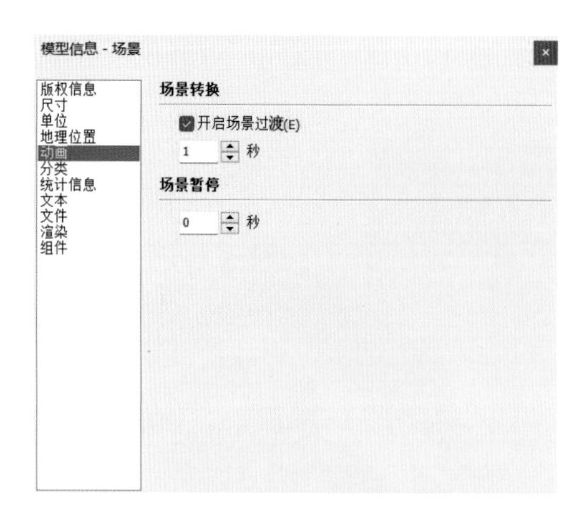

续图 7.35

⑧完成以上设置后，可单击“文件”中的“导出”，以“动画”的方式，将场景导出为“mp4”格式的阴影动画，如图 7.36 所示。

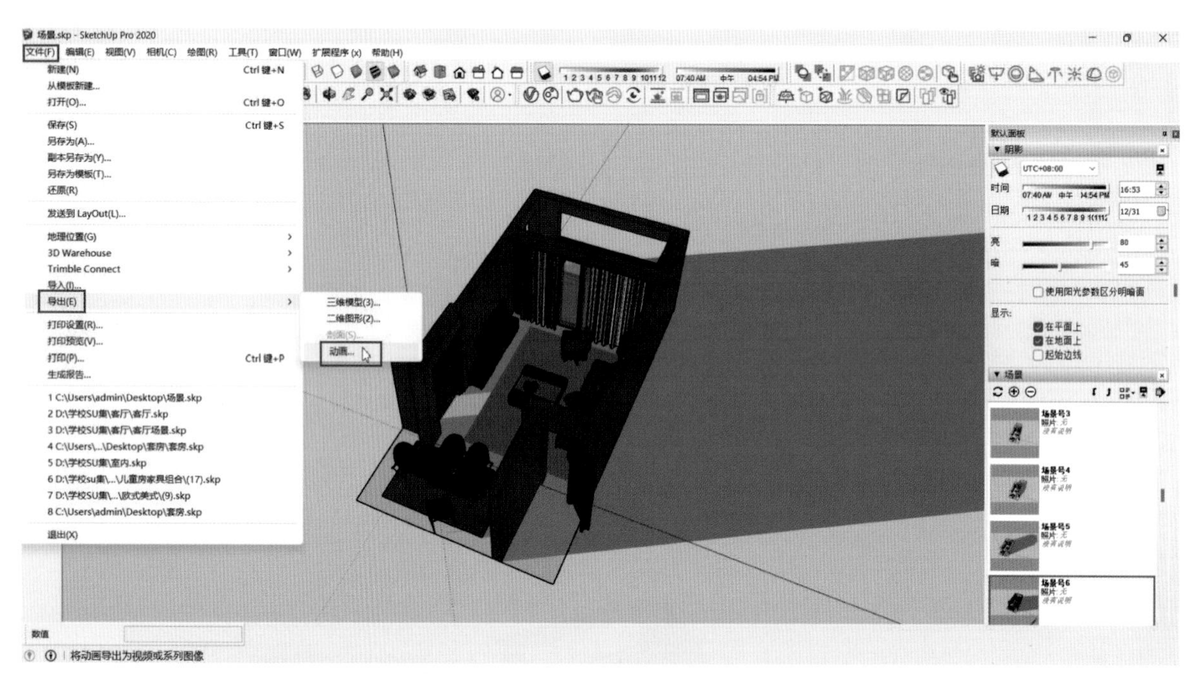

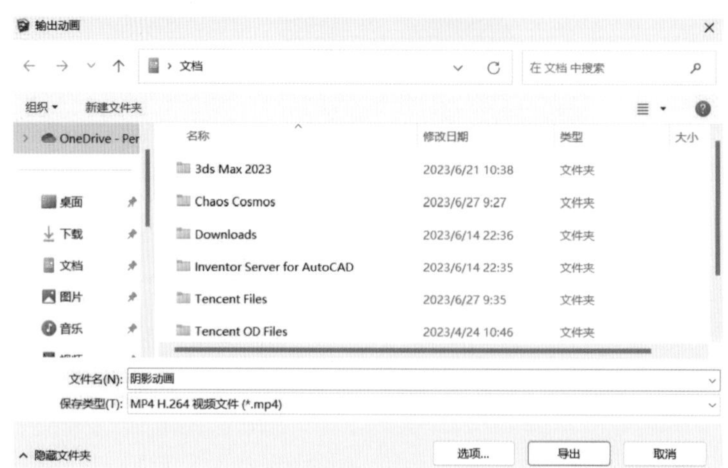

图 7.36　导出动画

三、专业技能基本练习与案例实践

自行练习前文所讲内容，创建不同的阴影场景页面，设置阴影的时间与日期，生成具有各个时段阴影的动画视频，观察阴影变化的效果。

— 本阶段学习的主要思考 —

(1) 阴影的变化。

(2) 阴影的选择性显示与隐藏。

学习情境 7.3 动画

学习目标

知识要点	知识目标	能力目标
动画的基本知识	了解 SketchUp 动画的基本原理及应用场景	能够在 SketchUp 中独立地创建简单动画，并将其运用于实际的设计工作中，从而更好地展示设计理念和创意
动画的创建方法及步骤	学习如何使用 SketchUp 制作简单的动画，例如漫游动画	
专业技能基本练习	通过一系列的实践操作，熟练掌握 SketchUp 动画功能	
专业技能案例实践	通过具体的实际案例，学会将动画与其他功能结合使用，以达到想要的效果	

学习任务

(1) 动画的基本知识。

(2) 动画的创建方法及步骤。

(3) 专业技能基本练习。

(4) 专业技能案例实践。

学习方法

对于重点内容，以课堂讲授、实操为主。对于一般内容，则以学生自学为主，并在实际操作中加以深化和巩固。在教学过程中，宜采用多媒体教学或其他信息化教学手段提高教学效果。

内容分析

一、动画的基本知识

SketchUp 的动画主要通过场景页面来实现，在不同场景页面之间可以平滑地过渡雾化、阴影、背景和天空等效果。SketchUp 的动画制作过程简单、成本低，其被广泛用于概念性设计成果展示。单击 “视图” → “动画”，选择需要进行的操作，如图 7.37 所示。

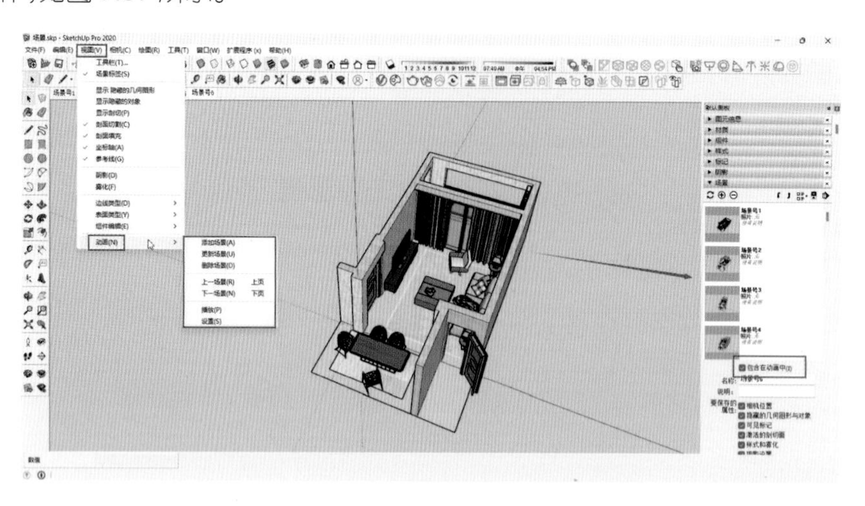

图 7.37 SketchUp 动画的场景页面设置

(1) 对于设置好页面的场景，可以用幻灯片的形式进行演示。首先设定一系列不同视角的页面，并尽量使得相邻页面之间的视角与视距不要相差太远。页面数量不宜太多，只需选择能充分表达设计意图的代表性页面即可，如图 7.38 所示。

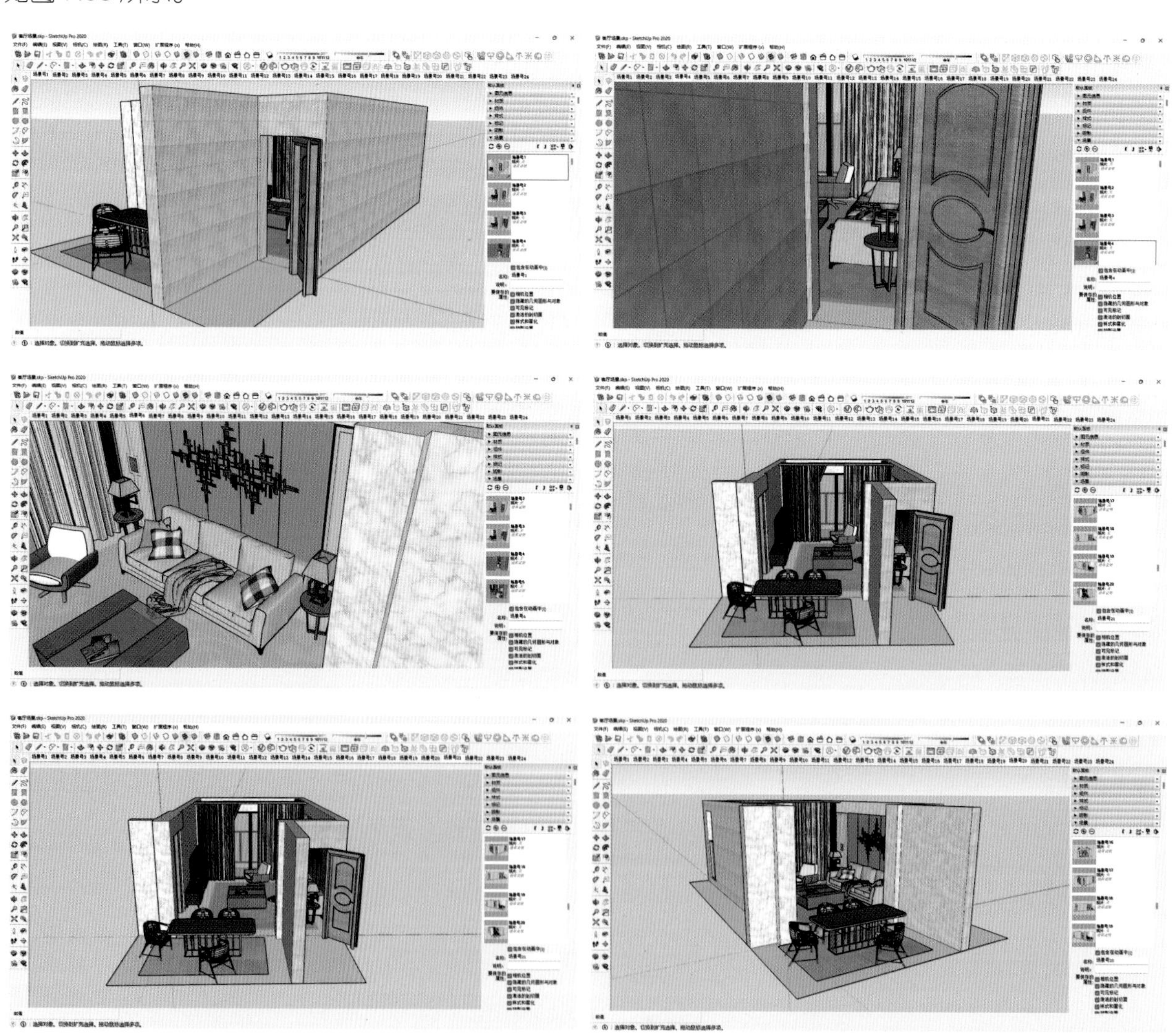

图 7.38 选择页面

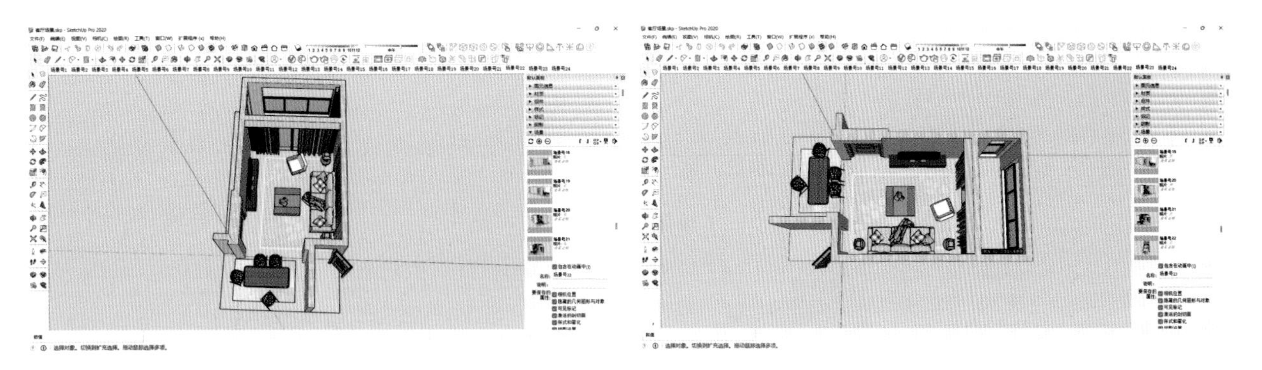

续图 7.38

⑵点击“视图”→“动画”→“播放”，将所选择好的场景页面进行动画播放，如图 7.39 所示。

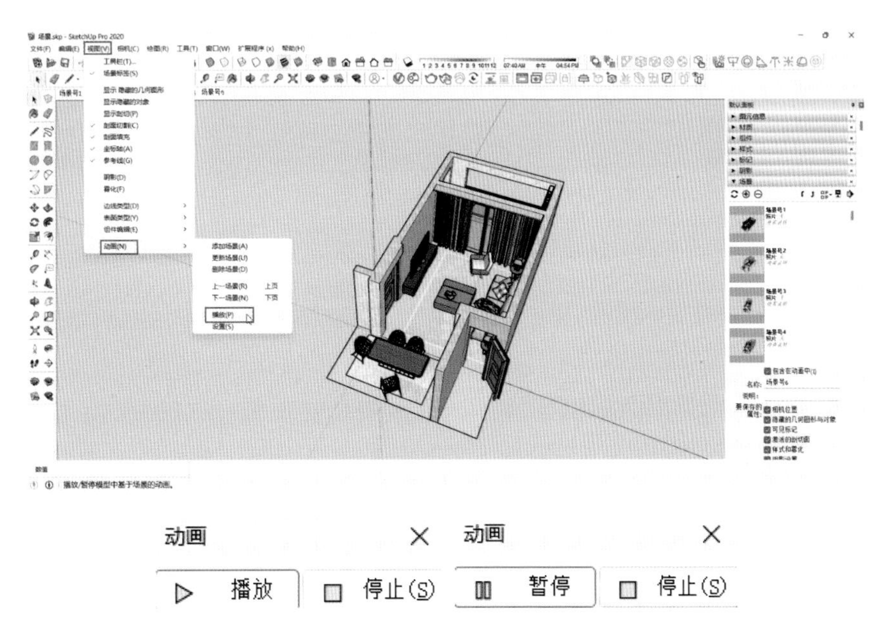

图 7.39　播放动画

【温馨提示】

具有两个或者两个以上的场景页面才可以进行动画播放与演示，如图 7.40 所示。

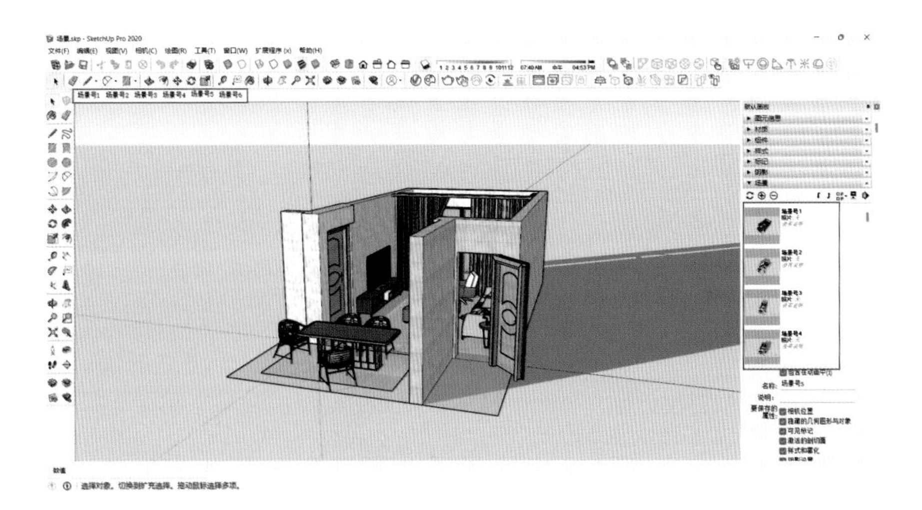

图 7.40　页面数不应少于两个

⑶ 单击"视图"→"动画"→"设置",打开"模型信息"窗口中的"动画"面板,在这里可以设置场景转换时间和场景暂停时间,如图 7.41 所示。

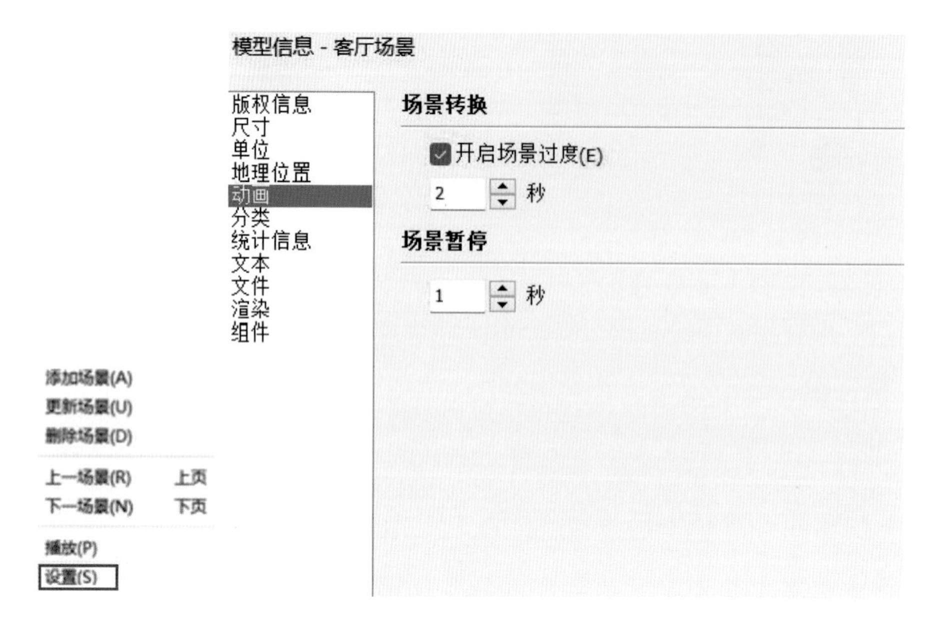

图 7.41 "模型信息"窗口

【温馨提示】

⑴ 一些程序或设备会指定特定的帧数,例如,一些国家的电视要求帧数为 29.97 帧,国内的电视要求帧数为 25 帧等。

⑵ 宽度 / 高度:这两项数值用于控制每帧画面的尺寸,以像素为单位。一般情况下,帧画面尺寸设为 400 像素 ×300 像素或 320 像素 ×240 像素即可。如果是 640 像素 ×480 像素的视频文件,则可以进行全屏播放。对视频而言,人脑在一定时间内对于信息量的处理能力是有限的,其运动连贯性比静态图像的细节更重要。所以,可以从模型中分别提取高分辨率的图像和较小帧画面尺寸的视频,既可以展示细节,又可以动态展示空间关系。如果是用 DVD 播放,画面的宽度需要 720 像素。

⑶ "切换长宽比锁定 / 解锁"用于锁定或解锁长宽比。大多数电视机、计算机屏幕的标准比例是 4∶3;宽银幕显示(包括数字电视、离子电视等)的标准比例是 16∶9。

⑷ 当页面设置过多的时候,就需要导出图像,这样可以避免在页面之间进行烦琐的切换,并能节省大量的出图等待时间。

二、动画的创建方法及步骤

⑴ 设定一系列不同视角的页面。

⑵ 设置场景转换时间和场景暂停时间。

⑶ 导出动画文件,此时将显示导出进程对话框,如图 7.42 所示。

⑷ 导出动画后,即可在保存的文件夹中看到该场景动画的视频文件,如图 7.43 所示,双击该文件,就可以使用视频播放器播放该视频了。

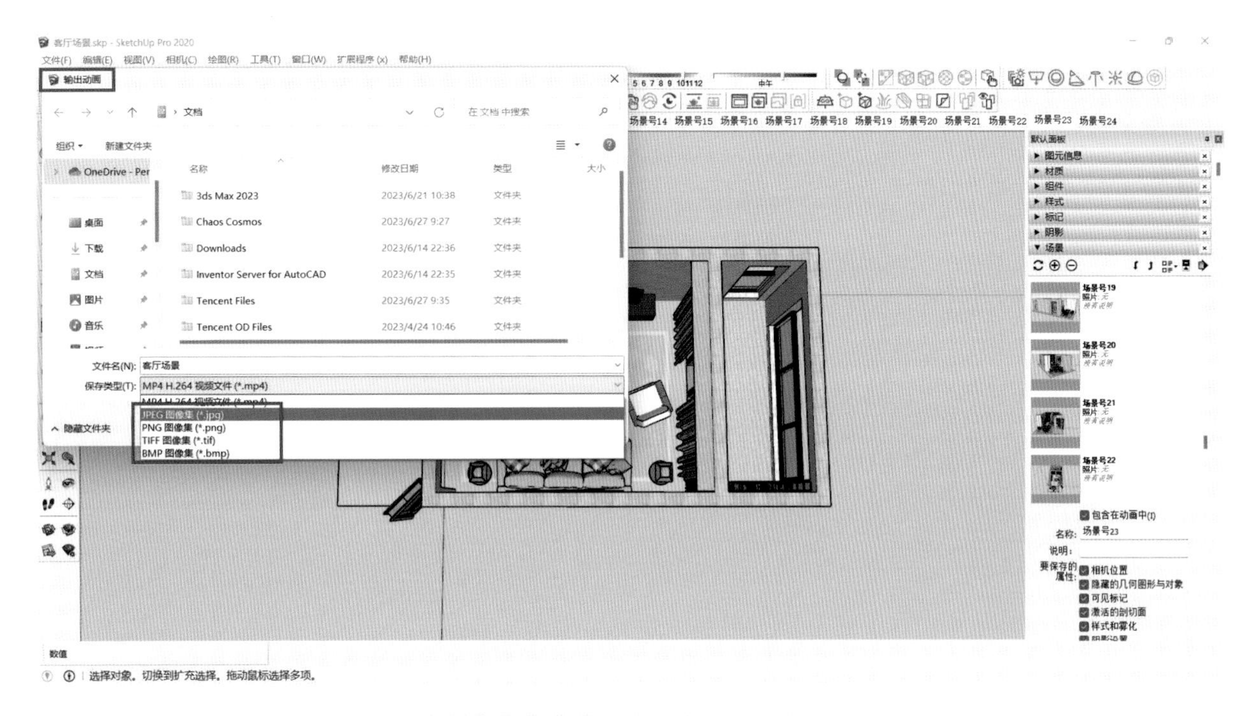

图 7.42 导出进程对话框

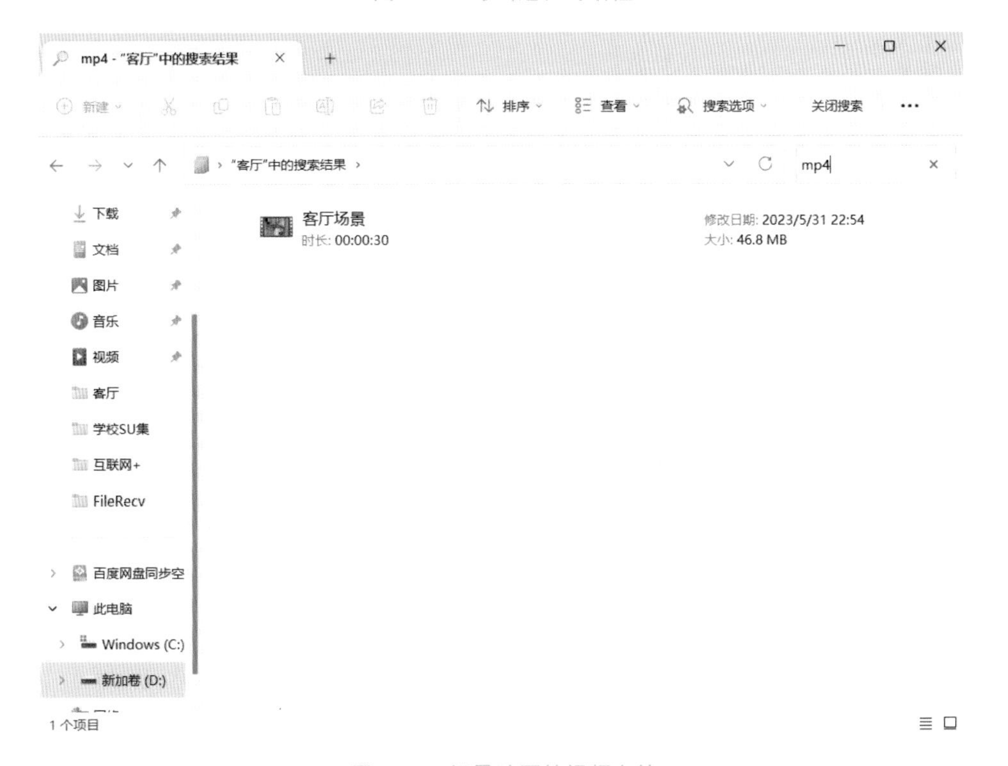

图 7.43 场景动画的视频文件

⑤ 观看导出的动画视频，如果有问题可以再进行调配，也可配上喜欢的背景音乐。

⑥ 此外，为了使动画播放流畅，一般将场景暂停时间设置为 0 秒，如图 7.44 所示。

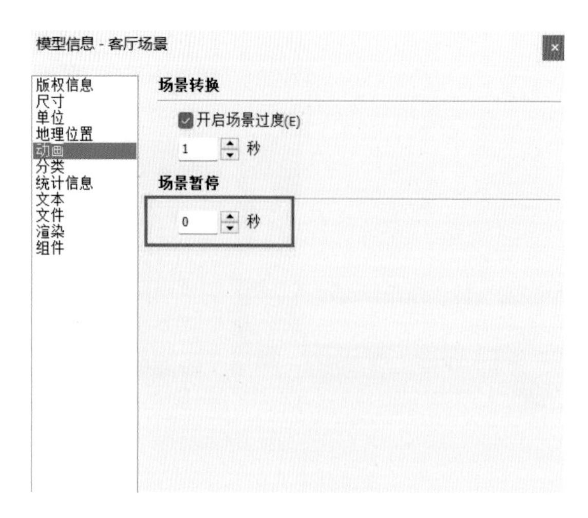

图 7.44　设置场景暂停时间

三、专业技能基本练习

⑴ 导出动画，将设置好的动画以视频的形式导出，如图 7.45 所示。

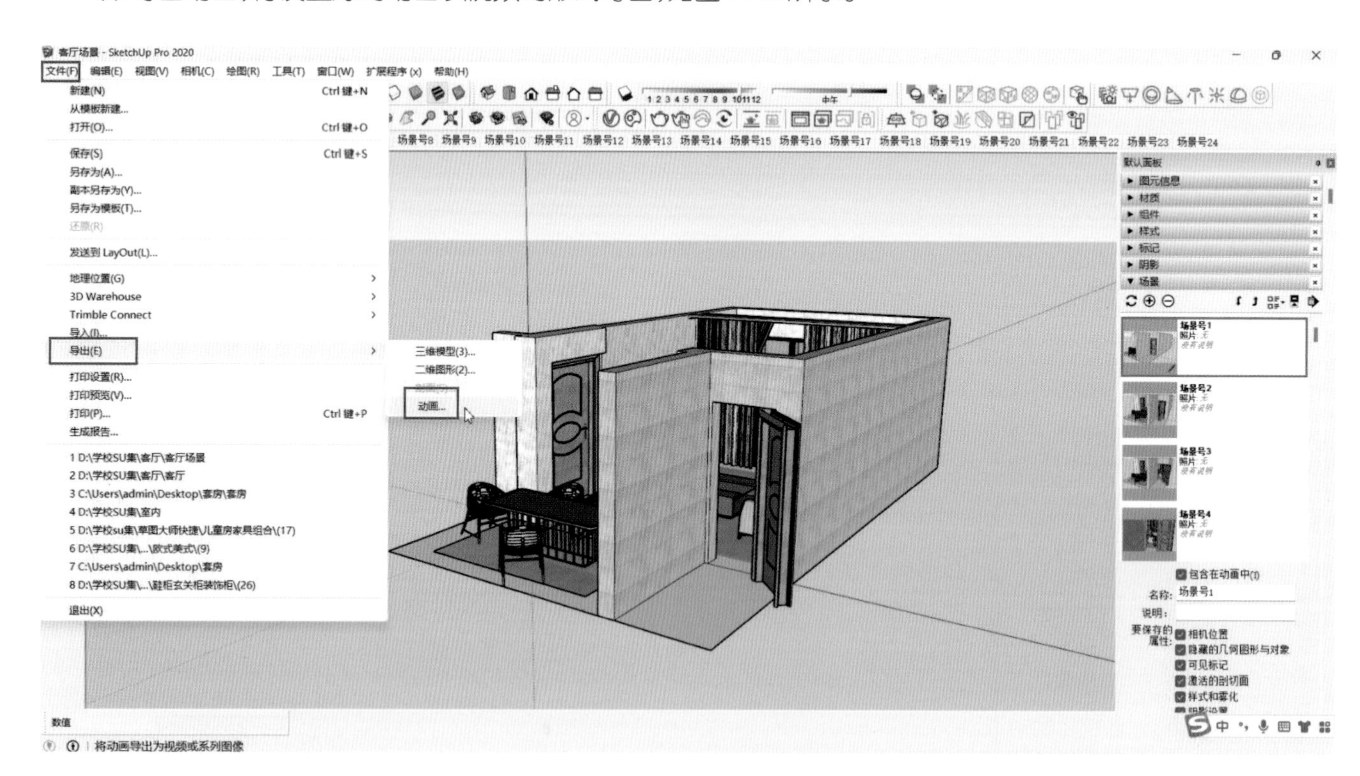

图 7.45　将动画以视频的形式导出

⑵ 单击“选项”，打开“输出选项”对话框，在此可调整各种参数，如图 7.46 所示。

①帧速率指每秒产生的帧画面数，帧速率与渲染时间及视频文件大小成正比，帧速率越大，渲染所花费的时间越长，视频文件越大。帧速率设置为 8~10 帧 /s 是令画面连续的最低要求，12~15 帧 /s 既可以控制文件的大小也可以保证视频流畅播放，24~30 帧 /s 的设置就相当于“全速”播放了。当然，还可以设置 5 帧 /s 渲染一个

粗糙的动画来预览效果,这样能节约大量时间并发现一些潜在问题,例如高宽比不对、照相机穿插等。

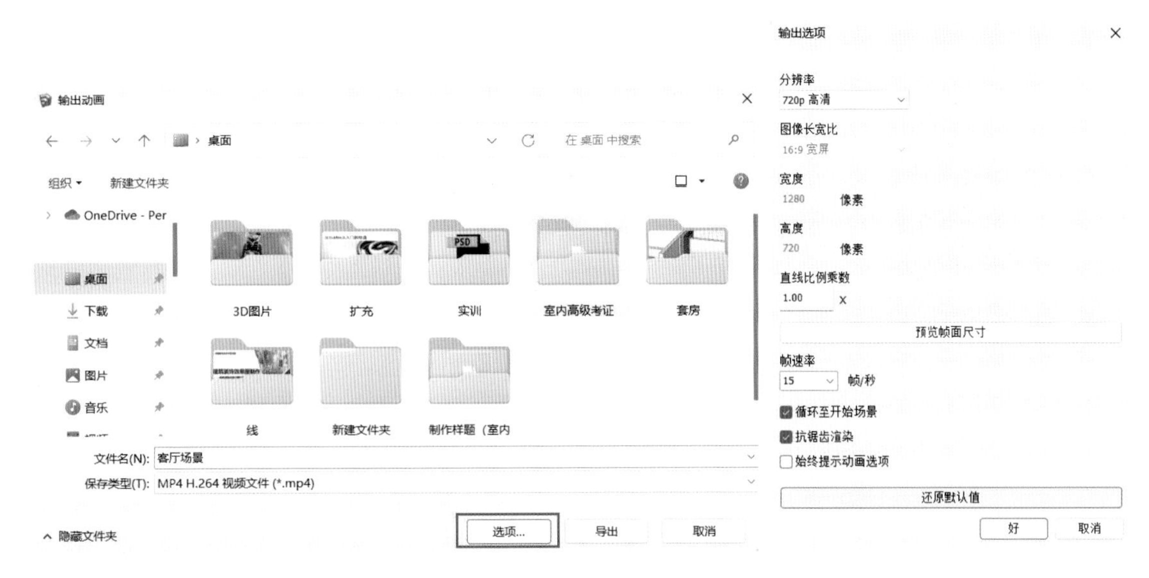

图 7.46 “输出选项”对话框

②循环至开始场景:勾选该复选框可以从最后一个页面倒退到第一个页面,创建无限循环的动画。

③抗锯齿渲染:勾选该复选框后,SketchUp 会对导出的图像进行平滑处理,此时需要更多的导出时间,但是可以减少图像中的线条锯齿。

⑶ 再返回到“输出动画”对话框,单击“导出”按钮。

四、专业技能案例实践

7⑴ 启动 SketchUp 软件,执行“文件”→“打开”命令,打开所需要的 SketchUp 文件,如图 7.47 所示。

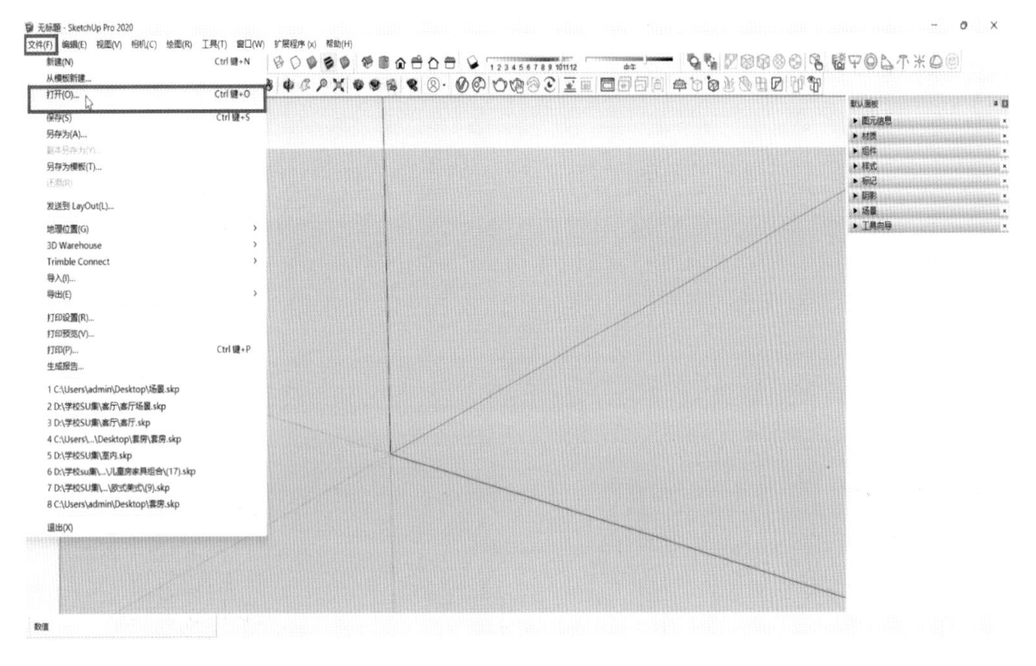

图 7.47 打开需要的文件

续图 7.47

②设定一系列不同视角的页面，如图 7.48 所示。

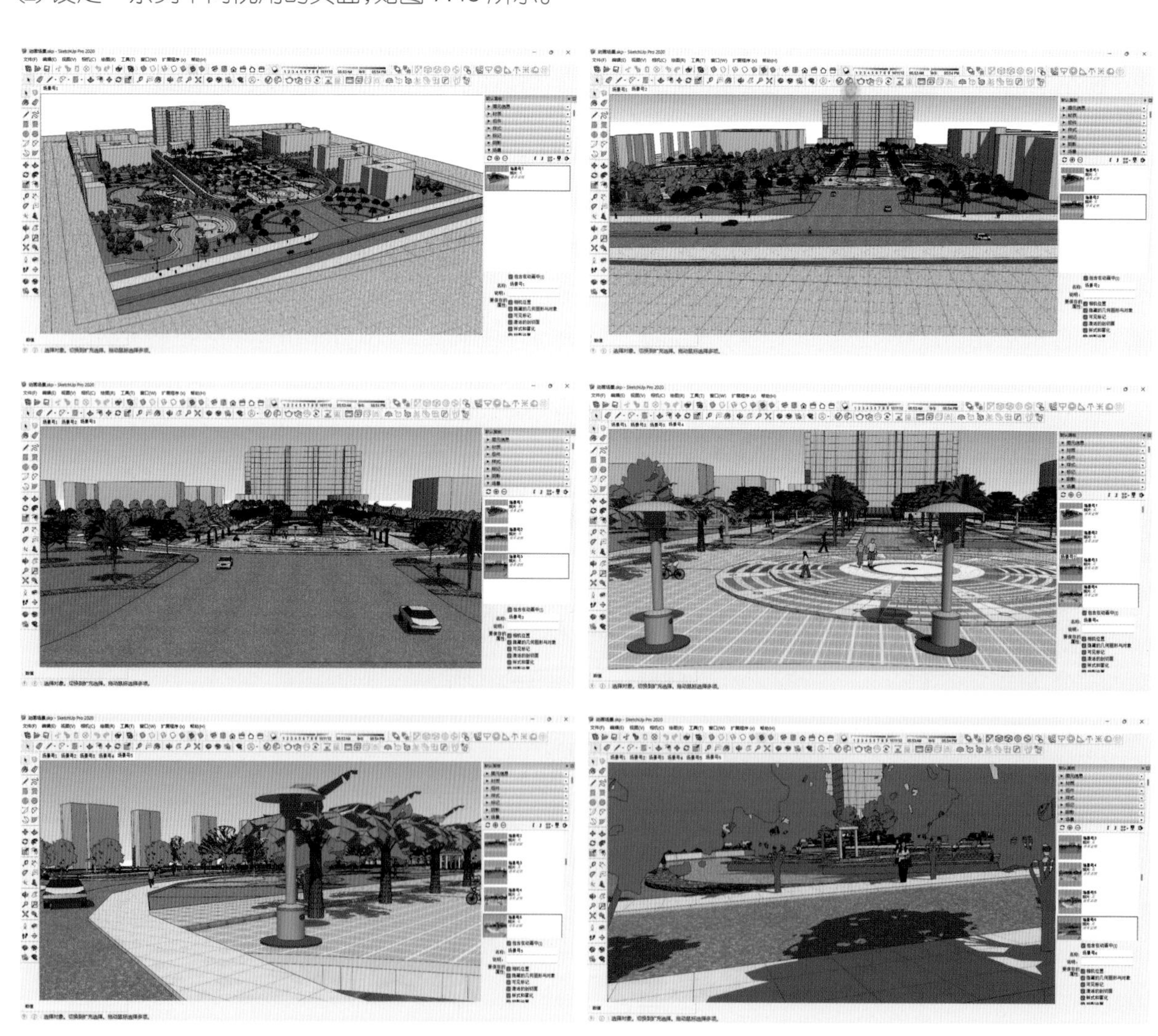

图 7.48　设定一系列不同视角的页面

③ 在创建好页面的基础上，调整场景转换时间与场景暂停时间，如图 7.49 所示。

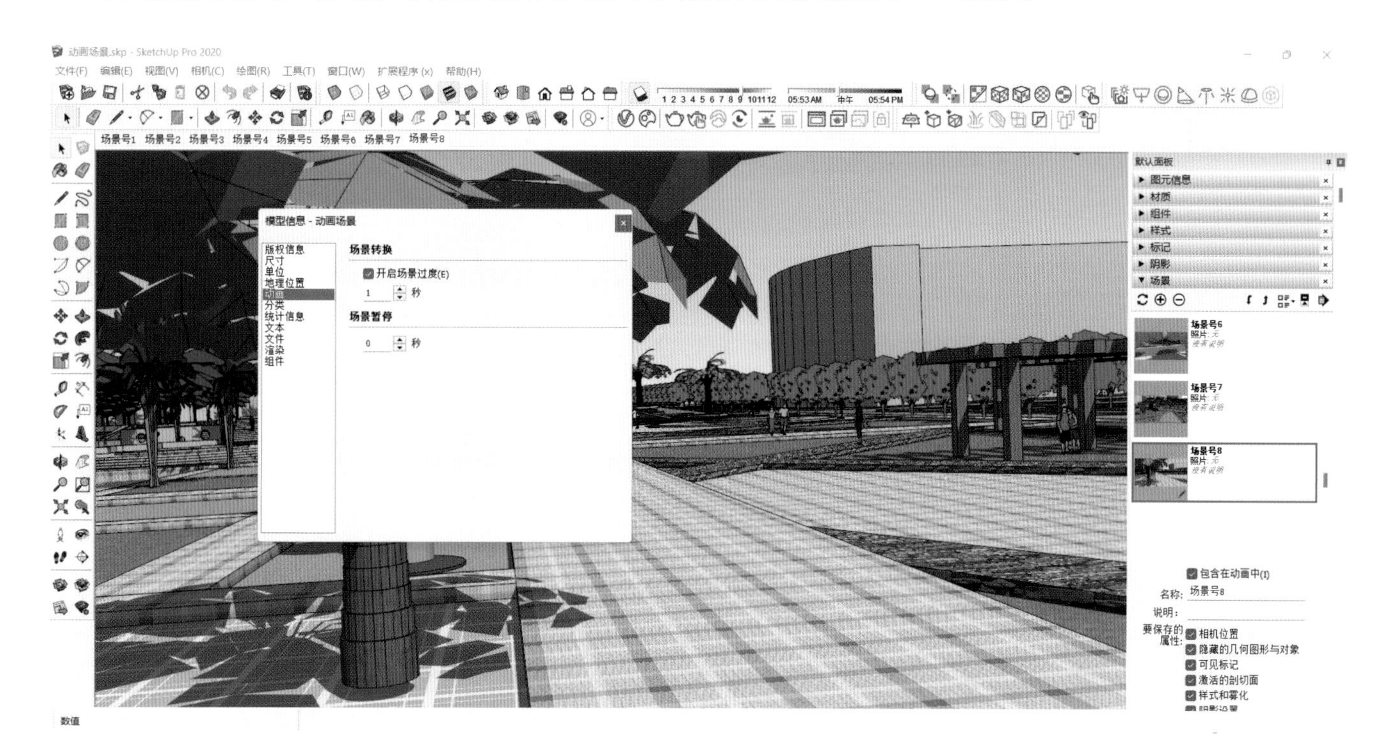

图 7.49 调整场景转换时间与场景暂停时间

④ 播放动画进行预览，有问题则进行调整，没问题则准备导出，如图 7.50 所示。

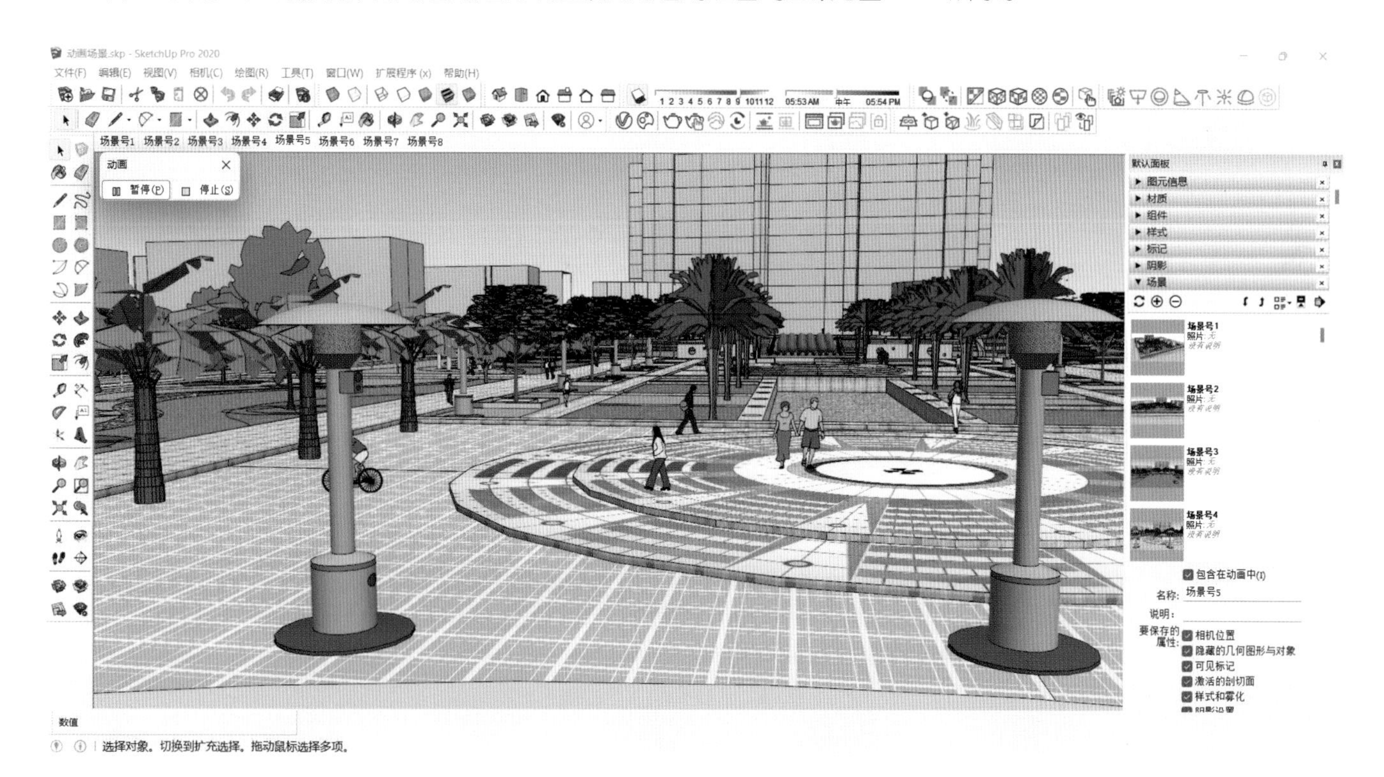

图 7.50 预览

⑤ 点击 “文件” → “导出”，弹出如图 7.51 所示的面板。

⑥在 “输出选项” 对话框中进行动画视频设置，设置分辨率为 “1080 p 全高清”，帧速率为 10 帧 / 秒，勾选 “循

环至开始场景”、“抗锯齿渲染”，如图 7.52 所示。

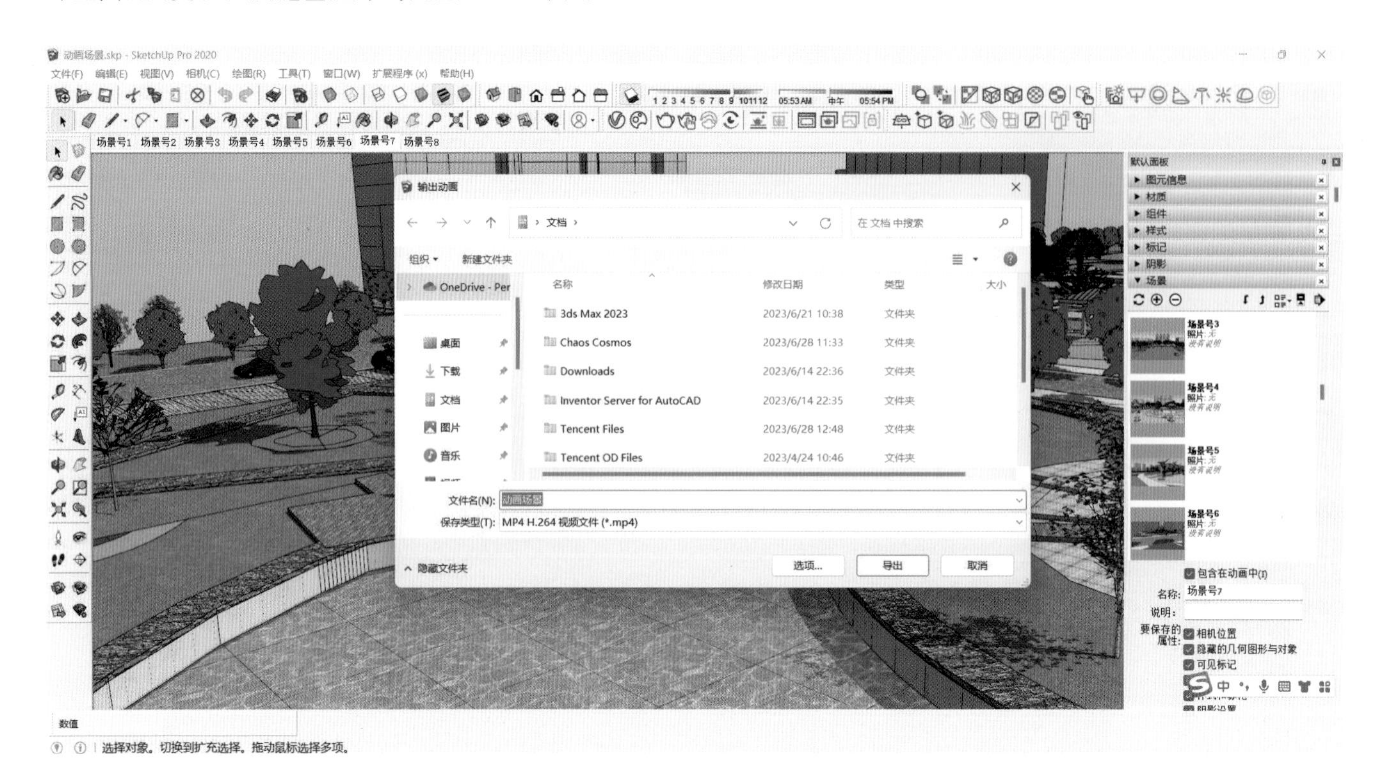

图 7.51 导出文件

图 7.52 进行动画视频设置

(7) 导出动画，进行观看。

(8) 如果发现播放过快，可返回进行调整，将场景暂停时间设为 1 秒，帧速率调整为 15 帧/秒，如图 7.53 所示。

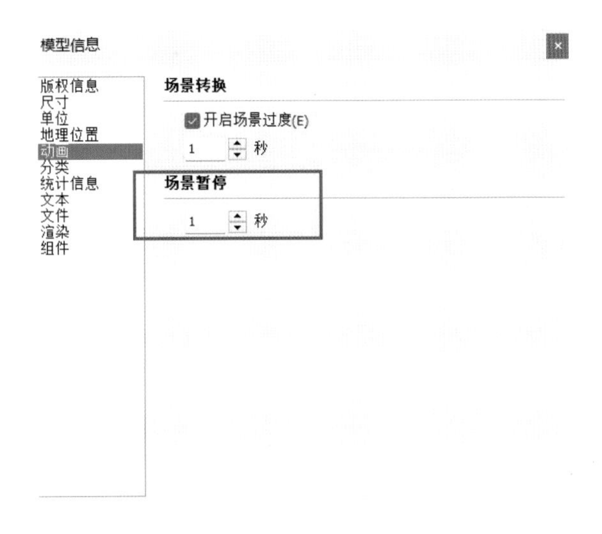

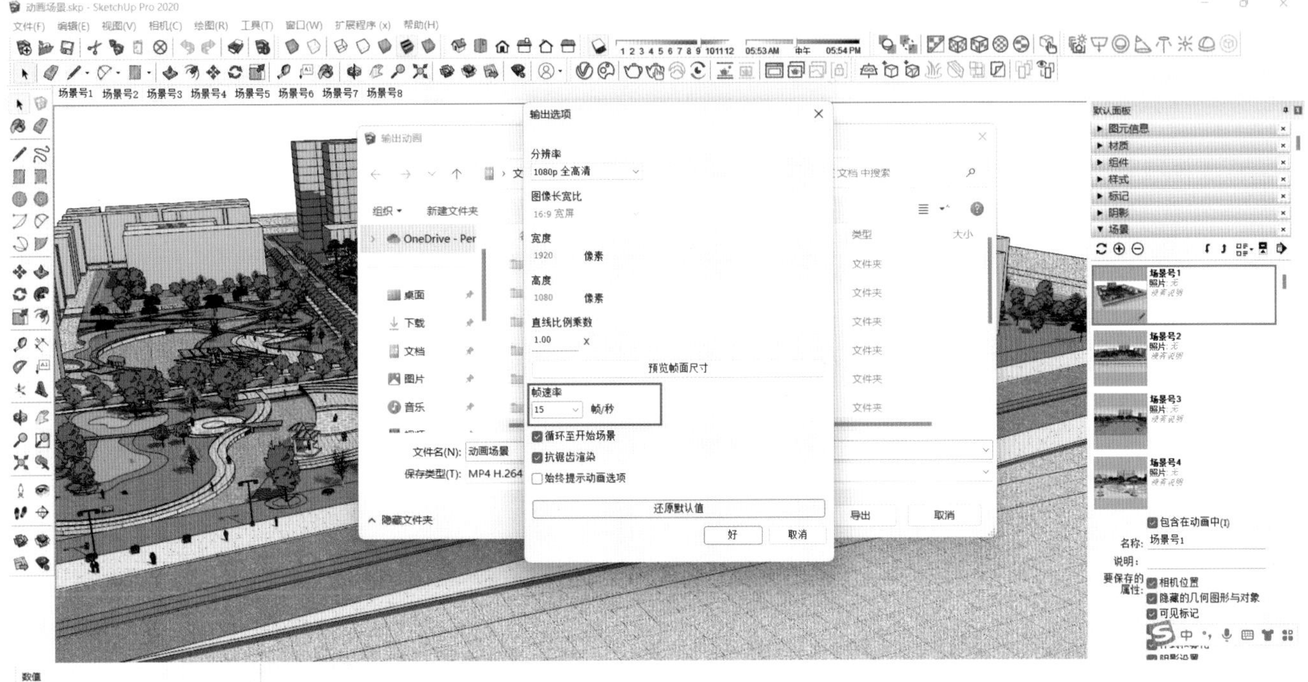

图 7.53 返回修改参数

— 本阶段学习的主要思考 —

(1) 动画的基本知识。

(2) 如何设置动画参数。

(3) 如何进行适合视频的动画参数设置。

学习领域八

Enscape 的灯光设置及渲染操作

学习领域概述

了解插件 Enscape 的灯光及渲染操作。运用所学的知识和技术进行实际的渲染案例实践，提高使用 Enscape 的能力，以可以很好地进行各种风格的画面输出。

学习情境　Enscape 的灯光设置及渲染操作

学习目标

知识要点	知识目标	能力目标
Enscape 的灯光设置	熟悉 Enscape 的灯光控制面板，学会设置各类光源效果	能有效地利用 Enscape 的灯光设置和渲染功能，并有能力进行各种风格的画面输出
Enscape 的渲染操作	了解 Enscape 渲染流程及优化技巧，能够顺利地完成渲染工作	
专业技能案例实践	运用所学的知识和技术进行实际的渲染案例实践，提高使用 Enscape 的能力	

学习任务

(1) Enscape 的灯光设置。

(2) Enscape 的渲染操作。

(3) 专业技能案例实践。

学习方法

对于重点内容，以课堂讲授、实操为主。对于一般内容，则以学生自学为主，并在实际操作中加以深化和巩固。在教学过程中，宜采用多媒体教学或其他信息化教学手段提高教学效果。

内容分析

一、Enscape 的灯光设置

Enscape 的灯光设置面板如图 8.1 所示。

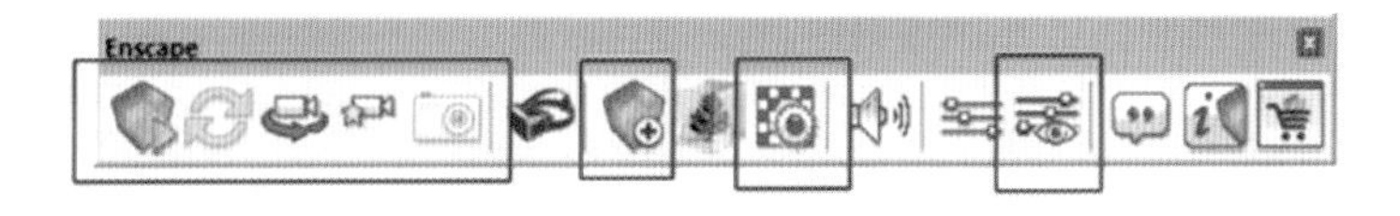

图 8.1　Enscape 的灯光设置面板

Enscape 是目前流行的即时渲染插件，不仅可以渲染出传统静态图和全景图，还能快速输出实时动态视频。两种软件的结合能弥补 3DSMAX 和 VRAY 技术修改模型的步骤复杂、出图效率低的缺点，而且随着技术的成熟，其输出图片的质量也逐渐接近于 VRAY 的。

在不进行任何设置的前提情况下，Enscape 的球灯其实就是点光源，在空间中的某一点，均匀向四周发散光线，产生的效果其实可以理解成是普通的白炽灯所产生的效果，即向四周发光，柔和衰减。

对于线形光，可以通过调整长度及旋转来匹配场景灯光的需求，线形光的光线特点是，头尾的光线更聚集和明显，中间段的光线比较柔和。

点击，会出现如图 8.2 所示的界面，这里有几种类型的灯光，分别是点光源、聚光灯、线光、面光等。

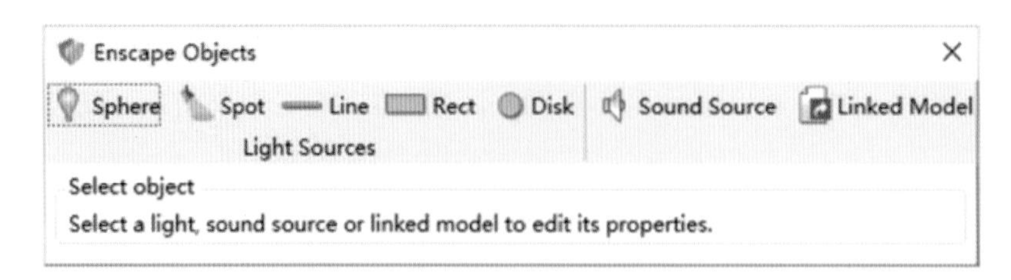

图 8.2　Enscape 的灯光类型

当你创建一个灯光并选中它时，则可以对光源的强度及半径等进行设置。

聚光灯是自发光的，它的影响范围是一个光锥，通过改变锥角的宽度，可以控制场景被照亮的范围。锥体的宽度也决定了光线的软硬程度。还可以通过点击 “Load IES Profile” 来加载 IES 光域文件，如图 8.3 所示，形成丰富的光斑效果。当你把灯光强度开到最大而场景都没有什么变化时，检查一下是不是开启了自动曝光和自动对比度，建议关闭自动曝光和自动对比度。

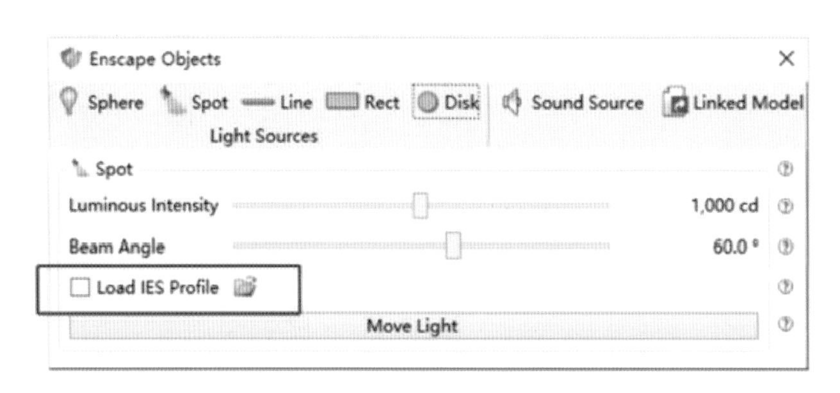

图 8.3　点击 “Load IES profile” 来加载 IES 光域文件

矩形灯和圆盘灯是面域灯，意味着它们不像球灯或者聚光灯那样从空间中某一极小点发出光，相反，它们会均匀地在表面发射光线，这样就形成了一整个区域的光，会产生一种漫射光，带有柔和的、不那么引人注目的阴影。因为这些原因，面光（例如通过窗户照射进来的光线）可以用于大范围照明。也可以创建一个荧光灯具，实际应用有灯带、背光面板。这些 Enscape 光可以自由组合搭配，以实现写实效果或舞台化效果。

【温馨提示】

Enscape 光默认为白光，如想更改灯光颜色，只需要更改 SU 中 “发光体” 的颜色即可。

Enscape 灯光效果的真实性和质量，与材质的属性和反射率有很大关系。如果场景中的材质没有进行合适的材质设置，可能会导致灯光效果不佳。因此，在进行灯光设置之前，必须先确保材质属性的预处理和适配。

二、Enscape 的渲染操作

SketchUp 结合 Enscape 渲染器，可以快速输出 4 K 或者 8 K 级别的效果图，制作成本大大降低。除了高清渲染图，也能快速渲染输出 360 全景图片和高清 3D 动画视频，而且能够实时一键分享 360 动态浏览全景图，并支持头戴式 VR 眼镜，实现沉浸式体验。

SketchUp 与 Enscape 技术的结合，为室内方案效果出图提供了一种更为快捷的选择，既弥补了 SketchUp 展现方案过于概念化的缺点，保证了材质和光影的品质，也能以秒级的速度快速输出高品质的写实效果图。

三、专业技能案例实践

自行完成图 8.4 所示的渲染效果。

图 8.4　最终效果图参考

— 本阶段学习的主要思考 —

(1) Enscape 渲染器灯光设置基本知识。

(2) Enscape 渲染器渲染输入高品质效果图的注意事项。

学习领域九

室内、外场景的创建

学习领域概述

复习前面章节内容，进行室内空间环境及室外景观环境的创建。能够独立创作优秀的室内、室外场景，并进行设计理念和创意的展示。

学习情境 9.1 相机和观察工具

学习目标

知识要点	知识目标	能力目标
相机和观察工具的认识	掌握相机和观察工具的功能和用法，学会使用这些工具来观察场景	在 SketchUp 中能够独立创作优秀的室内、室外场景，并进行展示和演示，以达到预期的效果，展示设计理念和创意
专业技能案例实践	在实践中运用所学知识和技能，熟练地创建室内、室外场景，并输出高质量的作品	

学习任务

⑴ 相机和观察工具的认识。

⑵ 专业技能案例实践。

学习方法

对于重点内容，以课堂讲授、实操为主。对于一般内容，则以学生自学为主，并在实际操作中加以深化和巩固。在教学过程中，宜采用多媒体教学或其他信息化教学手段提高教学效果。

内容分析

一、相机和观察工具的认识

1. 相机工具

相机工具即指视图控制工具，它代替了现实中人们围着模型转来转去的观察方式，而是让模型自己转来转去。

⑴ 视图旋转工具。

视图旋转工具也称环绕观察工具，单击视图旋转工具按钮或执行“镜头”→“环绕观察”命令均可启动视图旋转工具，可使照相机围绕模型任意旋转，适用于观察模型外观。

⑵ 旋转视图。

启动视图旋转工具，在绘图窗口中任一位置拖动鼠标指针，视图旋转工具会围绕模型视图的大致中心旋转视点。

在视图旋转工具启动状态下双击鼠标左键，可以使双击的位置在视图窗口中居中，以便更准确地旋转视图。

⑶ 保存视图。

执行“视图”→“动画”→“添加场景”命令可保存和恢复常用的视图，以减少视图旋转工具的使用频率。

⑷ 充满视窗工具。

单击充满视窗工具按钮或执行“镜头”→“缩放范围”命令或按“Ctrl+Shift+E”键均可启动命令。使用充满视窗工具可以调整视点与模型间的距离，使整个模型显示在绘图视窗（绘图窗口）中。

⑸ 恢复上一个视图显示工具。

恢复上一个视图显示工具又称上一个工具，单击对应的工具按钮或执行“镜头”→“上一个”命令可启动恢复上一个视图。使用该工具可以恢复视图旋转、视图平移、定位相机、正面观察及视图缩放等命令产生的视图显示变化。

⑹ 回到后一个视图显示工具。

执行“镜头”→“下一个”命令可启动回到后一个视图显示工具，该工具是恢复上一个视图显示工具的逆向恢复，同样是针对视图旋转、视图平移、定位相机、正面观察及视图缩放等命令的。

⑺ 缩放窗口工具。

单击缩放窗口工具按钮或执行“镜头”→“缩放窗口”命令或按“Ctrl+Shift+W”键均可启动缩放窗口工具。

缩放窗口工具可以全屏显示所选的矩形区域。

2. 定位相机

单击定位相机工具按钮或执行“镜头”→“定位镜头”命令或按“Alt+C”键均可启动定位相机工具。利用该工具可控制点的高度。

在定位相机工具启动状态下单击绘图视窗中任意一点可以指定透视站点，然后输入视点高度即可得到一个大致的透视图。若要精确指定视点方向，可以先单击确定透视站点，然后拖动鼠标指定透视方向。

⑴ 鼠标单击。

此方法使用的是当前的透视方向，仅能精确指定视点的位置，且视点高度与地面对齐。如果在顶视图状态下放置相机，视点方向将会指向默认的北向。

⑵ 单击并拖动。

单击并拖动鼠标可以指定视点位置和视点朝向。在相机位置命令启动状态下单击视点所在的位置，拖动鼠标指针以指定视点方向，然后释放鼠标左键即可。

3. 漫游工具

漫游工具的主体是人。

单击漫游工具按钮或执行“镜头”→“漫游”命令或按 W 键均可启动漫游工具。使用该工具可以像散步一样观察模型。

⑴ 使用漫游工具。

具体操作步骤如下。

①启动漫游工具，在绘图窗口的任意位置单击以确定漫游参考点的位置，该位置会出现一个“+”字符号。

②上下拖动鼠标。向上拖动是前进，向下拖动是后退，左右拖动是左转和右转。鼠标指针距离光标参考点越远，移动速度越快。

②使用广角视野。

漫游工具适合视野较大的透视。激活视图缩放工具，并按住 Shift 键，上下拖动鼠标即可调整透视角度。

③正面观察快捷键。

在漫游工具启动状态下，按住鼠标中键可以执行正面观察操作。

4. 正面观察

正面观察工具、移动观察工具的主体是人。

单击正面观察工具按钮或执行“镜头”→“正面观察”命令均可启动正面观察工具。利用该工具可以改变视点的观察角度，对视点的位置没有任何影响，如同转动眼球或转动头部四处查看，以观察当前视点位置的全景图。正面观察工具适用于观察模型内部空间，或放置照相机后用来观察当前视点的视线效果。

⑴正面观察。

激活正面观察工具，然后在绘图窗口中的任意位置按下鼠标左键并拖动鼠标。

②指定视点高度。

在正面观察工具启动状态下，在数值控制框中输入数值可以指定视点(距离地面)的高度。

③在使用漫游工具时正面观察。

在通常状态下，按下鼠标中键，会激活视图旋转工具，而在漫游时按下鼠标中键，则会激活正面观察工具。

二、专业技能案例实践

创建创意树形书架模型，如图 9.1 所示。

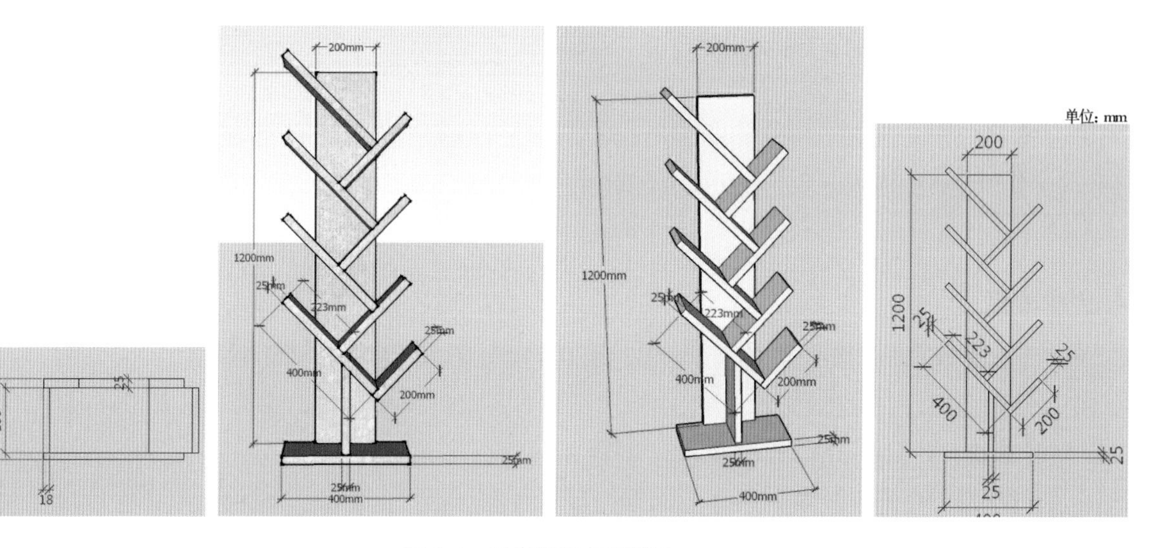

图 9.1 创意树形书架模型

1. 创意树形书架模型的尺寸

⑴底板，长 400 mm；宽 222 mm；高 25 mm。

②背板，长 200 mm；宽 25 mm；高 1200 mm。

③隔板，长 400 mm，1200 mm；宽 180 mm；高 25 mm。

2. 创建底板

⑴ 在工具栏中选择卷尺工具，通过拖拽查看数值变化或者在数值框中输入已知距离进行绘制。

⑵ 运用尺寸标注工具标注尺寸，将鼠标移动到端点会有提示，点击开始标注，选择两个端点后向外侧拉伸确定标注尺寸位置，底板的尺寸便被标注出来。

⑶ 运用直线工具和推拉工具绘制出底板。

过程示意图如图 9.2 所示。

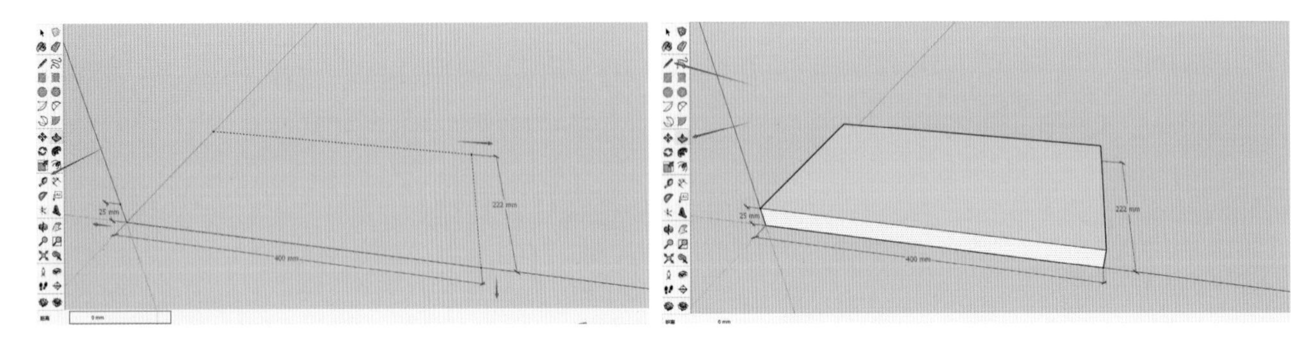

图 9.2　创意树形书架底板的创建

3. 创建背板

用同样的方法创建背板，最终如图 9.3 所示。

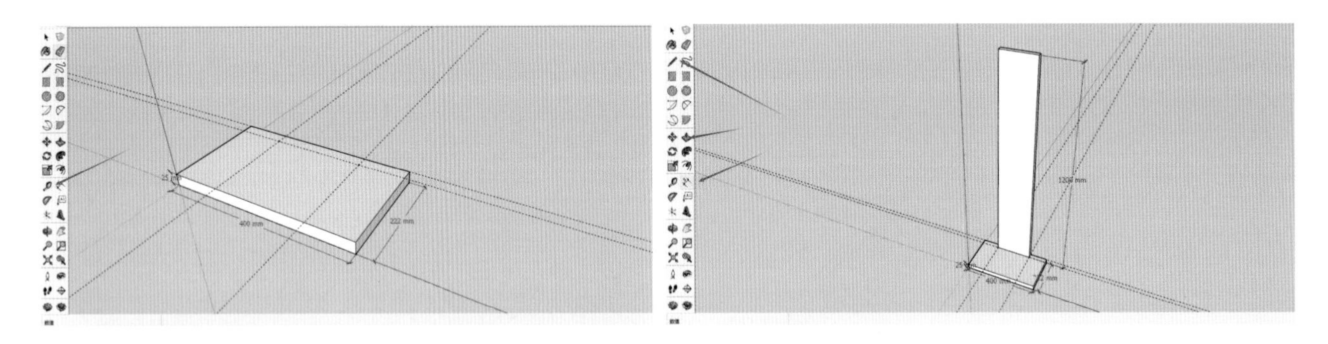

图 9.3　创意树形书架背板的创建

4. 创建隔板

⑴ 使用卷尺工具绘制出底板上支撑的隔板，长 200 mm；宽 180 mm；高 25 mm。

⑵ 使用擦除工具，对辅助线进行擦除，绘制出下面第一层斜隔板。左边隔板：长 400 mm；宽 180 mm；高 25 mm。右边隔板：长 200 mm；宽 180 mm；高 25 mm。

⑶ 使用量角器工具画出角度辅助线，角度为 45°；使用选择工具对物体进行窗选；使用旋转工具将隔板旋转至辅助线位置，将隔板放置在正确位置上。

⑷ 绘制出两个相同的隔板（长 400 mm；宽 200 mm；高 25 mm），使用旋转工具将隔板旋转 45°，并按住“Ctrl+M”键，移动并复制，然后按“X2”并回车，即复制出两组。

⑸ 使用选择工具将三层隔板依次放置在相符的位置上。

⑹ 使用尺寸标注工具对隔板尺寸进行尺寸标注。使用平移工具对模型进行环绕观察，模型创建完成。

过程示意图如图 9.4 所示。

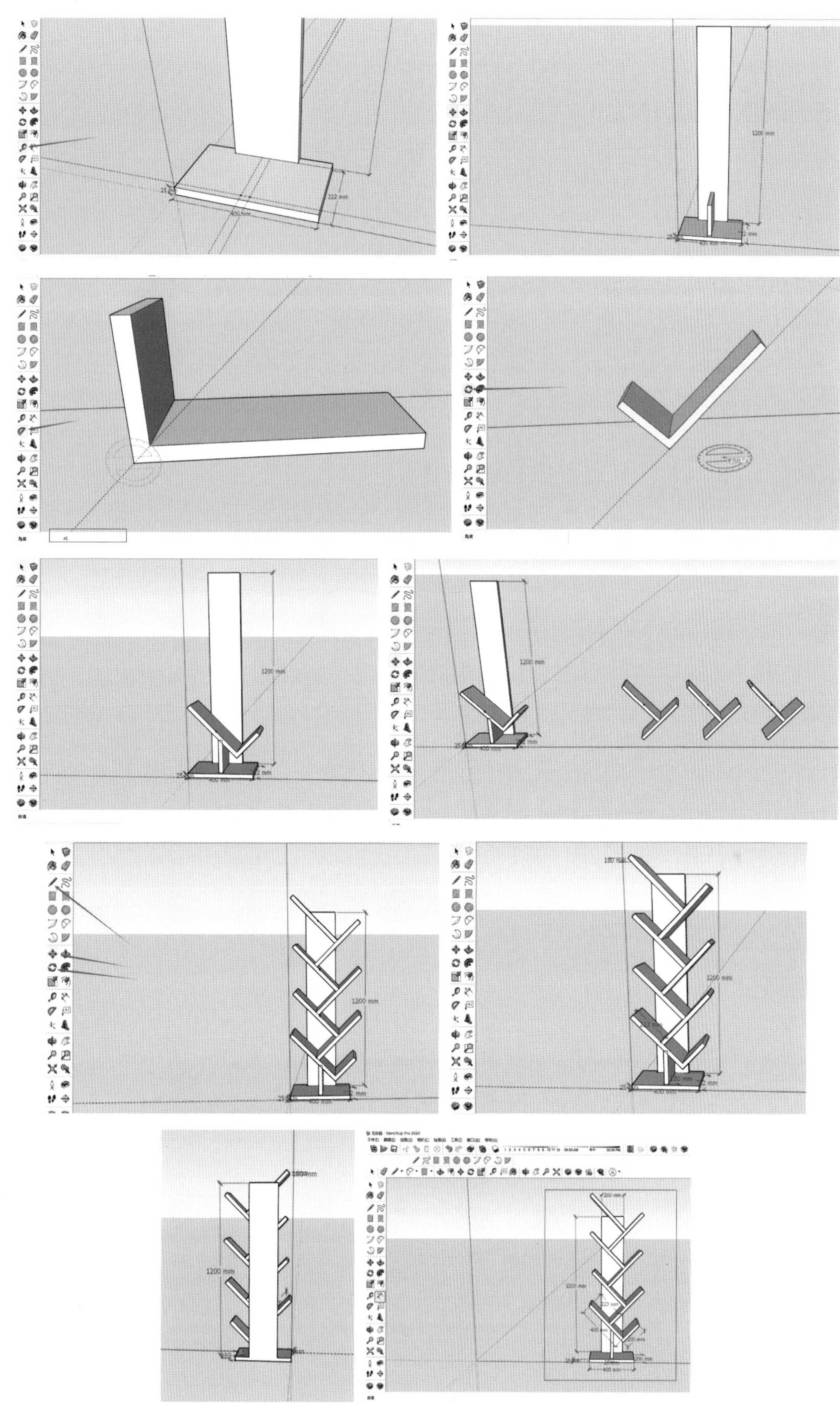

图 9.4　创意树形书架隔板的创建

5. 保存文件

(1) 保存为 SU 格式。点击 “文件” → “另存为”，弹出一个对话框，在对话框中给文件命名，在左侧选择保存位置，最后点击 “保存”，如图 9.5 所示。

(2) 保存为图片格式。点击 “文件” → “导出” → “二维图形”，弹出一个对话框，在对话框中给文件命名并将文件改成 “jpg” 格式，在左侧选择图片保存位置，最后点击 “导出”，如图 9.6 所示。

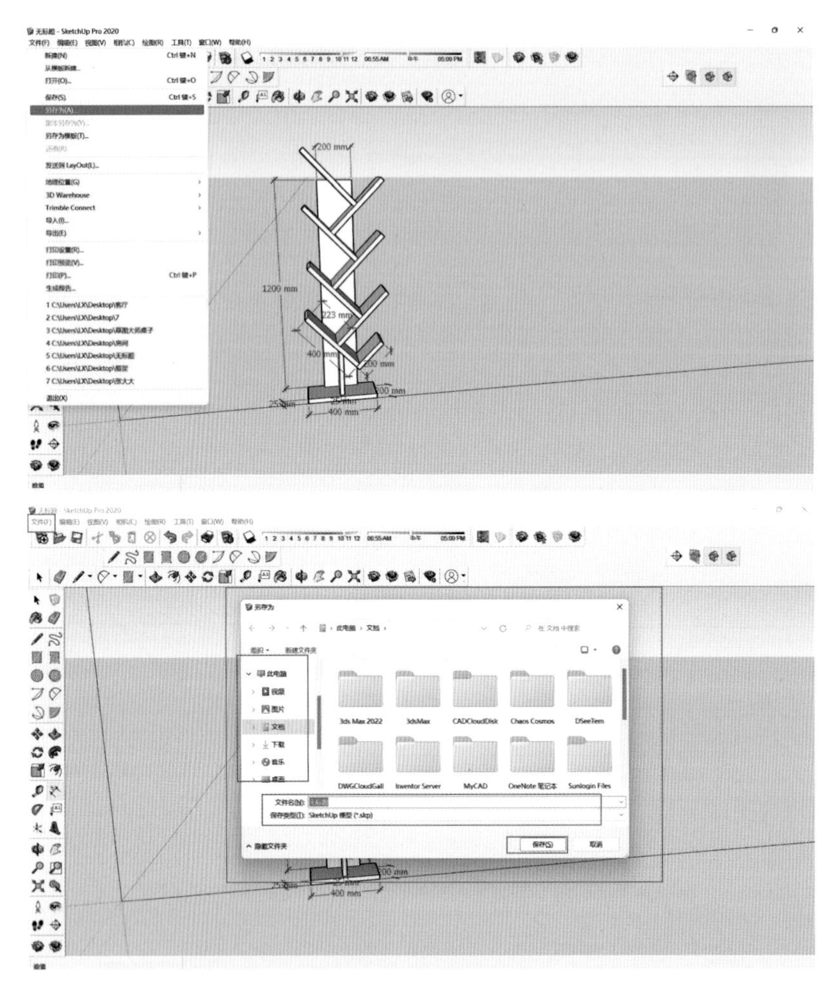

图 9.5　保存为 SU 格式

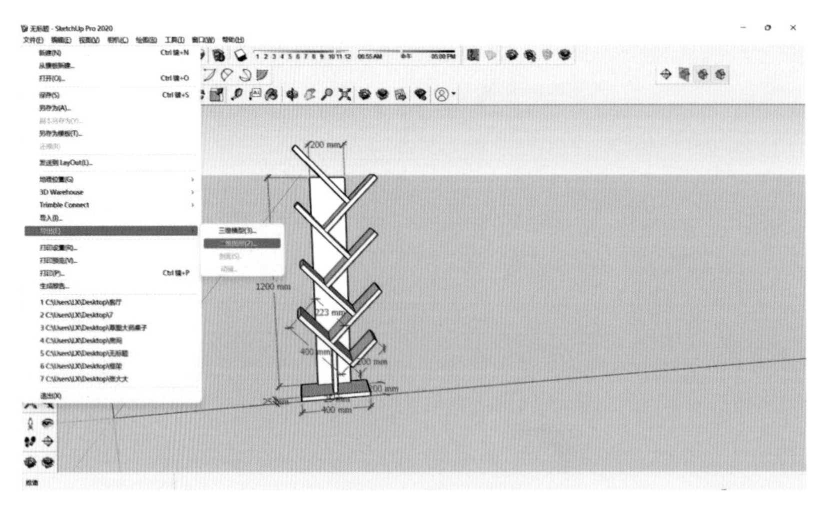

图 9.6　保存为图片格式

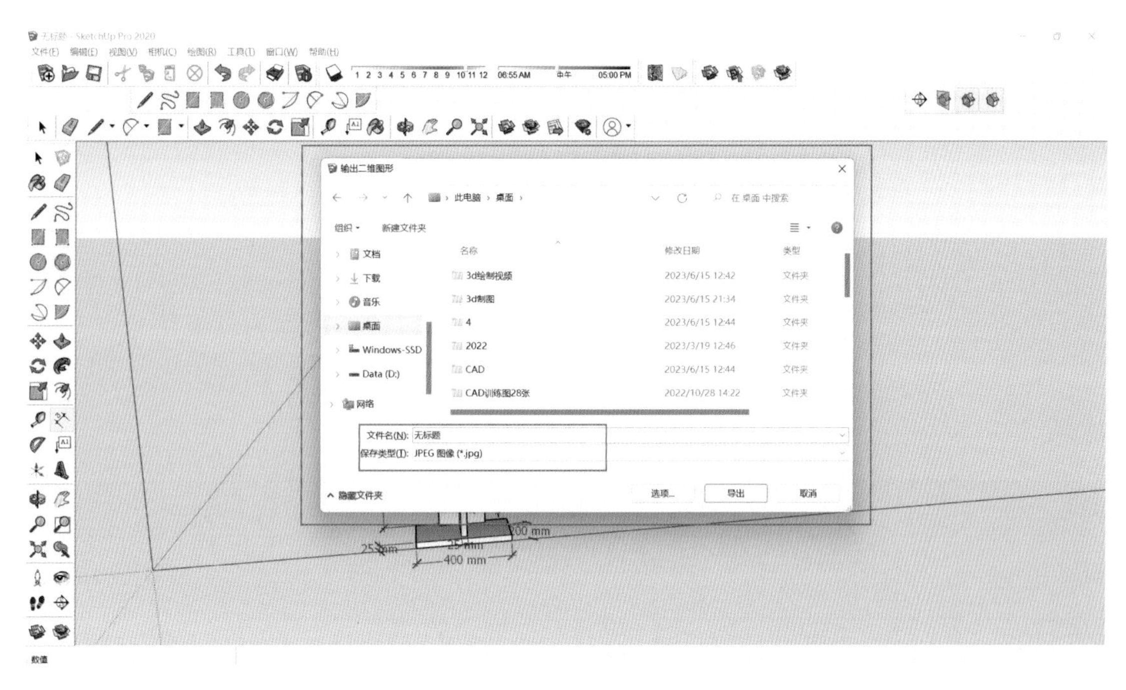

续图 9.6

请自行进行拓展实践,创建核心价值观建筑景观小品,如图 9.7 所示。

图 9.7 核心价值观建筑景观小品效果图

— 本阶段学习的主要思考 —

(1) 如何综合以往学习的所有内容进行精确模型的快速创建。

(2) 模型在相机工具和正面观察工具下的角度及效果。

学习情境 9.2 建筑室内空间环境创建

学习目标

<table>
<tr><th>知识要点</th><th>知识目标</th><th>能力目标</th></tr>
<tr><td>墙体框架创建</td><td>学习如何导入 CAD 平面图，创建墙体、地板和天花板，以便在室内环境中建立基础结构</td><td rowspan="5">能够在 SketchUp 中创建复杂的室内空间环境，并将所学知识综合运用到实际工作中，满足建筑设计和室内设计的要求</td></tr>
<tr><td>门、窗、家具的创建</td><td>了解和掌握如何创建和导入门、窗及家具组件，并将它们放置在合适的地点；学习如何创建和使用组件进行室内的装饰</td></tr>
<tr><td>材质与贴图</td><td>了解如何添加合适的材质与贴图，为建筑物增添真实感</td></tr>
<tr><td>顶面的创建</td><td>学会创建屋顶，并加入合理的材质</td></tr>
<tr><td>灯光与渲染</td><td>学习如何布置灯光并进行渲染，使画面更加生动自然</td></tr>
</table>

学习任务

(1) 墙体框架创建。

(2) 门、窗、家具的创建。

(3) 材质与贴图。

(4) 顶面的创建。

(5) 灯光与渲染。

室内空间环境最终效果图如图 9.8 所示。

图 9.8 室内空间环境最终效果图

学习方法

对于重点内容，以课堂讲授、实操为主。对于一般内容，则以学生自学为主，并在实际操作中加以深化和巩固。在教学过程中，宜采用多媒体教学或其他信息化教学手段提高教学效果。

一、墙体框架创建

1. 绘制前的准备

⑴打开 SketchUp 软件，执行“窗口”→“模型信息”命令，进入模型信息面板，设置模型单位为“毫米(mm)”。

⑵ 执行 “文件” → “导入” 命令，导入 CAD 素材文件，导入后，按住 Ctrl 键，拖动鼠标将平面图中心与坐标原点对齐。

⑶ 可以使用卷尺工具核对平面图尺寸与实际是否相符，如有不符需要进一步调整。

2. 墙体的创建

启动线条命令，参照图 9.8 绘制墙体。首先绘制外墙，为了方便确定门洞和窗洞的位置，在绘制墙体时，可在开洞位置处画线段，以便为后面的绘制预留参考点。接下来可以启动推拉工具，选择绘制的全部墙体轮廓线，将其向上推拉墙体高度，也可利用插件中的快速创建墙体工具进行墙体绘制。

之后建议可以把墙体调整为透明效果，以便更好地绘制门、窗和家具。另可以把墙体创建为组，避免进行辅助定位操作时影响到不需要操作的墙面。但如要继续在墙体中修改窗的造型，需要将已建成的组模型进行分解。

二、门、窗、家具的创建

1. 门、窗洞口的创建

通过卷尺工具找到门、窗洞口的位置，然后用矩形或线工具绘制出门窗轮廓，再使用推拉工具打通所有门、窗在墙上的洞口。

2. 制作门、窗造型

主要会用到绘图工具中的直线工具、矩形工具；辅助工具中的卷尺工具；编辑工具中的偏移工具和推拉工具。如遇到多扇窗，还需要进行拆分，如图 9.9 所示。

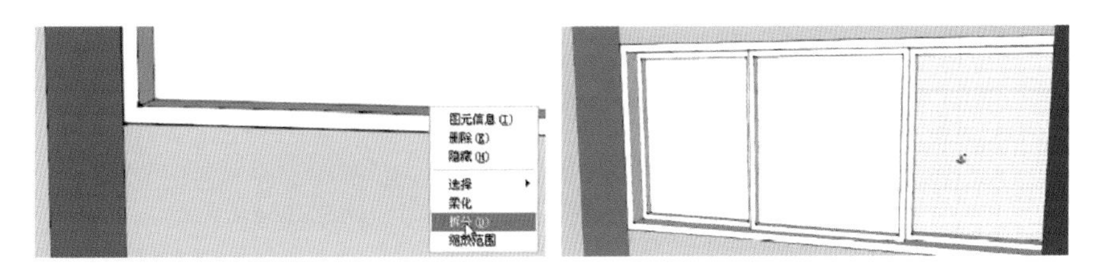

图 9.9　拆分窗

3. 家具的创建

可利用绘图工具、辅助工具及编辑工具自行进行创建。如有适合的模型库，也可以直接从中选取模型进行使用，执行“文件”→“导入”命令，打开“素材 / 组件”文件夹，在“组件”文件夹中找到所需的模型，选中后打开即可。

三、材质与贴图

⑴ 打开材质工具，选中所需基本木材质、石材等进行纹理赋予。

⑵ 选中所需的材质后，进入 “编辑” 选项，调整材质纹理的色调、大小，为门框和门板赋予精确、可观性较强、较真实的材质效果。

四、顶面的创建

⑴将地面模型复制为客厅顶模型。选中地面模型，启动移动工具，将其复制上移到客厅的顶部位置，客厅的顶部便有了模型的基础。

⑵为客厅顶部模型制作造型。启动直线工具、矩形工具、推拉工具等按设计意图进行调整与修改。

五、灯光与渲染

请结合 Enscape 插件进行灯光设置与氛围的营造。

— 本阶段学习的主要思考 —

(1) 室内模型创建的主要流程。

(2) 多加练习，多参考一些效果图进行分析，找到最佳的创建途径。

学习情境 9.3　建筑室外景观环境创建

学习目标

知识要点	知识目标	能力目标
图纸分析处理与导入	按建模要求处理 CAD 施工图与导入	能够在 SketchUp 中创建复杂的室外景观环境，并将所学知识综合运用到实际工作中，满足建筑外观设计、景观小品创建和室外整体场景设计的要求
参照图纸创建模型	创建墙体、地、顶等室外环境基础结构，了解和掌握如何创建或导入门、窗及家具等装饰组件，并将它们放置在合适的场景位置	
材质与贴图	了解如何添加合适的材质与贴图，为建筑景观增添真实感	
创建配景	学习如何创建配景，以及如何布置阴影和灯光并进行渲染，使画面更加生动自然	
导出图像并完善效果	能将成果导出并根据实际要求进行完善	

学习任务

⑴图纸分析处理与导入。

⑵参照图纸创建模型。

⑶材质与贴图。

⑷创建配景。

⑸ 导出图像并完善效果。

室外景观环境最终效果图如图 9.10 所示。

图 9.10 室外景观环境最终效果图

学习方法

对于重点内容，以课堂讲授、实操为主。对于一般内容，则以学生自学为主，并在实际操作中加以深化和巩固。在教学过程中，宜采用多媒体教学或其他信息化教学手段提高教学效果。

一、图纸分析处理与导入

1. 图纸分析处理

按照 SketchUp 建模要求处理 CAD 施工图，并将其导入 SketchUp 软件中。

首先要认识并读懂施工图纸。中式景墙施工图纸都是按 1∶1 的比例进行绘制的，单位一般都是毫米，标高的单位为米。景观墙立面（主体）图纸是本次建模的关键。立面图上标了各部分的尺寸、标高、符号、使用材质等。顶面图中有其造型及材质的表达。

打开 CAD 图纸，备份一份后进行修改，清理不需要的标注、填充等内容。删除 CAD 施工图中暂时无用的信息。

⑴ 清理图层。

将标注统一到一个图层中，与其他无关图层一起关闭或删除。

⑵ 删除部分图纸。

SketchUp 建模时，只需要模型的外部尺寸，删除剖面图。

⑶ 统一单位（UN）。

⑷ 调整线宽度、线厚度为 0。

【温馨提示】

⑴ 特别说明:0 图层不能删除,其他图层都可以删除。如果有图层不能被删除,那么说明该图层中有内容正在被使用,若依旧想删掉它,可以在命令行输入 laydel 命令,然后按回车键,会出现“选择要删除的图层上的对象或名称N”,输入“N”,在弹出的对话框中找到多余的图层,选中后点击“确认”进行删除即可。最后进行检查,把多余的线条删除。

⑵ 关于 CAD 的坐标功能,建议将 Z 轴坐标归零。

①将坐标归零的对象全选(Ctrl+A),输入“M”,执行 Move(M) 命令,即坐标归零命令。

②输入基点,在软件的状态栏中按提示输入“0,0,0”。

③指定第二点时,输入“0,0,1e99”。

④再次全选对象,输入“M”,在软件的状态栏中按提示输入“0,0,1e99”,指定第二点为(0,0,–1e99)。

⑤把对象的 Z 轴坐标先移到正无穷大,再移到负无穷大,两次移动距离相加即为零,这样 Z 轴坐标就全部归零了,而 X 轴和 Y 轴一直没有变过。

⑥最后将清理完成的图纸保存为较低版本的文件,为导入 SketchUp 软件做好准备。

2. 图纸导入

对景墙的 CAD 图纸进行了分析整理后,在将其导入 SketchUp 之前还需要对 SketchUp 软件的单位等进行检查优化,以便更好地与 CAD 图纸相匹配。

打开 SketchUp,在菜单栏“窗口”中,点击“模型信息”。在左侧列表中点击“单位”,检查里面的单位参数。格式为“十进制”,单位为“毫米”,启用长度捕捉(毫米),显示单位格式,启用角度捕捉(5 度)。

以上的设置工作完成后,就可以创建模型了,在 SketchUp 中创建模型时有两种方法。方法一,按在 CAD 中测量的尺寸进行精确建模;方法二,直接导入 CAD 图纸作为参考。这两种方法在实际工作中可以结合使用。

本项目中,我们主要使用第二种方法,首先导入图纸。

⑴ 点击“文件”→“导入”。

⑵ 在弹出的对话框中设置“文件类型”为“AutoCAD 文件 dwg 格式”,或者“全部支持类型”。

⑶ 找到需要导入的文件。

⑷ 找到图纸后,注意不要着点击“导入”按钮,而是一定要先单击“选项”按钮。

⑸ 在弹出的对话框中,将单位设置为毫米。几何图形和位置的勾选与否对导入的影响不大,可根据需要进行选择。

⑹ 确定好单位后,单击“好”按钮,最后再单击“导入”按钮,会出现一个导入结果对话框,这是对导入图纸的一个介绍,关闭即可。

导入的图形会自动成组,需要将组进行分解,然后将平面图和立面图分别创建为独立的组。接下来将平面图和立面图分别划分到不同的图层中,以便于管理。

在 SketchUp2019 版本以前,图层工具称为“图层”,到 2020 版本以后,就把“图层”改为“标记”了,两者功能相同,仅叫法不同。

使用标记工具的方法如下。

⑴ 点击“窗口”→“默认面板”,勾选“标记”。或点击“窗口”→“默认面板”→“显示面板”,如图 9.11 所示,

找到标记管理器，当然也可以在“工具”中调出“标记”。点击“视图”→“工具样”，在出现的工具栏对话框中勾选“标记”，如图 9.12 所示，此工具就会出现在工具栏上。场景中的图形没有做标记前，都默认在“未标记”上。

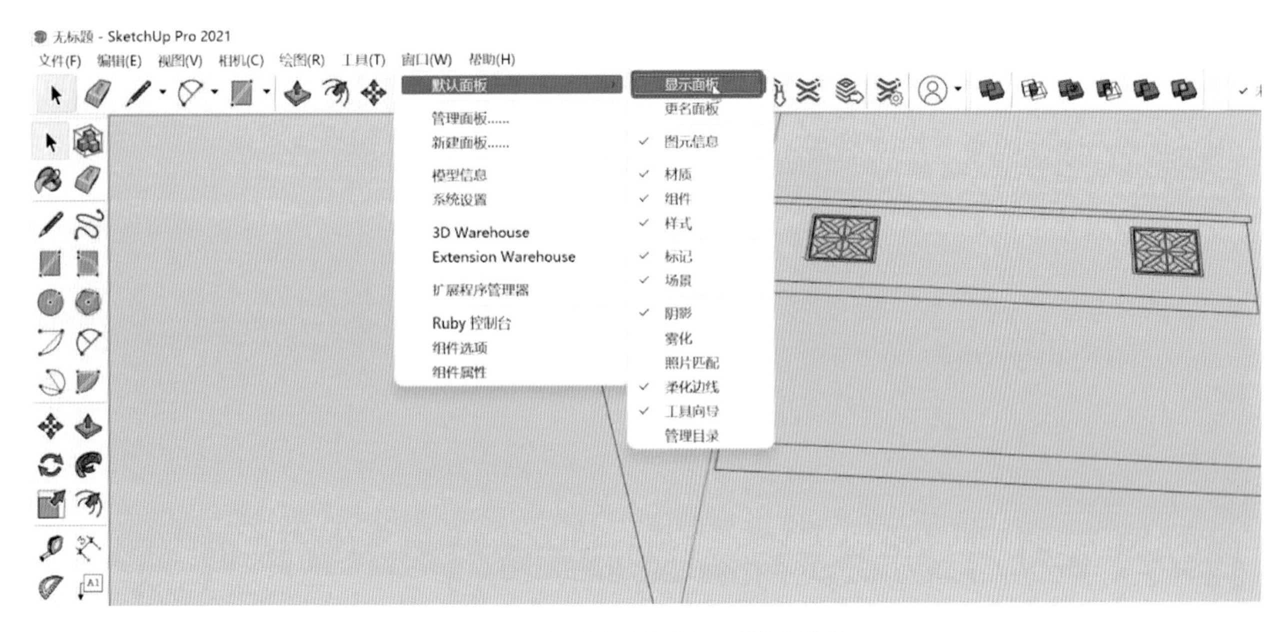

图 9.11　通过显示面板调出标记管理器

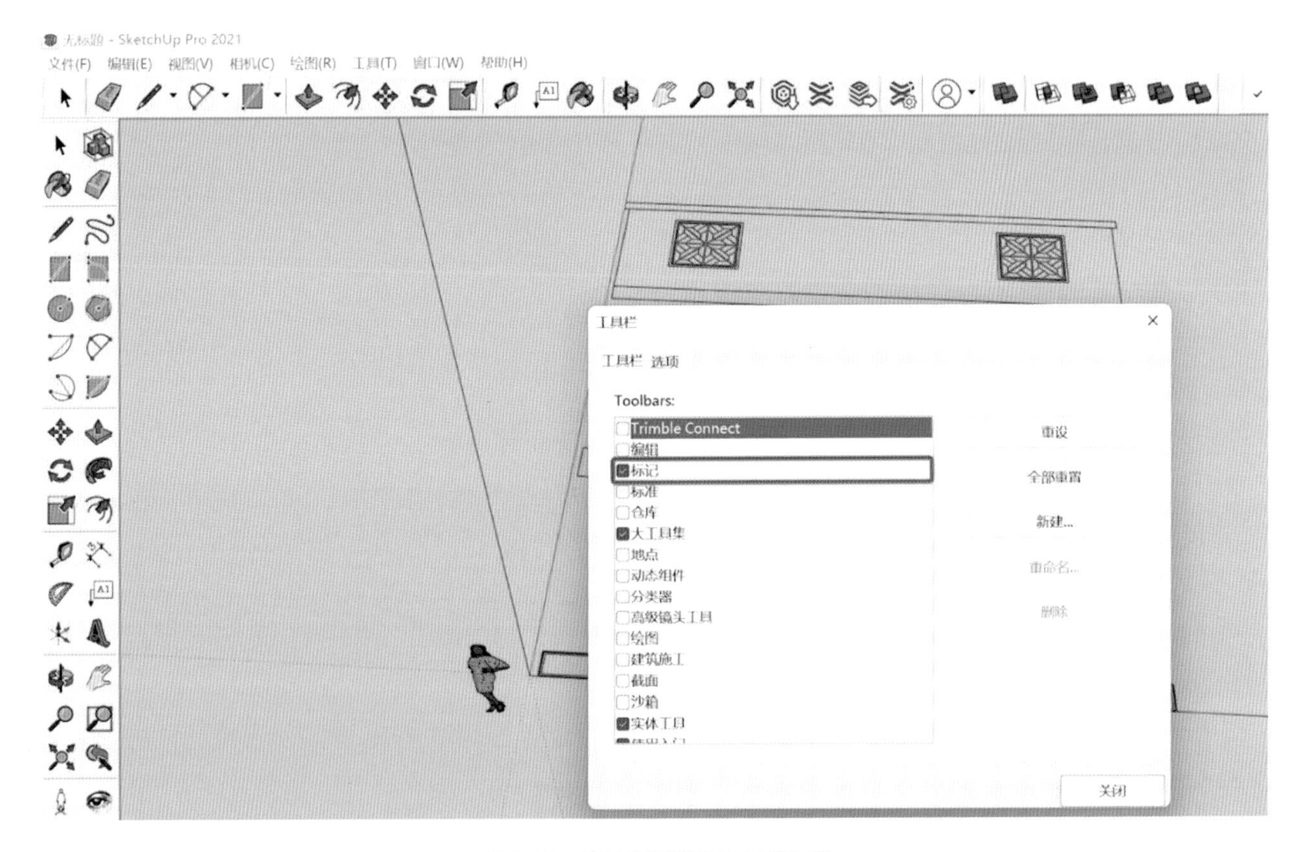

图 9.12　通过视图调出标记管理器

⑵ 单击添加标记按钮，新建一个标记，并将其命名为“立面图”，选择立面图的群组，标记。

⑶ 在工具栏的标记框中选择“立面图”，就代表这个群组移到了名为“立面图”的标记上了。

⑷ 点击立面图前面的眼睛图标，代表隐藏这个标记层，再点击，就可显示该层，如图 9.13 所示。

图 9.13　显示与隐藏

同理，可以用这个流程进行其他墙顶面平面图和墙体平面图的设置。在创建过程中，如果建筑的平面图和立面图较多，就需要进行分层标记。标记的质量往往直接关系到工作的效率。

二、参照图纸创建模型

首先完成各图纸的定位。本工作可为接下来的模型定位和分层管理创造条件，也是提高作图效率的关键。

选择立面图，将其点对点移动并旋转到与墙体平面图垂直的位置。

用相同的方法把墙顶平面图也放置到墙面上。墙体平面图位于墙顶平面图的正中央，采用点对中点，端点对端点的方法完成各图纸的定位。

(1) 景墙的底面建模。

①绘制一个矩形，并将其创建为群组。

②双击进入群组内部，推拉到相应高度，要捕捉立面图上的高度作为参考。

(2) 墙体的建模。

①绘制矩形作为墙体，并捕捉立面图的线条，将其推拉到相应高度。

②点击墙体顶面，将其偏移到墙顶平面图，并推拉到墙顶，通过划线方式封面。

③删除多余的线条，景墙主体就完成了。

(3) 窗户的建模。

①在墙体上按照窗户大小依次绘制矩形，推到底，形成两个空的窗框。

②双击立面图群组，进入群组内部，全部选择一个窗户，复制(Ctrl+C)，退出群组。

③点击“编辑”→“定位粘贴”，复制到墙体上，并创建群组，令窗户单独成组。在标记面板上可以隐藏立面图标记，以减少干扰。

④将群组向内移动到墙体中间，双击进入群组内部，使用矩形工具和直线工具进行封面，注意捕捉端点，要耐心和细致。

⑤完成封面后，将应该镂空的面删除，将外部窗框向两边推拉 150 mm，将内部窗框向两边一次推拉 100 mm，推出群组，便完成了一个窗户。然后复制一个窗户到另一侧。

三、材质与贴图

打开材质编辑器，为墙体底层和压顶赋予花岗岩材质，为中式花窗赋予木纹材质，完成景墙建模。

四、创建配景

⑴点击“窗口”→“默认面板”→“显示面板”，找到组件面板。

⑵点击“统计信息”，选择“打开或创建本地集合”，如图 9.14 所示，在对话框中找到配景所在的文件夹，点击选择文件夹按钮，在组件面板中就出现所有的配景素材。

⑶单击素材，移动鼠标到场景内，就可将配景导入。

⑷双击进入群组内部，整理一下素材，把不需要的素材删除。

⑸在“样式”面板中取消“边线”选项的勾选，这样看起来更清晰。

⑹在“阴影”面板中，调整日照时间和光线数值，直到模型显示出满意的光影效果，调整好角度。

图 9.14　组件面板

五、导出图像并完善效果

⑴导出图像。

①点击“文件”→“导出”→“二维图形”，命名为“景墙”或“建筑景观小品”。

②点击“选项”，检查一下宽度、高度等参数，调整好后点“好”确定。

③最后单击“导出”按钮，在桌面上就有了我们已导出的文件，可以打开看一下效果。

从 SketchUp 中导出的图片的质量与显卡质量有很大的关系，显卡越好，抗锯齿的能力就越强，导出的图片就越清晰。

⑵模型的最终效果图的完善。

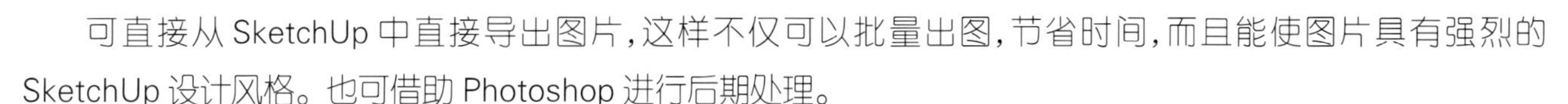

可直接从 SketchUp 中直接导出图片，这样不仅可以批量出图，节省时间，而且能使图片具有强烈的 SketchUp 设计风格。也可借助 Photoshop 进行后期处理。

需要注意的是，我们在 SketchUp 中要对场景环境加以各种配景，调整阴影等，找到最能有效表达设计意图的方法。

— 本阶段学习的主要思考 —

(1) 建筑室内场景及小品模型创建的主要流程。

(2) 通过学习与练习找到最佳的模型创建及效果表现途径。

参考文献
References

[1]李波.2016 SketchUp 草图大师 / 从入门到精通[M].2版.北京:电子工业出版社,2017.

[2]李波.SketchUp8.0 草图大师从入门到精通[M].北京:机械工业出版社,2022.

[3]卫涛,徐亚琪,张城芳,等.草图大师 SketchUp 效果图设计基础与案例教程[M].北京:清华大学出版社,2021.

[4]周连兵,朱丽敏.SketchUp2016 中文版案例教程[M].北京:高等教育出版社,2019.

[5]邵李理,金鑫,仝婷婷.SketchUp2016 辅助园林景观设计[M].重庆:重庆大学出版社,2018.

[6]刘永福,唐壮鹏.环艺数字化效果图表现——SketchUp 辅助设计[M].合肥:安徽美术出版社,2016.

[7]江水明,徐晓霞.SketchUp 建筑设计[M].上海:华东师范大学出版社,2020.

[8]叶柏风.家具·室内·环境设计 SketchUp 表现[M].上海:上海交通大学出版社,2014.